DAS GROSSE BUCH DER

PFERDE UND PONYS

Rassen • Sport • Haltung • Pflege

DAS GROSSE BUCH DER

PFERDE UND PONYS

Rassen • Sport • Haltung • Pflege

JUDITH DRAPER

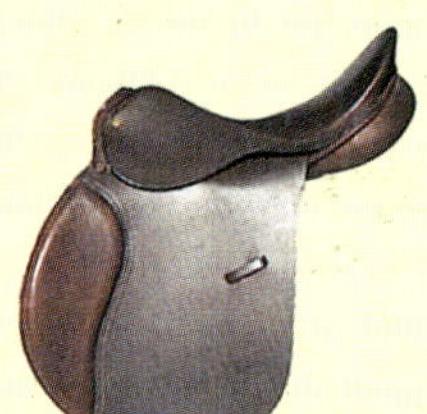

Fotos von
Kit Houghton

GONDROM

Genehmigte Sonderausgabe für
Gondrom Verlag GmbH, Bindlach 2002

Titel der Originalausgabe: *The Book of Horses and Horse Care*
Layout: Michael Morey
Illustrationen: Rodney Paull
Übersetzung: Dr. Nixe Duell-Pfaff, Friederike Tribukait
Fachberatung: Dipl. Ing. agr. Noemi Stadler-Kaulich

ISBN 3-8112-2086-1

Der Umwelt zuliebe gedruckt auf chlorfrei gebleichtem Papier.

SEITE 1: Shagya-Araber
SEITE 2: Araber
SEITE 4: Mähnenkämme und Scheren zum Trimmen
SEITE 5: Hufkratzer
SEITE 6: Stuten mit Fohlen auf dem englischen Gestüt Catherston

Inhalt

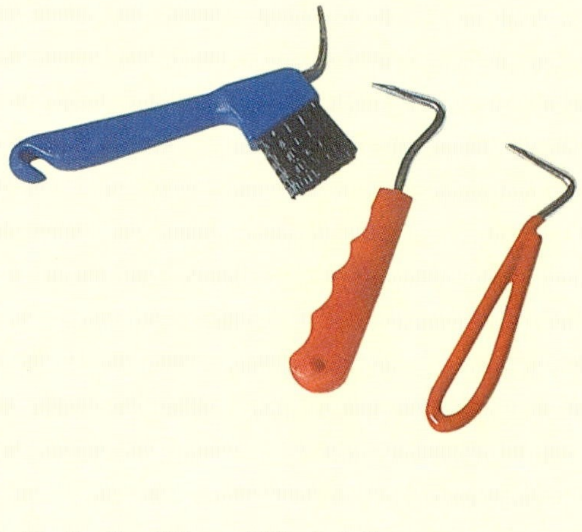

Pferderassen der Welt

Einführung

Jahrtausendelang war das Schicksal des Pferdes mit dem des Menschen eng verknüpft. Die Urahnen der heutigen Pferde wurden zunächst wie andere wilde Tiere gejagt und als Fleischlieferanten genutzt. Als die Nomadenvölker aber begannen, auch Pferde wie Ziegen und andere Weidetiere in Herden zu halten, vollzog sich ein allmählicher Domestikationsprozeß, in dessen Verlauf das Pferd immer mehr zum schnellen und bequemen Transportmittel wurde – zuerst als Zug-, dann auch als Reittier. Diese Rolle behielt es bis ins 20. Jahrhundert hinein.

Als der Mensch das Reiten erlernte, veränderte sich sein gesamtes Leben. Die Nutzung des Pferdes und das allmähliche Wachstum der Bevölkerung bedeuteten aber auch, daß es bald keine wirklich wild lebenden Pferde mehr gab. Heutzutage wird auch das Geschick der Pferdeherden, die noch in den letzten großen Steppengebieten der Erde leben, auf die eine oder andere Weise vom Menschen „gelenkt". Dennoch verfügen die Tiere noch immer über viele der Instinkte, die es ihnen einst ermöglichten, unabhängig vom Menschen zu überleben. Es ist also wichtig, ihr Verhalten zu verstehen, wenn wir an einer dauerhaften Beziehung zu ihnen Freude haben wollen.

Entwicklungsgeschichte des Pferdes

Das heutige Pferd, *Equus caballus,* gehört zur Familie der *Equidae,* die auch die Esel und Zebras umfaßt. *Equidae* wiederum zählen neben Tapiren und Nashörnern zur Ordnung *Perissodactyla,* die aus den *Condylarthra,* den primitiven, längst ausgestorbenen Vorfahren der Huftiere, hervorging.

Fossilienfunde ermöglichen es, die Evolution des modernen Pferdes an Hand verschiedener Merkmale über einen Zeitraum von etwa 60 Millionen Jahren zurückzuverfolgen. Dabei wird deutlich, daß sich das Pferd allmählich an seine sich verändernde Umwelt anpaßte. Die heute bekannte Entwicklungsgeschichte des Pferdes beginnt mit *Eohippus (Hyracotherium),* einer Form, die während des Eozäns (vor 54 bis 38 Millionen Jahren) in Nordamerika lebte. *Eohippus* war nicht größer als ein Hund, lebte in einer waldigen Umgebung und war an einen weichen Boden sowie eine aus Blättern bestehende Nahrung angepaßt. Er besaß an den Vorderfüßen jeweils vier, an den Hinterfüßen jeweils drei Zehen und Ballen wie ein Hund.

Die kleinen, flachkronigen Backenzähne lassen darauf schließen, daß seine Nahrung aus Laub und weichen, krautigen Pflanzen bestand. *Eohippus* hatte einen gewölbten Rükken und verfügte vermutlich über eine Tarnfärbung, die es ihm ermöglichte, sich vor Raubtieren zu verbergen. Während des Oligozäns (vor 37 bis 26 Millionen Jahren) zeigte zuerst *Mesohippus,* dann *Merychippus* deutliche Veränderungen. Beide waren insgesamt größer, hatten längere Beine und einen geraden Rücken. Außerdem hatten sie an jedem Fuß nur noch drei Zehen. Auch die Zähne veränderten ihre Form; aus den Vorbackenzähnen entstanden richtige Backenzähne.

Die deutlichsten Veränderungen in der Entwicklungsgeschichte des Pferdes vollzogen sich aber während des Miozäns (vor

VORHERIGE SEITE GEGENÜBER
Cleveland Bay.

VORHERIGE SEITE
Furioso.

LINKS
Das Zebra gehört wie das Pferd zur kleinen Familie der *Equidae*.

UNTEN LINKS
Das Highland-Pony soll dem Ponytyp 2 ähneln (siehe dazu gegenüberliegende Seite).

UNTEN RECHTS
Der schlanke Achal-Tekkiner, der dem Pferdetyp 3 am ehesten entspricht (siehe dazu gegenüberliegende Seite).

RECHTS
Pferdetyp 4 ähnelte diesem kleinen, fein gebauten Kaspischen Pony. Die Rasse wurde 1965 „wiederentdeckt".

UNTEN RECHTS
Ponytyp 1 lebte in Nordwesteuropa und sah aus wie das heutige Exmoorpony.

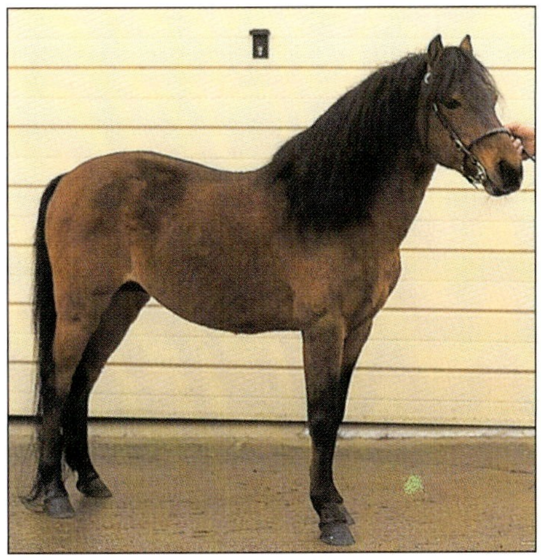

25 bis 7 Millionen Jahren), als der Wald zurückwich und aus den Vorfahren des Pferdes Steppenbewohner wurden.

Die neue Umwelt erforderte geeignete Anpassungen. Hierzu gehörten Zähne, mit denen sich hartes Gras abweiden ließ, ein längerer Hals, mit dem die Tiere ihre Nahrung besser erreichen konnten, längere Beine, die eine Flucht vor Raubtieren ermöglichten, und Füße, die sich für das härtere Terrain eigneten. So entwickelte sich der Einzelzeh mit seinem Huf. Nach und nach verkümmerten die äußeren Zehen des Fußes, bis sie den Boden nicht mehr berührten. Zugleich wurde der Mittelzeh, der nun das gesamte Gewicht trug, größer und stabiler.

Von da an verlief die Familiengeschichte des Pferdes wesentlich unübersichtlicher, da nun verschiedene Unterfamilien entstanden. Irgendwann starben diese jedoch aus; und *Pliohippus* wurde zum Verbindungsglied zwischen *Eohippus* und dem heutigen *Equus*. *Pliohippus* entwickelte sich vor 5 bis 10 Millionen Jahren; er besaß lange Beine mit jeweils einem Huf. Sein direkter Nachfolger, *Equus*, die Gattung des heutigen Pferdes, entstand schließlich vor rund einer Million Jahren.

Während der Eiszeiten des Pleistozäns gelangte *Equus* dann über Landbrücken nach Europa, Asien und Afrika. Das Verschwinden dieser Landbrücken vor etwa 10 000 Jahren, als das Eis sich zurückzog, bedeutete, daß Tierpopulationen, die auf einem der Kontinente ausstarben, nicht mehr durch Zuwanderung ersetzt werden konnten – außer mit der Hilfe des Menschen. Das beste Beispiel hierfür ist Amerika. Aus einem noch unbekannten Grund starb das Pferd dort aus und besiedelte den Kontinent erst wieder, als die europäischen Entdecker und Siedler es Tausende von Jahren später dort aussetzten.

Alle Mitglieder der heutigen *Equidae* besitzen an jedem Fuß nur einen Zeh und sind schnelle Läufer. Das weiche Horn unter und hinter dem Fesselgelenk der heutigen Pferde soll noch ein Überbleibsel des Fußballens von *Eohippus* sein. Alle Pferde leben in Herden zusammen.

Die heutigen Pferde und Ponys sollen von drei verschiedenen Pferdetypen abstammen. In Nordeuropa lebte ein langsames, schweres Pferd *(Equus silvaticus)*. Es ist der Urahn der heutigen, schwergebauten Kaltblutrassen. Daneben gab es den feiner und leichter gebauten Tarpan aus Osteuropa sowie das primitive Asiatische Wildpferd, von dem 1879 noch wildlebende Exemplare entdeckt wurden, die man Przewalski-Pferde nannte.

Später, als der Mensch begann, das Pferd zu domestizieren, hatten sich bereits vier Unterarten, zwei Pony- und zwei Pferdetypen, entwickelt. „Ponytyp 1" lebte im Nordwesten von Europa und ähnelte dem heutigen Exmoorpony. Der größere und schwerere „Ponytyp 2" lebte im nördlichen Eurasien und ähnelte dem Highland-Pony. Der an heißes Klima angepaßte „Pferdetyp 3" war etwas größer, aber wesentlich leichter und entsprach wohl am ehesten dem Achal-Tekkiner. „Pferdetyp 4" lebte in Vorderasien, war am kleinsten, aber am höchsten entwickelt und gilt als Vorläufer des Kaspischen Ponys.

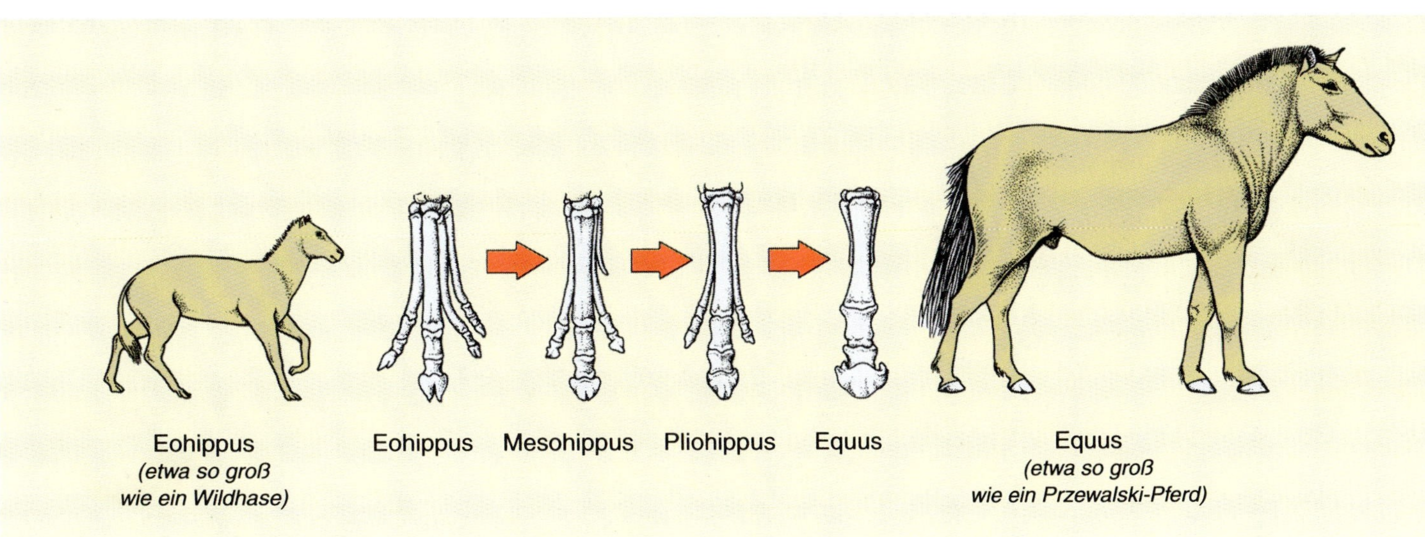

Pferde in freier Wildbahn

LINKS
Dieses Dartmoorpony ist typisch für eine Reihe von Zuchtrassen, die trotz langer Domestikation noch immer in der Lage sind, unter halbwilden Bedingungen zu überleben.

Pferde sind Pflanzenfresser, die sich hauptsächlich von Gras ernähren. In der Wildnis ziehen sie umher und verbringen bis zu 20 Stunden des Tages mit Grasen. Ist genügend Nahrung vorhanden, gedeiht das Wildpferd und nimmt zu. Ist die Nahrung aber knapp und das Wetter schlecht, verliert es an Gewicht. Die Natur sorgt dafür, daß die Fohlen im Frühling zur Welt kommen, wenn das Wetter mild und das Gras saftig ist. Die Stuten sind in dieser Jahreszeit wohlgenährt und können ihre Fohlen ausreichend mit Milch versorgen. Während des Frühlings und Sommers (bis September oder Oktober) werden Stuten alle 21 Tage rossig. Die Tragzeit beträgt etwa elf Monate.

Pferde sind von Natur aus Herdentiere. In der Wildnis bilden sie innerhalb eines großen Verbands, der Herde, kleinere zusammengehörige Gruppen, die jeweils aus einem Hengst, einigen Stuten, ihren Fohlen, Jährlingen und vielleicht ein oder zwei Zweijährigen bestehen. Die Größe einer solchen Gruppe ist abhängig von der Kraft eines Hengstes, liegt aber in der Regel bei etwa einem Dutzend Tieren. Junge, noch unerfahrene Hengste sowie alte Hengste, die keine Stuten mehr haben, leben oft in „Junggesellengruppen" zusammen, denn Pferde bleiben nicht gern allein. Für sie sind Freundschaften ebenso wichtig wie das Familienleben. Sie betreiben gegenseitig Fellpflege mit ihren Zähnen, spielen miteinander oder ruhen und schlafen zusammen. Ein Hengst widmet sich seiner Lieblingsstute auch, wenn sie nicht rossig ist (seine Zärtlichkeiten können sie jedoch sexuell stimulieren), und spielt mit seinen Fohlen. Die älteren Hengstfohlen vertreibt er aber irgendwann und zwingt sie so, sich einer Junggesellengruppe anzuschließen oder sich eine eigene kleine Herde von Stuten zusammenzutreiben.

Pferde können sich auf vielfältige Art und Weise sowohl durch Lautäußerungen als auch durch Körpersprache untereinander verständigen. Ihr „stimmliches Repertoire" reicht von leisen, „blubbernden" Geräuschen bis zu markerschütternden Schreien. Mit lautem Wiehern suchen Pferde, die getrennt wurden, wieder Kontakt zueinander, mit einem leisen, sanften Wiehern begrüßt der Hengst die Stute, eine Stute ihr Fohlen oder ein Freund den anderen. Regelrechte Schreie werden von Pferden

▮ LINKS
Pferde sind stets wachsam. Diese halbwilden Camarguestuten achten auf alles, was um sie herum geschieht.

selten ausgestoßen und sind stets ein Zeichen von Erregung. Schrille, laute Schreie begleiten ernste Kämpfe zwischen Rivalen – nicht zu verwechseln mit den spielerischen Kämpfen, die Hengstfohlen untereinander austragen. Mit Schreien kann auch eine Stute ihr Mißfallen über die Annäherungsversuche eines Hengstes äußern.

Gebärden sind ein weiteres Kommunikationsmittel. Ein entspanntes Pferd steht mit eingeknicktem Hinterbein, gesenktem Kopf, halb geschlossenen Augen und herabhängender Unterlippe da. Ein erregter Hengst tänzelt mit hocherhobenem Kopf und Schweif, sein ganzes Äußeres drückt Aufmerksamkeit aus. Ein überraschtes Pferd ist gespannt und signalisiert seinen Artgenossen mit seiner Haltung, daß es einen Grund zur Wachsamkeit gibt.

Auch der Geruch spielt bei Pferden eine wichtige Rolle. An ihm erkennen Stuten z. B. ihre Fohlen. Pferde, die sich nicht kennen, beschnuppern sich erst und schnauben durch die Nüstern, bevor sie sich entscheiden, ob sie den anderen als Freund akzeptieren. Hengste können eine rossige Stute am Geruch ihrer Scheide und ihres Urins erkennen. Sie vermögen auch zwischen dem Mist eines anderen Hengstes und dem einer Stute zu unterscheiden.

Die außerordentlich beweglichen Ohren eines Pferdes sagen ebenfalls viel darüber aus, was das Tier „gerade denkt", worauf sich seine Aufmerksamkeit konzentriert und wie sein Gemütszustand ist. Hängende Ohren deuten darauf hin, daß das Pferd vor sich hindöst, aufmerksam aufgestellte Ohren sind dagegen ein Zeichen von Wachsamkeit. Nach hinten gewandte Ohren können bedeuten, daß das Tier in diese Richtung lauscht oder aber Angst und Unterwürfigkeit ausdrücken.

Mit seinen seitlich am Kopf sitzenden Augen kann ein Pferd nahezu die gesamte Umgebung um sich herum im Blick behalten. Tote Winkel gibt es lediglich unmittelbar hinter dem Kopf und direkt davor. Um ein Objekt im Auge behalten zu können, das sich von vorn nähert, muß das Pferd daher den Kopf leicht zur Seite drehen. Die Tasthaare an seinem Maul dienen dazu, den Bereich zu untersuchen, den das Tier z. B. beim Fressen nicht sehen kann.

Dank ihrer langen Beine können Pferde sich sehr rasch fortbewegen. In der Wildnis ist dies lebensnotwendig, um bei Gefahr schnell fliehen zu können. Dies erklärt auch, warum Pferde es oft vorziehen, bei schlechtem Wetter hinter einer Mauer oder Hecke Schutz zu suchen, statt sich in einen Stall zu begeben. Pferde fühlen sich einfach sicherer im Freien, wo sie leicht davongaloppieren können, wenn etwas sie in Angst versetzt.

▮ LINKS
Alle Pferde und Ponys sind von Natur aus Herdentiere. Sie leben in kleinen Gruppen, die aus einem Hengst, einigen Stuten und deren Nachwuchs bestehen.

▮ RECHTS
Shetlandponys können auch frostiges Winterwetter gut vertragen. Ihr dickes Fell sorgt dafür, daß sie warm bleiben und ihre Haut nie naß wird.

Der Körperbau des Pferdes

Die Gesamterscheinung eines Pferdes wird geprägt durch seine Rasse, da verschiedene Rassen mehr oder minder deutliche Unterschiede in ihrem Körperbau aufweisen. Die vom Menschen definierte „Idealform" richtet sich jeweils nach dem Zweck, dem ein Pferd dienen soll. Für die Beurteilung eines Tieres sind vor allem die Proportionen seines Körpers wichtig. Denn ein gut proportioniertes Pferd ist im Gleichgewicht, ist weniger anfällig für Verletzungen und Verschleißerscheinungen und ist besser in der Lage, die ihm zugedachte Arbeit zu verrichten als ein Pferd mit mangelhaftem Gebäude. Pferde mit körperlichen Mängeln werden häufig als „schwierig" empfunden, da sie aufgrund ihres Körperbaus nicht in der Lage sind, die Leistung zu erbringen, die ihr Reiter von ihnen fordert.

Ein Pferd hat dann „korrekte" Proportionen, wenn bestimmte Körpermaße übereinstimmen. So sollten die folgenden Maße in etwa gleich sein: die Länge des Kopfes, die Brusttiefe, die Entfernung zwischen Sprunggelenk und Boden, die Entfernung der Kastanie zum Boden, der Abstand zwischen Kruppe und Kniegelenk sowie zwischen Kniegelenk und Sprunggelenk.

Da die vom Menschen gezüchteten Pferderassen dazu dienen, bestimmte Aufgaben zu erfüllen, muß ihr Körperbau auch den jeweiligen Anforderungen entsprechen. Ein wesentliches Kriterium für jedes Arbeitspferd ist z. B. eine große Brusttiefe (großer Abstand zwischen Widerrist und Ellenbogen), die es der Lunge erlaubt, sich ungehindert auszudehnen. Für ein Reitpferd ist dagegen die Rückenlänge von großer Bedeutung – ist der Rücken zu kurz, schränkt er die Bewegungsfreiheit des Pferdes ein, ist er dagegen zu lang, neigt er zur Schwäche.

Bei allen Pferden sollte die Größe des Kopfes zu der des übrigen Körpers passen. Ein zu kleiner Kopf beeinträchtigt die Gesamterscheinung genauso wie ein zu großer, schwerer Kopf, der die Vorhand, die ohnehin 60 Prozent des Gesamtgewichts zu tragen hat, zusätzlich belastet. Ober- und Unterkiefer sollten im Bereich der Schneidezähne genau aufeinanderliegen. Tun sie dies nicht, kann das Pferd seine Nahrung, z. B. Gras, nicht richtig abbeißen. Die Nüstern eines Pferdes sollten groß sein. Dies gilt auch für die Augen, da die Erfahrung lehrt, daß Pferde mit kleinen Augen oft einen schwierigeren Charakter besitzen. Die Kopfstellung ist ebenfalls wichtig. Bei erhobenem Kopf sollten zwischen dem hinteren, oberen Rand des Unterkieferknochens (Ganasche) und dem Atlas (erster Halswirbel) noch zwei Finger nebeneinander Platz finden (dies bezeichnet man als Ganaschenfreiheit).

Für ein Reitpferd ist ein gut mittellanger, schön geschwungener und somit bieg-

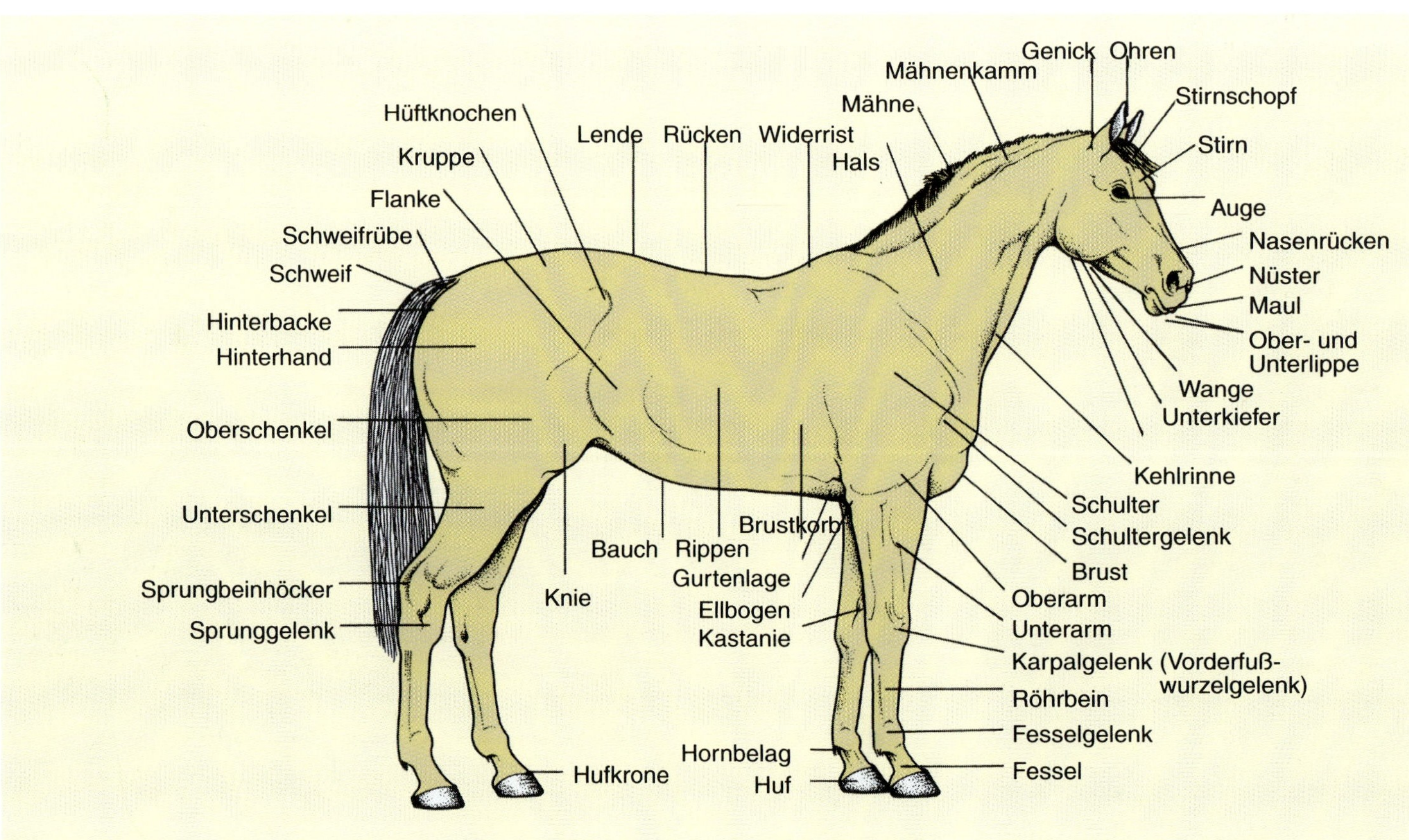

LINKS
Der lange Hals und die schräggestellte Schulter der Vollbüter sind Zeichen für Schnelligkeit. Eine große „Brusttiefe" (ausgeprägter, tiefreichender Brustraum im Bereich der Vorhand) bietet den Lungen viel Raum, um sich auszudehnen.

samer, an der Oberseite stark, an der Unterseite dagegen schwach bemuskelter Hals ideal. Ein langer Hals steht für Schnelligkeit, ein kürzerer für Kraft. Daher sind bei schweren Zugpferden lange Hälse, wie man sie von Vollblütern kennt, nicht zu finden. Die Schulter eines Pferdes sollte zwar muskulös, aber nicht zu stark mit Muskeln bepackt und im richtigen Winkel (40–45°) geneigt sein, da dies dem Pferd ermöglicht, weit auszugreifen. Eine steile Schulter verkürzt dagegen die Gänge und verursacht Erschütterungen, die dem Vorderbein schaden können, aber auch für einen Reiter sehr unbequem sind. Bei einem Zugpferd, das keinen Sattel, sondern ein Kummet(geschirr) trägt, ist eine etwas steilere Schulter dagegen durchaus akzeptabel, da bei ihm die Zugkraft wichtiger ist als raumgreifende Schritte. Ein Reitpferd sollte neben einer gut gebauten Schulter auch einen günstig geformten Widerrist besitzen. Ist dieser nämlich zu hoch, paßt ein Sattel womöglich nicht, ist er dagegen zu niedrig, verrutscht dieser.

Die Brust eines Pferdes darf nicht zu schmal, aber auch nicht so breit sein, daß sie die Bewegungen des Pferdes beeinträchtigt. Ist sie zu schmal, stehen auch die Vorderbeine zu dicht beizusammen, so daß die Gefahr droht, daß sich die Gelenke beim Laufen streifen. Der Rücken sollte muskulös sein und zur Kruppe hin leicht ansteigen. Besonders wichtig sind kurze, gut mit Muskeln ausgestattete Lenden, da sie die Schubkraft der Hinterhand auf den übrigen Körper übertragen. Die Kruppe eines ausgewachsenen Pferdes sollte mit dem Widerrist auf gleicher Höhe liegen und nicht zu stark nach hinten abfallen. Eine stark abfallende Kruppe und ein tiefsitzender Schweif sind meist Zeichen von Schwäche. „Überbaute" Pferde mit hoher Kruppe verlagern mehr Gewicht auf die Vorderbeine.

Die Hinterhand, die „Antriebsmaschine" eines Pferdes, muß stark und muskulös sein. Die Hinterbeine dürfen, wenn das Pferd steht, weder nach hinten ausgestreckt noch schräg nach vorn gestellt sein – eine von der Hinterbacke senkrecht zum Boden führende Linie sollte das Sprunggelenk berühren und an der Rückseite des Röhrbeins entlanglaufen.

Die Vorderbeine sollten gerade und kräftig gebaut sein und über muskulöse Unterarme sowie große flache Karpalgelenke verfügen. Sind die Beine hart und fleischlos, so bezeichnet man sie als „trocken". Kurze Röhrbeine zeugen von Kraft. Wichtig ist ein ausreichender Umfang (unterhalb des Karpalgelenks), denn die Knochenmasse entscheidet darüber, wieviel Gewicht ein Pferd tragen kann. Wie kräftig die Röhrbeine gebaut sind, ist jedoch vom Pferdetyp abhängig. Bei einem leichten Reitpferd mit einem Stockmaß von 165 cm sollte ihr Umfang mindestens 20 cm, bei einem schwergewichtigen Pferdetyp derselben Höhe mindestens 23 cm betragen.

Gute Fesseln sind mittellang und mäßig geneigt. Eine zu steile Fesselung hat einen harten Gang zur Folge, eine zu lange Fesselung erhöht dagegen die Verschleißgefahr. Die Hufe der Vorderbeine sollten rund sein und zueinander passen. Die hinteren Hufe, die beim Stehen einen geringeren Teil des Gesamtgewichts tragen, sollten einen ovaleren Querschnitt haben als die Vorderhufe. Von der Seite betrachtet, sollten Hufe und Fesseln eine gerade Linie bilden, d. h. die gleiche Neigung besitzen und nach vorn weisen.

HÄUFIG AUFTRETENDE GEBÄUDEFEHLER

Hirschhals – Hals unzureichend gewölbt, oft mit steifem Genick

Schwanenhals – Hals im oberen Bereich übertrieben gewölbt, „ausgeschnittene" Kehle

Unterhals – starke, unerwünschte Muskelbildung an der Unterseite des Halses

Karpfenrücken – aufgewölbter Rücken, im Übergang von der Sattellage zur Kruppe

Senkrücken – Rücken zu stark nach unten durchgewölbt

Rückständigkeit – Vorderhufe stehen zu weit unter dem Rumpf

Kuhhessige Stellung – die hinteren Sprunggelenke sind zu nahe beieinander, die Hufe zu weit auseinander

Säbelbeine – die Hinterbeine sind zu stark gewinkelt, so daß die Röhrbeine schräg stehen

Knieweite Stellung der Vorhand – leicht nach außen gerichtete Stellung der Röhrbeine

Knieenge Stellung der Vorhand – leicht nach innen gerichtete Stellung der Röhrbeine

Zehenenge Stellung der Vorhand – Fesseln und Hufe sind nach innen gedreht

Zehenweite Stellung der Vorhand – Fesseln und Hufe sind nach außen gedreht

„Offene" Flanke – großer Abstand zwischen den letzten Rippen und der Hinterhand

Farben und Abzeichen

Bei Pferden gibt es zahlreiche unterschiedliche Fellfarben und Farbmuster, da die Farbe des Haarkleids von einer Vielzahl von Genen gesteuert wird. Diese Gene liegen auf den jeweils paarweise vorkommenden Chromosomen, die zur Hälfte vom Vatertier, zur Hälfte vom Muttertier stammen. Das heutige Pferd besitzt 64 solcher Chromosomen. Einige der Farbgene darauf sind dominant, andere rezessiv. Die Fuchsfarbe ist bei Pferden z. B. gegenüber allen anderen Farben rezessiv, während Braun über Schwarz und die Schimmelfarbe über Braun und Schwarz dominiert. Das dominante Schimmelfarben-Gen kann sich so äußern, daß Pferde zwar mit

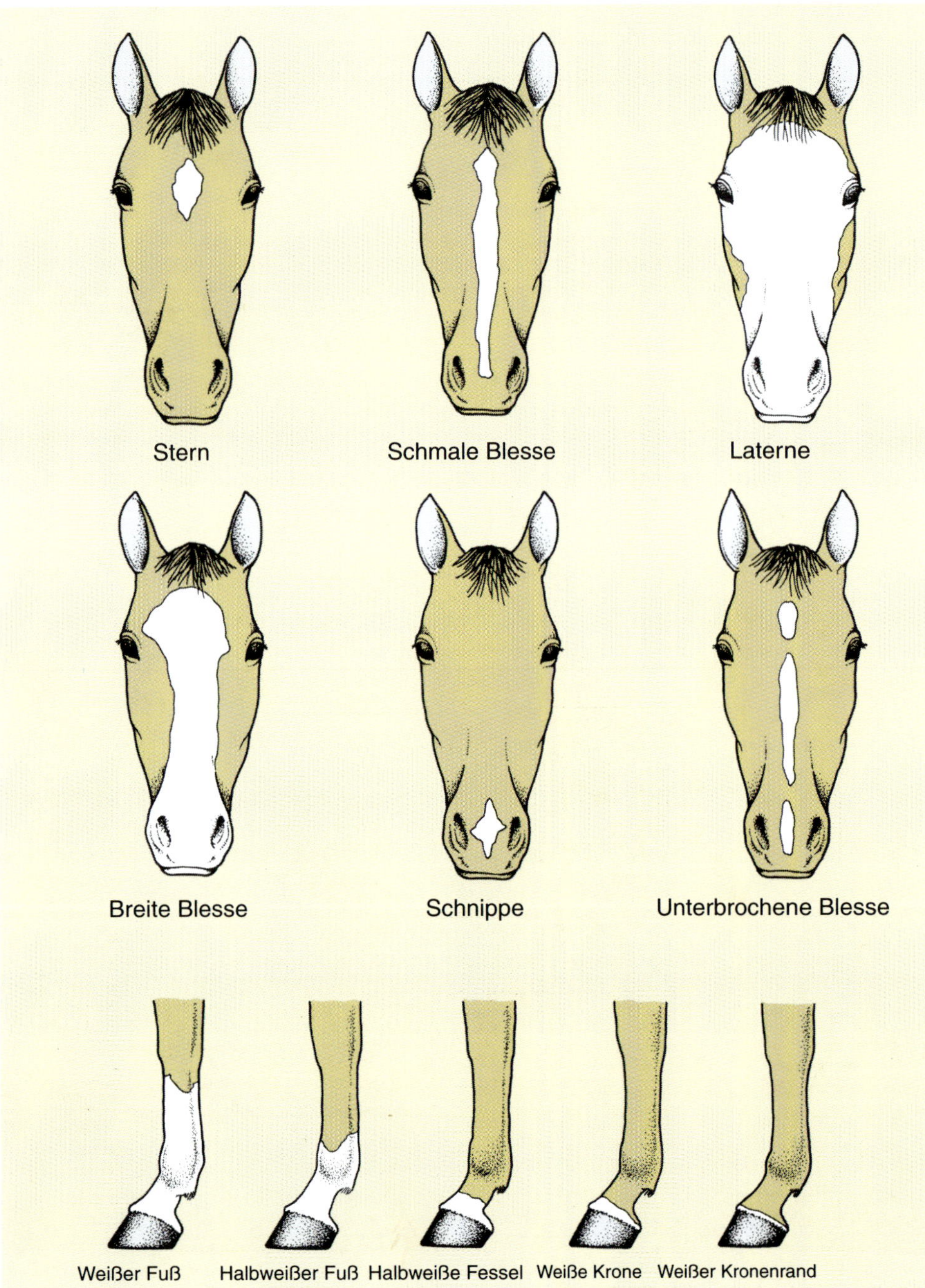

ABZEICHEN DES KOPFES

Zu ihnen gehören: Flocke, Stern, Flämmchen, schmale Blesse und unterbrochene Blesse, breite Blesse, Laterne, Schnippe und Milchmaul.

ABZEICHEN DER BEINE

Bei der Registrierung von Pferden werden Beinabzeichen genau beschrieben, indem man anatomische Details einbezieht: z. B. weiß bis zum Fesselgelenk („weiße Fessel"), weiß bis zum Karpalgelenk, weiß bis zum Sprunggelenk usw. Häufig werden auch weniger präzise Begriffe verwendet, etwa „weiß gestiefelt".

HUFFARBEN

Die aus Horn bestehenden Hufe können dunkel (bis schwarz) oder auch hell (bis weiß) gefärbt sein und sogar senkrechte dunkle Streifen aufweisen.

einem dunklen Fell geboren werden, sich dann aber, wenn sie älter werden, zunehmend weiß färben, wie man es von den Lipizzanern kennt.

Die Beschreibung eines Pferdes beginnt immer mit der Fellfarbe. Dann folgen, wenn vorhanden, andere charakteristische Merkmale, wie weiße Abzeichen und die Farbe von Mähne und Schweif.

Manche Pferde besitzen mehrere klar voneinander abgesetzte Farben. Hierzu gehören die Schecken mit ihren großen, unregelmäßig geformten weißen und schwarzen bzw. braunen Flecken (Beispiele hierfür sind die amerikanischen Pintos und Paint Horses) und Pferde mit einem gesprenkelten Fell, d. h. mit schwarzen, braunen oder fuchsfarbenen Tupfen auf weißem Untergrund, wie sie auch der amerikanische Appaloosa aufweist. Ferner gibt es braune Pferde mit schwarzen Beinen.

FELLFARBEN

Schimmel Fell, in dem weiße und dunkle oder rote („fuchsfarbene") Haare gemischt sind. Die Farbe reicht von einem ganz dunklen Grau bis zu reinem Weiß. Die Haut ist schwarz.

Fliegenschimmel Weißes, braun oder schwarz gesprenkeltes Fell.

Brauner Braunes Haarkleid, gelegentlich zu den Beinen hin dunkler werdend; Mähne und Schweif schwarz. Die Fellfarbe kann einen rötlichen, bräunlichen oder gelblichen Ton besitzen.

Rappe Völlig schwarzes Fell; gelegentlich mit Abzeichen am Kopf und/oder an den Beinen.

Fuchs Farbe reicht von blassem Gold bis zu einem kräftigen Rotgold. Mähne und Schweif sind hellblond bis schwarz mit rotem Schimmer und können heller oder dunkler gefärbt sein als das Fell.

Dunkelfuchs Die dunkelste Fuchsfarbe.

Dunkelbrauner Im Fell mischen sich schwarze und braune Haare; Mähne, Schweif und Gliedmaßen sind schwarz gefärbt. Ein ganz dunkelbraunes Pferd kann nahezu schwarz aussehen („Schwarzbrauner").

Apfelschimmel Auf dem hellgrauen oder weißen Fell zeichnen sich dunkelgraue Ringe ab.

Fuchsschimmel Fuchsfarbenes, von weißen Haaren durchsetztes Fell mit rötlichem Schimmer.

Dunkelschimmel Von weißen Haaren durchsetztes schwarzes oder braunes Fell mit bläulichem Schimmer.

Falbe Gelbliches bis mausgraues Fell mit schwarzer Mähne und schwarzem Schweif. Die Farbe wird oft begleitet von den Überbleibseln einer urtümlichen Tarnfärbung: einem über den Rücken verlaufenden dunklen Aalstrich sowie, seltener, am Widerrist oder an den Beinen auftauchenden Zebrastreifen. Die Haut eines Falben ist schwarz gefärbt.

Isabell Goldfarbenes Fell mit weißer Mähne und weißem Schweif.

Schecke Fell mit großen, unregelmäßig geformten weißen, schwarzen oder anders gefärbten Flecken.

Tigerschecke Fell mit kleinen, rundlichen Flecken, die sich von der Grundfarbe abheben und über den gesamten Körper verteilt sein können.

Porzellanschecke Braun oder grau gefärbtes Fell mit dunkleren Streifen oder Flecken.

Cremello Cremefarbenes Fell mit nicht pigmentierter Haut.

Weiße Abzeichen An Kopf und Beinen (gelegentlich auch an anderen Körperstellen) auftretende weiße Abzeichen sind ein wertvolles Mittel, um Pferde zu unterscheiden. Sie werden daher auch sorgfältig im Abstammungsnachweis und bei der Turniereintragung eines Pferdes vermerkt.

GEGENÜBER OBEN
Lipizzaner haben meist Schimmelfarbe. Die Fohlen werden jedoch dunkel geboren, und es dauert einige Jahre, bis das Haarkleid die für die Rasse typische „weiße" Farbe angenommen hat.

RECHTS
Gefleckte Pferde gibt es, seit der Mensch Pferde hält, und sie wurden oft hoch geschätzt. Vor allem die nordamerikanischen Nez-Percé-Indianer widmeten sich ihrer Zucht.

Großpferde

Es gibt heute mehr als einhundertfünfzig verschiedene Pferderassen und -typen, von denen die meisten unter dem Einfluß des Menschen entstanden. Nährstoffreicheres Futter, vor allem aber eine selektive Zucht, führten dazu, daß die vom Menschen domestizierten Pferde an Körpergröße und Qualität gewannen. Die Zuchtziele richteten sich nach den Anforderungen, die an die Pferde gestellt wurden. Wer schwere Lasten zu transportieren hatte, züchtete schwere, kräftig gebaute Tiere, wer rasch große Stecken zurücklegen mußte, dagegen leichte Tiere, die sich schnell bewegen konnten. Begriffe wie Kaltblut und Warmblut dienen zur Beschreibung unterschiedlicher Pferdetypen. Zu den Kaltblutpferden gehören die schwer gebauten Zugtiere, deren prähistorische Ahnen einst in Nordeuropa lebten. Warmblutpferde sind dagegen die leichter gebauten Tiere, die sich zum Reiten eignen und auch speziell für den Pferdesport gezüchtet werden. In diesem Buch sind die Pferderassen nach Groß- und Kleinpferden sowie nach Herkunftsländern geordnet.

„Wildpferde“

PRZEWALSKI-PFERD ODER MONGOLISCHES WILDPFERD

Echte Wildpferde gibt es nicht mehr. Beim Przewalski- oder Mongolischen Wildpferd *(Equus przewalskii przewalskii Poliakoff)*, das heute von Zoos in aller Welt gezüchtet wird, soll es sich aber um einen der Vorfahren des heutigen, domestizierten Pferdes handeln. Erst 1879 „entdeckte“ der Russe Oberst N. M. Przewalski eine kleine wildlebende Herde dieser Tiere in den Tachin-Schara-Nuru-Bergen am Rande der Wüste Gobi. Bis dahin hatte man geglaubt, das urtümliche Pferd sei bereits ausgestorben – ausgerottet von mongolischen Stämmen, die es wegen seines Fleisches jagten. Das Przewalski-Pferd, wie es allgemein genannt wird, ist 120–140 cm hoch und unterscheidet sich genetisch vom Hauspferd, da es nicht 64, sondern 66 Chromosomen besitzt. Sein Äußeres weist zahlreiche primitive Merkmale auf. Hierzu gehört der große Kopf mit relativ hoch sitzenden Augen und langen Ohren, ein kräftiger Hals, ein schwerer Körper sowie ein dunkler Aalstrich auf dem Rücken und Zebrastreifen an den Beinen. Sein Fell ist rötlich-gelb gefärbt, Mähne und Schweif

OBEN
Diese Kaimanawa-Pferde leben in Wildherden auf der Nordinsel von Neuseeland. Wie die australischen Brumbys sind sie bei den Viehzüchtern unbeliebt, da sie mit dem Weidevieh um Nahrung konkurrieren.

VORHERIGE SEITE GEGENÜBER
Ein Mustang.

VORHERIGE SEITE
Ein Trakehner.

LINKS
Das Mongolische Wildpferd oder Przewalski-Pferd ist die einzige noch lebende Rasse einer Pferdeart, von der das heutige Pferd abstammt. Seine Chromosomenzahl unterscheidet sich von der heutiger Pferde.

WISSENSWERTES

Freilebende Ponys und Pferde gibt es noch in verschiedenen Regionen der Erde. In Nordamerika sind es die Mustangs sowie zwei auf Inseln heimische Ponytypen. Die Sable-Island-Ponys, deren Vorfahren wahrscheinlich vor 200 Jahren freigelassen wurden, leben völlig unbehelligt auf einer windgepeitschten Insel gleichen Namens vor der Küste von Neuschottland. Die Assateague-Ponys sind dagegen vor der Küste von Maryland und Virginia zu Hause, werden jährlich zusammengetrieben, medizinisch betreut und in ihrer Zahl kontrolliert. Innerhalb von Europa sind es die Camargue-Pferde (in Südfrankreich), die Dülmener (Deutschland) und einige britische Berg- und Moor-Ponyrassen, die noch ein halbwildes Leben führen dürfen.

sind dunkel, das Maul meist hell (Mehlmaul). Die aufrecht stehende Mähne wird jedes Frühjahr abgeworfen, ein Stirnschopf fehlt ganz. Das Mongolische Wildpferd erträgt große Hitze und Kälte und kann mit wenig Nahrung auskommen.

TARPAN

Osteuropa und der europäische Teil Rußlands waren einst die Heimat des Tarpans, der ebenfalls als Vorfahre des heutigen Pferdes gilt. Freilebende Tarpans wurden bereits im 19. Jahrhundert ausgerottet. 1919 soll auch das letzte Tier in Gefangenschaft gestorben sein. Dies bedeutet, daß die heute halbwild in polnischen Reservaten lebenden Tarpans einer „wiederbelebten" Rasse angehören. Es sind Nachkommen des sehr ähnlichen Konik, bei denen durch selektive Züchtung viele ursprüngliche Merkmale wilder Tarpans wieder zum Vorschein kamen. Ähnliche Pferde erhält man auch, wenn man Przewalski-Hengste und Konik-Stuten kreuzt. Der etwa 130 cm große Tarpan ist leichter gebaut als das Przewalski-Pferd und besitzt ein braunes oder graues Fell, eine dunkle Mähne, einen dunklen Schweif und häufig einen Aalstrich oder Zebrastreifen.

BRUMBY

Australiens „Wildpferd", der Brumby, ist kein echtes Wildpferd, da es auf dem australischen Kontinent keine Pferde gab, bevor europäische Siedler sie vor ein paar hundert Jahren dorthin brachten. Es gab wohl deshalb keine Pferde, weil *Eohippus* und seine Nachfahren Australien von Amerika aus nicht über eine Landbrücke erreichen und besiedeln konnten. Die Brumbys, die heute in Wildherden das Nordterritorium und in geringerem Maß auch Zentralaustralien durchstreifen, sind Nachkommen von entlaufenen Pferden, die sich an die Wildnis angepaßt haben. Gezähmte Brumbys leisteten in der Vergangenheit durchaus gute Dienste. Heute betrachtet man die Tiere allerdings eher als Plage und versucht sie auszumerzen, da sie mit dem Weidevieh um Nahrung konkurrieren.

Siehe auch Camargue-Pferd, Mustang und Sorraia-Pony.

OBEN LINKS
In Polen gibt es das primitiv aussehende Konik-Pony, das vom Tarpan abstammt. Aus Kreuzungen zwischen Przewalski-Hengsten und Konik-Stuten gehen Nachkommen hervor, die wie Tarpans aussehen.

LINKS
Das Sorraia-Pony, das unter halbwilden Bedingungen in Portugal lebt, soll auch sehr frühen Ursprungs sein.

Araber

Der Araber ist die älteste und reinste aller Pferderassen und wird von vielen Menschen auch als die schönste bezeichnet. Mit seinem feinen Kopf, der konkav gewölbten Nasenlinie („Hechtkopf"), den ausdrucksvollen Augen, seinem feurigen Temperament und dem einzigartig fließenden Gang ist er zweifellos eines der edelsten Pferde überhaupt. Araber werden zwar seit Jahrhunderten mit großer Sorgfalt gezüchtet, ihr genauer Ursprung ist jedoch unklar. Antike Pferdebildnisse lassen darauf schließen, daß es Pferde dieses Typs schon 2000–3000 Jahre v. Chr. auf der Arabischen Halbinsel gab. Wie die Wüstenstämme, deren Leben die Araberpferde seit dieser Zeit teilen, sind diese Tiere ausgezeichnet an rauhe Umweltbedingungen angepaßt. Mehr als jede andere Pferderasse hat der Araber die Pferdezucht in aller Welt beeinflußt.

RASSENMERKMALE

Stockmaß: 145–155 cm.

Farbe: Vorwiegend Schimmel und Füchse, seltener Braune und Rappen.

Exterieur: Kleiner Kopf mit breiter Stirn, feinem Maul, konkavem Profil, großen Nüstern und kleinen Ohren; große Ganaschenfreiheit; anmutig geschwungener Hals; lange, schräge Schulter mit gut ausgeprägtem Widerrist; tiefer, geräumiger Rumpf mit breiter, tiefer Brust und kurzem, geradem Rücken; hoch angesetzter Schweif; harte, trockene Beine mit deutlich ausgebildeten Sehnen und dichten, feinen Knochen; harte, wohlgeformte Hufe; Schweif und Mähne fein und seidig.

WISSENSWERTES

Das einzigartige Exterieur des Arabers ist bedingt durch die Form seines Skeletts. Diese unterscheidet sich von der anderer Rassen wesentlich. So besitzt der Araber nur 17 Rippen (andere Pferde 18), fünf Lendenwirbel (andere Pferde sechs) und 16 Schwanzwirbel (bei anderen Pferden sind es 18).

OBEN
Große Augen und Nüstern sind für den Araber typisch. Charakteristisch ist auch der kurze, feine Kopf mit seinem konkaven Profil („Hechtkopf").

LINKS
Obwohl der Araber verhältnismäßig klein ist (im Durchschnitt zwischen 145 und 155 cm), ist er erstaunlich kräftig und kann einen ausgewachsenen Mann mit Leichtigkeit tragen.

Dieser arabische Einfluß machte sich schon im 7. und frühen 8. Jahrhundert bemerkbar, als die Anhänger des Islam sich über Nordafrika bis nach Spanien ausbreiteten und dabei ihre, den dortigen Pferden weit überlegenen Reittiere mitbrachten. Seitdem sind in aller Welt einheimische Pferderassen durch Einkreuzung von Arabern veredelt worden. Auch reinrassige Araber werden inzwischen überall auf der Welt gezüchtet, da sie sich nicht nur für den Dressurplatz, sondern auch ausgesprochen gut für das Distanzreiten eignen. Im Rennsport ist in neuerer Zeit ebenfalls ein Interesse in einigen Ländern an Arabern zu verzeichnen.

OBEN LINKS
Araber scheinen über den Boden zu schweben. Diese bemerkenswerten Bewegungen und ihr sanftes Temperament haben sie in aller Welt zu beliebten Reitpferden gemacht.

OBEN RECHTS
Aufgrund ihrer legendären Ausdauer ist die Rasse perfekt geeignet für Distanzritte. In der Spitzenklasse müssen dabei Strecken von bis zu 160 km am Tag zurückgelegt werden.

LINKS
Es ist kein Wunder, daß der Araber mit seiner Eleganz, seinem feurigen Temperament und seinem außergewöhnlichen Exterieur oft als schönstes Pferd gilt.

Berber

Der Berber stammt aus Marokko, Algerien und Tunesien, also nordafrikanischen Ländern, deren Küstenregionen einst als „Barbarenküste" („Berberküste") galten, weil sie fremdländisch und nicht von Christen bewohnt waren. Über den Ursprung der Berberpferde gibt es unterschiedliche Auffassungen. Eine Hypothese besagt, daß die Berber von einer isolierten Gruppe von Wildpferden abstammen, der es gelang, die Eiszeit zu überstehen. Würde dies zutreffen, wäre der Berber noch älter als der Araber. Einer anderen Hypothese zufolge gibt es eine Verbindung zwischen dem Berber und dem Achal-Tekkiner, dem Pferd der Turkmenen.

Es ist unwahrscheinlich, daß die wirkliche Herkunft der Rasse jemals geklärt wird. Gewiß ist jedoch, daß der Berber nach dem Araber den größten Einfluß auf die Entstehung anderer Pferderassen hatte. Wie auch beim Araber war es die Ausbreitung des Islam, die dazu führte, daß die Vorfahren des heutigen Berbers ab dem frühen 8. Jahrhundert nach Europa gelangten. Auf der Iberischen Halbinsel spielte das Berberpferd dann eine beherrschende Rolle bei der Entstehung des Andalusiers, der daraufhin seinerseits in aller Welt einen großen Einfluß auf die Pferdezucht ausübte. Unter den vielen Berbern, über die es historische Aufzeichnungen gibt, ist Roan Barbary, das Pferd des englischen Königs Richard II. (1367–1400), vermutlich das berühmteste. Im 16. Jahrhundert holte ein anderer englischer König, Heinrich VIII., einige Berber nach England, und ein Jahrhundert später spielte diese Rasse eine wichtige Rolle bei der Entstehung des Vollblutpferdes. Auch bei anderen Rassen, nämlich beim argentinischen Criollo und dem amerikanischen Mustang, ist der Einfluß des Berbers noch sichtbar.

Trotz seiner Bedeutung für die Züchtung anderer Pferderassen hat der Berber nie die Berühmtheit des Arabers erlangt. Dies liegt zweifellos daran, daß ihm die einzigartige Ausstrahlung des schönen Arabers fehlt. Sein Erscheinungsbild ist weniger edel und somit auch weniger eindrucksvoll. Trotzdem besitzt das Pferd die gleiche Ausdauer und Widerstandskraft, die gleiche Fähigkeit, mit wenig Futter auszukommen, und die gleiche Trittsicherheit wie der Araber und entfaltet über kurze Distanzen eine beeindruckende Geschwindigkeit.

UNTEN
Dem Berber fehlt die Schönheit und Eleganz des Arabers, obwohl er ebenso zäh und ausdauernd ist.

RASSENMERKMALE

Stockmaß: 145–155 cm.

Farbe: Vorwiegend Schimmel, Braune, Dunkelbraune und Rappen.

Exterieur: Schmaler Kopf mit konvexem Profil; geschwungener Hals; flache Schulter mit gut ausgeprägtem Widerrist; kurzer, kräftiger Rumpf; abfallende Kruppe mit tief angesetztem Schweif; ziemlich schlanke, aber kräftige Gliedmaßen; schmale, aber harte Hufe.

UNTEN

Festlich geschmückt bieten Berberpferde und ihre marokkanischen Reiter bei modernen Reiterspielen ein farbenfrohes Bild.

WISSENSWERTES

Die bekanntesten Berberpferde neuerer Zeit wurden von den Spahis geritten. Diese kamen ursprünglich aus der Türkei, wurden aber, als die Franzosen Algerien und Tunesien besetzten, in die algerischen und tunesischen Kavallerie-Regimenter der französischen Armee aufgenommen. Bei nordafrikanischen Festen, die die militärische Vergangenheit dieser Länder wieder aufleben lassen, spielen die Berber noch immer eine wichtige Rolle.

UNTEN

Kriegerische Vorführungen wie diese sogenannte Fantasia zeigen auf eindrucksvolle Weise, welch hohe Geschwindigkeiten Berber auf kurzen Strecken erreichen können.

Vollblut

Seit rund 4000 Jahren ist das Leben des Menschen eng mit dem des Pferdes verwoben. In dieser langen Zeit gab es keinen einzigen Zuchterfolg, der sich mit der „Erfindung" des Vollblutpferdes messen könnte. Das Vollblut ist nämlich nicht nur das schnellste und wertvollste Pferd der Welt, es hat auch wesentlich zur Auffrischung alter Pferde- und Ponyrassen sowie zur Entstehung neuer Rassen beigetragen. Es war Heinrich VIII., der im 16. Jahrhundert die berühmten

Royal Paddocks in Hampton Court gründete. Seine Tochter, Elisabeth I., gründete ein weiteres Gestüt in Tutbury (Staffordshire). Beide Monarchen

RASSENMERKMALE

Stockmaß: Variabel. Kann 150 cm, aber auch über 170 cm betragen. Der Durchschnitt liegt bei 163–165 cm.

Farbe: Alle Grundfarben. Meist Füchse, Braune und Dunkelbraune, seltener Schimmel und Rappen.

Exterieur: Variabel; besonders leistungsfähige Vollblüter zeichnen sich aus durch einen feinen, intelligenten Kopf, einen eleganten Hals, eine schräge Schulter, einen kurzen, kräftigen Rumpf mit großer Brusttiefe, eine starke, lange Hinterhand mit muskulöser Kuppe und gut angesetztem Schweif, sehr lange, harte, trockene Beine.

führten Pferde aus Spanien und Italien ein, die mit heimischen Tieren gekreuzt wurden. Unter den späteren Königen James I., Charles I. und Charles II. nahm das Interesse an Pferdezucht und Rennsport weiter zu, so daß zu Beginn des 17. Jahrhunderts in Newmarket, Chester, Doncaster und Lincoln bereits regel-

OBEN RECHTS
Vollblüter besitzen einen charakteristischen Kopf mit großen Augen und Nüstern. Das für ihre Ahnen, die Araber, so charakteristische konkave Profil tritt bei den Vollblütern selten auf.

RECHTS
Mit seinen schrägen Schultern, seiner gut bemuskelten Kruppe und den langen Beinen ist das Vollblut eine richtige „Rennmaschine". Die tiefe Brust bietet Herz und Lungen viel Raum.

RECHTS
Der größere, sich langsamer entwickelnde Schlag des Vollblüters ist oft erstklassig geeignet für Hindernis- oder Jagdrennen, also Sportarten, die Mut, Ausdauer und Schnelligkeit erfordern.

UNTEN
Vollblüter, die in der Heimat des Hindernisrennens, Cheltenham, eine Hecke überspringen. Aufgrund seiner überragenden athletischen Qualitäten ist das Vollblut gleichermaßen geeignet für Jagdreiten und Military.

UNTEN RECHTS
Dank gewissenhafter Aufzeichnungen während der letzten 200 Jahre ist es möglich, die Ahnenreihe dieses Fohlens bis zu einem der wenigen Stammväter der Rasse zurückzuverfolgen.

mäßig Pferderennen veranstaltet wurden. Viele Adlige begannen, Rennpferde zu züchten, und sandten Agenten nach Übersee, um dort gute Zuchthengste zu erwerben.

Zeitgenössische Berichte erwähnen wiederholt Rassen, aus denen schließlich das moderne Vollblutpferd entstand, obwohl sein genauer Stammbaum wohl immer ein Geheimnis bleiben wird, da Pferde früher oft mit dem Besitzer auch ihren Namen wechselten. Zudem wurden Bezeichnungen wie „Arabian", „Barb" und „Turk" oft falsch verwendet. Sicher ist jedoch, daß während des letzten Viertels des 17. Jahrhunderts und während des ersten Viertels des 18. Jahrhunderts Engländer oder ihre Agenten Hengste aus dem Osten importierten, sie mit englischen Stuten gemischter Herkunft kreuzten und eine Dynastie großer Rennpferde gründeten. Die berühmtesten dieser Hengste waren Byerley Turk, Darley Arabian und Godolphin Arabian. Sie gelten als die eigentlichen Stammväter der Vollblüter. 1793 erschien *An Introduction to a General Stud Book*, und schließlich kam 1808 Band I des *General Stud Book (Generalstutbuch)* heraus. Heute wird ein Pferd nur dann als Vollblüter anerkannt, wenn beide Eltern im *General Stud Book* (oder entsprechenden Vollblutstutbüchern anderer Länder) eingetragen sind.

Das Vollblut ist ein schönes, temperamentvolles und leistungswilliges Pferd. Sein Galopp ist leicht und raumgreifend, und es besitzt einen unbändigen Mut sowie ein immenses Durchhaltevermögen. Dies sind besondere Qualitäten, die ihm auf der Rennbahn, bei Hindernisrennen und Military-Wettbewerben zugute kommen.

WISSENSWERTES

Byerley Turk wurde von Hauptmann Byerley in den 80er Jahren des 17. Jhs. bei der Belagerung Wiens von den Türken erbeutet, von ihm bei Kämpfen in Irland geritten und dann als Zuchthengst nach England gesandt. Sein Großenkel Tartar zeugte Herod, einen der wichtigsten Deckhengste in der Geschichte der Vollblutzucht. Der 1700 geborene Darley Arabian wurde vom englischen Konsul Thomas Darley erworben und von der syrischen Hafenstadt Aleppo aus nach England verschifft. Er ist der Gründer der Eclipse-Linie – Eclipse war eines der berühmtesten Rennpferde aller Zeiten. Godolphin Arabian kam 1724 im Jemen zur Welt, gelangte über Syrien nach Tunis und wurde später vom Sultan von Marokko dem König von Frankreich geschenkt, der das Pferd an Edward Coke aus Derbyshire verkaufte. Schließlich erwarb Lord Godolphin das Pferd und zeichnet verantwortlich für die Gründung der Matchem-Linie. Herod, Eclipse, Matchem und Highflyer (ein Sohn von Herod) sind die vier großen Vollblüterlinien.

Anglo-Araber

Der Anglo-Araber ist das Ergebnis der Kreuzung von Araber und Vollblut und ist kräftiger gebaut als ein reiner Araber. Als Anglo-Araber gelten Kreuzungen zwischen Vollbluthengst und Araberstute oder umgekehrt sowie zwischen Vollblut und Anglo-Araber, Araber und Anglo-Araber oder zwei Anglo-Arabern. Aufgrund dieser unterschiedlichen Kombinationsmöglichkeiten variiert der Anteil von Araberblut erheblich, was sich wiederum auf die Größe und das Erscheinungsbild des Pferdes auswirkt. Die größten Pferde erhält man, wenn man Vollblutstuten von Araberhengsten decken läßt. Wirklich gute Anglo-Araber vereinen in sich die Zähigkeit und Ausdauer des Arabers sowie die Schnelligkeit und Vielseitigkeit des Vollbluts, nicht jedoch dessen übernervöses Temperament. Seit der ersten Hälfte des 19. Jahrhunderts hat sich Frankreich als Zuchtland von Anglo-Arabern hervorgetan. Die französischen Anglo-Araber gehen zurück auf zwei aus dem Osten stammende Hengste, Massoud (Araber) und Aslam (türkischer Herkunft). Sie wurden aus Syrien eingeführt und mit drei importierten englischen Vollblutstuten gekreuzt.

RASSENMERKMALE

Stockmaß: 155–165 cm.

Farbe: Fuchs, Brauner oder Schwarzbrauner.

Exterieur: Variabel; gute Exemplare tendieren jedoch zum Vollblut. Sie besitzen einen intelligenten Kopf mit geradem Profil, ausdrucksvollen Augen und beweglichen Ohren; einen langen Hals und einen stärker als beim Araber ausgebildeten Widerrist; eine schräge Schulter; einen kurzen, kräftigen Rumpf mit tiefer Brust; eine ziemlich lange Kruppe; gut ausgebildete Gliedmaßen und kräftige, schön geformten Hufe.

OBEN LINKS
Der Kopf des Anglo-Arabers ähnelt mehr dem des Vollblüters als dem des Arabers, da ihm das konkave Profil des reinrassigen Arabers meist fehlt.

LINKS
Das Exterieur des Anglo-Arabers entspricht mehr dem des Vollblutpferdes als dem des Arabers. Viele Anglo-Araber sind jedoch kräftiger gebaut als durchschnittliche Vollblüter.

LINKS
Die Kreuzung von Vollblut und Araber hat einige in den olympischen Disziplinen des Pferdesports (Dressur inbegriffen) außergewöhnlich erfolgreiche Pferde hervorgebracht.

Ihre Töchter Delphine, Clovis und Danaë bildeten die Grundlage für die ersten in Frankreich gezüchteten Sportpferde. Anglo-Araber wurden als Allround-Reitpferde, als Kavalleriepferde und bei sportlichen Wettkämpfen eingesetzt. In jüngerer Zeit spielten sie auch eine wichtige Rolle bei der Züchtung des Selle Français, des modernen französischen Sportpferdes.

UNTEN
Französische Anglo-Araber wie dieser waren in den vergangenen Jahren in der Military, wo sie gegen Voll- und Warmblutpferde der Spitzenklasse antraten, äußerst erfolgreich.

WISSENSWERTES

Vor dem Selle Français war der französische Anglo-Araber in Sportwettbewerben, besonders im Springreiten, sehr erfolgreich. Dies bewies auch der zweimalige Olympiasiegers Pierre Jonquères d'Oriola. Die berühmtesten von ihm gerittenen Anglo-Araber waren der kleine Wallach Marquis III. (ein sehr erfolgreiches Grand-Prix- und Nationenpreis-Pferd) und Ali Baba, auf dem d'Oriola 1952 in Helsinki seine erste olympische Medaille gewann. Neuerdings sind die französischen Anglo-Araber der französischen Military-Mannschaft erfolgreich; unter ihnen Twist la Beige (Sieger der Europameisterschaft 1993) sowie Newport und Newlot (beide Silbermedaillengewinner der Europameisterschaft).

Criollo

UNTEN
Das Reitpferd der Gauchos oder südamerikanischen Cowboys hat sich inzwischen als Polopferd weltweit Ansehen erworben.

GANZ UNTEN
Der stämmige, kompakt gebaute Criollo ist mit seinen kräftigen, kurzen Gliedmaßen, die sich durch stabile Knochen und außergewöhnlich feste Hufe auszeichnen, eines der zähesten Pferde überhaupt.

Der aus Argentinien stammende Criollo ist ein Nachfahre der Pferde, die die spanischen Konquistadoren im 16. Jahrhundert nach Südamerika brachten, und gilt als eine der zähesten Pferderassen der Welt. Seine besondere Widerstandsfähigkeit ist das Ergebnis einer langen natürlichen Selektion, während deren sich spanische Pferde an die extremen Klimabedingungen (trockene, heiße Sommer und eiskalte Winter) ihrer neuen Heimat anpaßten. Bei diesem Prozeß kam ihnen zweifellos zugute, daß sie von Andalusiern und Berbern, also zwei ohnehin sehr widerstandsfähigen Rassen, abstammten. Criollos entwickelten sogar eine besondere Fellfarbe, mit der sie sich kaum von ihrer natürlichen Umgebung, dem trockenen argentinischen Grasland, unterscheiden.

Der Criollo wurde zum bevorzugten Reitpferd der Gauchos (der Cowboys der Pampa) und zu einem unentbehrlichen Reit- und Packpferd für die Siedler, die sich in den riesigen, oft unwirtlichen Ländern Südamerikas niederließen. Heute begegnet man dem Criollo auf dem gesamten Kontinent. Ganz gleich, wo er gezüchtet wird, besitzt er stets seine wichtigsten Qualitäten, nämlich Härte und Ausdauer. Daran ändern auch die regionalen Abweichungen nichts, die sich in Anpassung an unterschiedliche Lebensräume und Klimabedingungen ausgebildet haben. Mit Vollblütern gekreuzt, ergibt der Criollo ein schönes Polopferd, mit hartem Knochengerüst und der für das moderne Spiel nötigen Schnelligkeit.

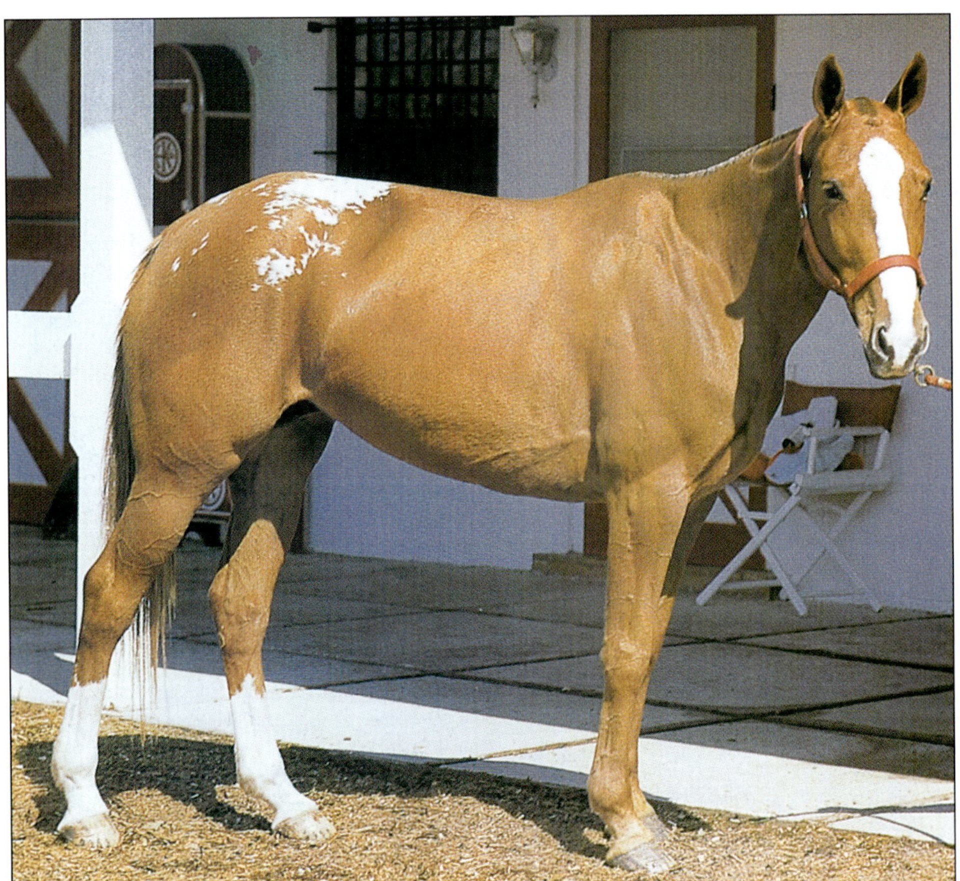

RASSENMERKMALE

Stockmaß: 142–152 cm.

Farbe: Für gewöhnlich Falben mit dunklen Punkten oder auch einem Aalstrich.

Exterieur: Mittelgroßer Kopf mit weitauseinanderliegenden Augen und aufmerksamen Ohren; muskulöser Hals; kurzer Körper mit tiefem Rumpf; kurze, kräftige Gliedmaßen mit starken Knochen und guten, stabilen Hufen.

WISSENSWERTES

Das berühmteste Beispiel für die schier unglaubliche Ausdauer und Belastbarkeit des Criollo ist der Ritt, der den Schweizer Aimé Felix Tschiffely (1895–1954) von Buenos Aires bis nach Washington D. C. führte. Der Reisende und Schriftsteller brach 1925 mit den beiden Criollos Mancha (16 Jahre) und Gata (15 Jahre) auf und durchquerte mit ihnen während seiner 2½ Jahre dauernden Reise einige der unwegsamsten Regionen dieser Erde. Die Pferde wurden dabei abwechselnd geritten bzw. als Packpferd beladen mitgeführt. Sie kehrten danach auf einem Schiff in ihre Heimat Argentinien zurück, wo Gata 36, Mancha sogar 40 Jahre alt wurde.

Australian Stock Horse

RASSENMERKMALE

Stockmaß: 152–165 cm.

Farbe: Alle Grundfarben.

Exterieur: Variiert sehr stark. Die besten Typen gleichen dem Vollblut und besitzen ausgesprochen gute, kräftige Gliedmaßen und Hufe.

Wildpferde hat es auf dem australischen Kontinent nie gegeben. Das moderne Australian Stock Horse stammt von Pferden ab, die während der zweiten Hälfte des 18. Jahrhunderts von Südafrika nach Australien gebracht wurden. Welcher Rasse diese frühen Importe angehörten, ist unbekannt. Man glaubt jedoch, daß sie vorwiegend Araber- und Berberblut hatten.

Mit zunehmendem Schiffsverkehr zwischen Europa und Australien wuchs auch die Pferdepopulation des fünften Kontinents. Um ihre neue Heimat zu erkunden, benötigten die australischen Siedler robuste Pferde. Vollblüter und Araber waren am begehrtesten. Die Vollblüter brauchte man unter anderem auch für Pferderennen, die sich ab dem 19. Jahrhundert zunehmender Beliebtheit erfreuten.

Das Pferd, das man für den alltäglichen Gebrauch züchtete, zeichnete sich durch Widerstandsfähigkeit, Verläßlichkeit und einen guten Charakter aus. Es war robust und vielseitig einsetzbar, eignete sich als Reit- und als Zugpferd. Man konnte mit ihm das Land pflügen und den Wald roden, aber auch Rinder und Schafe hüten. Bis zum Jahr 1971, als der Begriff „Stock Horse" eingeführt wurde, nannte man dieses Pferd „Waler" (nach Neusüdwales). Waler waren bekannt für ihre Ausdauer, ihren Mut und ihre Gesundheit und wurden auch von der Kavallerie geschätzt.

Das heutige Stock Horse ist ein Nachfahre des Waler. Es wurde durch Vollblüter und Araber, mit großer Wahrscheinlichkeit aber auch durch eine Vielzahl anderer Rassen (Quarter Horses, verschiedene Pony-Arten und Kaltblutpferde wie Clydesdale und Suffolk Punch) beeinflußt, die man im Lauf der Zeit nach Australien importierte und mit anderen Pferden kreuzte. Australian Stock Horses sind hochwertige Allround-Reitpferde, die man auch gern zum Rinderhüten einsetzt. Sie sind häufig auf Rodeos zu sehen, dienen aber ebenso als Sportpferde.

▮ LINKS
Bisher ist das Erscheinungsbild der Rasse uneinheitlich. Dieses erstaunliche Pferd zeigt deutliche Merkmale seiner orientalischen Vorfahren.

▮ UNTEN
Das Stock Horse war und ist ein ideales Pferd zum Viehhüten, denn es ist zäh, ausdauernd, gesund und gutmütig.

WISSENSWERTES

Regal Realm ist eines von vielen Australian Stock Horses, die sich im Spitzensport einen Namen gemacht haben. Mit Lucinda Green (England) gewann es 1982 bei der Military-Weltmeisterschaft sowohl in der Einzel- als auch in der Mannschaftwertung Gold.
Bei der Europameisterschaft 1983 und bei den Olympischen Spielen in Los Angeles (1984) trug es dazu bei, daß die englische Mannschaft die Silbermedaille gewann, und ein Jahr später errang dieses Pferd, wieder zusammen mit der Mannschaft, den Titel des Europameisters. Nach dem Ende seiner sportlichen Karriere kehrte das Pferd in seine Heimat Australien zurück.

▮ VORHERIGE SEITE OBEN LINKS
Der Kopf des Australian Stock Horse gleicht dem des Vollblutpferds. Dieses beeinflußte die Entwicklung des australischen Pferdes maßgeblich.

▮ VORHERIGE SEITE OBEN RECHTS
Es ist üblich, Stock Horses zur Identifizierung mit Brandzeichen zu versehen.

▮ VORHERIGE SEITE UNTEN
Viele Stock Horses haben die Feinheit und den guten Körperbau des Vollblüters. Die Rasse hat daher auch einige gute Sportpferde hervorgebracht.

Belgisches Kaltblut

Das Belgische Kaltblut ist eine der imposantesten und historisch bedeutendsten Pferderassen. Es hat eine lange Geschichte, ist nahe mit den Ardennern verwandt und beeinflußte auch die Entwicklung anderer bekannter, schwerer Rassen wie Rheinisch-Deutsches Kaltblut, aber auch Shire oder Clydesdale. Das Flamländer Pferd, wie die Rasse während des Mittelalters genannt wurde, ist durch gezielte Selektion und gelegentliche Inzucht zu einem Pferd von hoher Qualität gezüchtet worden, dessen ausgezeichnete Eigenschaften über die Jahre hinweg erhalten blieben. Belgische Kaltblutpferde sind sanftmütige Tiere, die sich auszeichnen durch einen kurzen, kräftigen Hals, eine kraftvolle Schulter, kurze Beine, große Brusttiefe und eine große, kräftige, runde Kruppe.

Brabanter, wie man die Belgischen Kaltblutpferde nach ihrem Zuchtgebiet, der zentralbelgischen Provinz Brabant, heute auch nennt, sind noch in vielen belgischen Regionen zu finden – wenn auch in bescheidener Zahl. Die speziell für die Landwirtschaft gezüchteten Tiere haben trotz allgemeiner Mechanisierung überlebt. Belgische Kaltblutpferde sind aber auch beliebte und sehr ansehnliche Brauereipferde, die man sogar in Nordamerika sehr schätzt.

OBEN
Das Belgische Kaltblut ist ein eindrucksvolles Pferd, das große Kraft mit einem sanften Wesen und Arbeitswilligkeit vereint. Es gilt außerdem als frühreif und leichtfuttrig.

RASSENMERKMALE

Stockmaß: 165–173 cm.

Farbe: Meist Rotschimmel mit schwarzen Punkten, Füchse oder Rotfüchse, seltener Braune, Falben oder Schimmel.

Exterieur: Kleiner, ziemlich schlichter Kopf mit intelligentem Ausdruck; kurzer, muskulöser Hals; massige Schulter; kurzer, tiefer, kompakter Rumpf; runde Kruppe, kraftvolle Hinterhand; kurze, kräftige Gliedmaßen mit viel Behang sowie wohlgeformte, mittelgroße Hufe.

WISSENSWERTES

Gegen Ende des letzten Jahrhunderts gab es drei getrennte Blutslinien des Brabanters, die heute alle unter dem Oberbegriff Belgisches Kaltblut oder Brabanter zusammengefaßt werden: die Gros-de-la Dendre-Linie, begründet von dem gefeierten Hengst Orange I. (vorwiegend Braune), die Gris-du-Hainaut-Linie, Nachfahren des Hengstes Bayard (Schimmel, Rotschimmel und Rotfüchse) sowie die Colosses-de-la-Méhaigne-Linie, deren Stammhengst der braune Jean I. war.

OBEN LINKS
Der Kopf ist recht schlicht, aber die Augen haben den für viele schwere Pferderassen typischen, freundlichen Ausdruck.

LINKS
Die massige Hinterhand ist typisch für die Rasse. Diese Pferde haben gestutzte Schwänze.

Frederiksborger

RECHTS
Der etwas schlichte Kopf des Frederiksborgers hat einen freundlichen, intelligenten Ausdruck. Frederiksborger sind, wie das gezeigte Pferd, meist Füchse.

Das Gestüt, das dem Frederiksborger den Namen gab, wurde 1562 von König Christian III. unweit von Kopenhagen gegründet. Es wurde berühmt, weil es die europäischen Fürstenhöfe mit edlen Pferden versorgte. Den Grundstock der Rasse bildeten Pferde aus Spanien, die man mit einer nahe verwandten Rasse, den Neapolitanern, gekreuzt hatte. Frederiksborger waren sowohl elegant als auch temperamentvoll und entsprachen ganz den Anforderungen jener Zeit: Sie eigneten sich für die Dressur und waren gute Kavalleriepferde. Indem man die Rasse durch Einkreuzung englischer Halbbluthengste und östlicher Hengste weiterentwickelte, sorgte man dafür, daß der Frederiksborger mehrere Jahrhunderte zu den begehrtesten Pferden Europas zählte.

Der steigende Export von Frederiksborgern führte jedoch zur Dezimierung des alten Zuchtbestands. Dies veranlaßte das Gestüt, sich in der ersten Hälfte des 19. Jahrhunderts der Zucht von Vollblutpferden zuzuwenden. Da dem Unternehmen kein Erfolg beschieden war, schloß das Gestüt 1871. Glücklicherweise verschwanden die Frederiksborger nicht ganz, da Privatleute sie weiterhin als leichte Kutschpferde schätzten.

Frederiksborger werden in Dänemark noch immer gezüchtet. Die verstärkte Nachfrage nach einem leistungsfähigen Sportpferd hat jedoch zur Züchtung einer neuen Pferderasse geführt. Das Dänische Warmblut stammt von schwedischen, deutschen und polnischen Hengsten ab, die mit dänischen Stuten gekreuzt wurden, in deren Adern häufig Frederiksborgerblut floß.

RASSENMERKMALE

Stockmaß: 155–163 cm.

Farbe: Fuchs.

Exterieur: Intelligenter, jedoch etwas schlichter Kopf; aufrechter Hals; kräftige, aber ziemlich steile Schulter; kräftiger, ziemlich langer Rücken; hoch angesetzter Schweif; große Hufe.

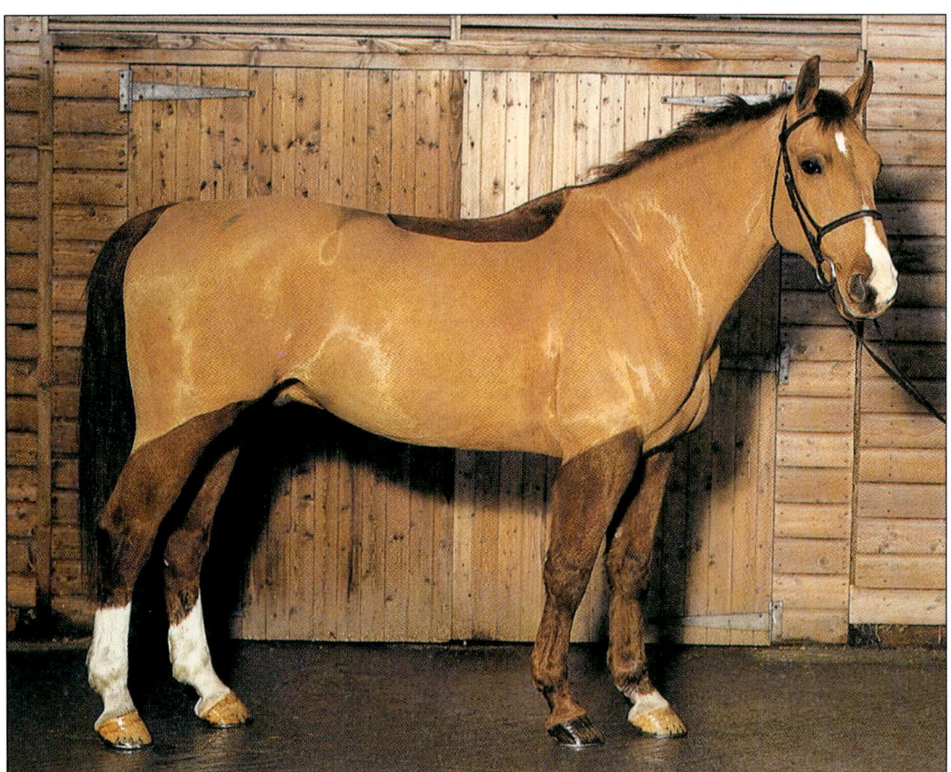

WISSENSWERTES

Der Frederiksborger spielte eine bedeutende Rolle bei der Entwicklung des wesentlich bekannteren Lipizzaners, der durch die Spanische Hofreitschule in Wien weltbekannt wurde. Der 1765 geborene, aus dem Königlich Dänischen Gestüt stammende weiße Hengst Pluto begründete eine wichtige Lipizzaner-Linie. Seine Nachfahren treten heute, über 200 Jahre später, noch immer in der Spanischen Hofreitschule auf und tragen als Hinweis auf ihre Abstammung „Pluto" vor ihrem Namen.

LINKS
Der ziemlich lange Rücken, kurze Hals und die steile Schulter sind typisch für ein leichtes Kutschpferd.

Jütländer

Abgesehen vom schweren Behang seiner Beine, weist Dänemarks Kaltblüter, der Jütländer, eine frappierende Ähnlichkeit mit dem englischen Suffolk Punch auf. Dies ist nicht weiter erstaunlich, da der englische Zuchthengst Oppenheim LXII., der 1860 nach Dänemark kam, der Rasse Suffolkblut zuführte.

Die Rasse ist jedoch wesentlich älter. Kaltblüter werden auf der Halbinsel Jütland nämlich schon seit vielen Jahrhunderten gezüchtet. Im 12. Jahrhundert waren die Jütländer als Schlachtrösser begehrt. Mit ihrer enormen Kraft und ihrem außerordentlich willigen Wesen waren sie ideale Reittiere für die schwerbewaffneten Ritter des Mittelalters. Obwohl auch Blut des Cleveland Bay und des Yorkshire-Coach-Pferdes in den Adern des Jütländers fließen soll, ist es doch unzweifelhaft der Suffolk Punch, der die Rasse am meisten geprägt hat – auch bezüglich der Farbe. Durch die zunehmende Mechanisierung hat die Zahl dieser schönen Pferde stark abgenommen. Dennoch sind sie dann und wann zu sehen, sei es auf Pferdeschauen, als Zugpferde vor einem Brauereiwagen oder gelegentlich sogar als Arbeitspferde in der Landwirtschaft.

RASSENMERKMALE

Stockmaß: 152–163 cm.

Farbe: Meist Dunkelfüchse mit heller Mähne und hellem Schweif.

Exterieur: Schwerer, schlichter Kopf mit freundlichem Ausdruck; kurzer, dicker Hals; kräftige, muskulöse Schultern; außergewöhnlich tiefer Rumpf mit breiter Brust; runde, muskulöse Kruppe; kurze Gliedmaßen mit starken Knochen.

WISSENSWERTES

Der Jütländer beeinflußte die Entwicklung des Schleswigers. Dieses nach dem nördlichsten deutschen Bundesland benannte Zugpferd wurde gegen Ende des 19. Jahrhunderts vor Busse und Pferdebahnen gespannt. Deutschen Züchtern dienten die Jütländer aus dem benachbarten Dänemark bis ins 20. Jahrhundert zu Zuchtzwecken. Der Schleswiger ist dem Jütländer und dem Suffolk sowohl in der Farbe als auch im Körperbau sehr ähnlich. Das Einkreuzen ausgesuchter Boulonnais- und Bretonen-Hengste aus Frankreich führte jedoch dazu, daß neben Füchsen auch einige Schimmel und Braune vorkommen.

OBEN
Wie andere schwere Pferderassen ist der Jütländer der zunehmenden Mechanisierung zum Opfer gefallen. Dennoch gibt es noch immer Arbeitspferde dieser Rasse.

LINKS
Jütländer sind meist Füchse. Diese Farbe haben sie vom Suffolk Punch geerbt.

Dänisches Warmblut

Das Dänische Warmblut gehört zu den Pferderassen, die speziell für den modernen Turniersport, insbesondere Dressur, Springreiten und Military gezüchtet wurden.

In Dänemark hat die Pferdezucht eine lange Tradition. Schon zu Beginn des 14. Jahrhunderts wurden hier die ersten Gestüte gegründet. Der Markt für Pferde hat sich jedoch in diesem Jahrhundert, vor allem in den letzten Jahrzehnten, enorm verändert. In vielen Ländern hat der unaufhaltsame Vormarsch der Mechanisierung dafür gesorgt, daß sich das Pferd vom einst wichtigsten Transportmittel zu einem „Freizeittier" entwickelt hat. Irgendwann im Lauf dieser Entwicklung stellten die Dänen fest, daß ihre heimischen Rassen – der Frederiksborger und sein Vetter, der gefleckte Knabstruper (ein beliebtes Zirkuspferd) – im modernen Pferdesport nicht mithalten konnten.

Sie entwarfen daher 1962 ein Zuchtprogramm, um ein dänisches Reitpferd neuen Typs zu entwickeln.

RASSENMERKMALE

Stockmaß: 156–166 cm.

Farbe: Alle Farben vertreten.

Exterieur: Schöner Kopf; gut angesetzter Hals; schräge Schulter mit gut geformtem Widerrist; muskulöser Rücken; muskulöse Lende; lange Kruppe; kräftige Beine mit gut ausgebildeten Gelenken und Knochen.

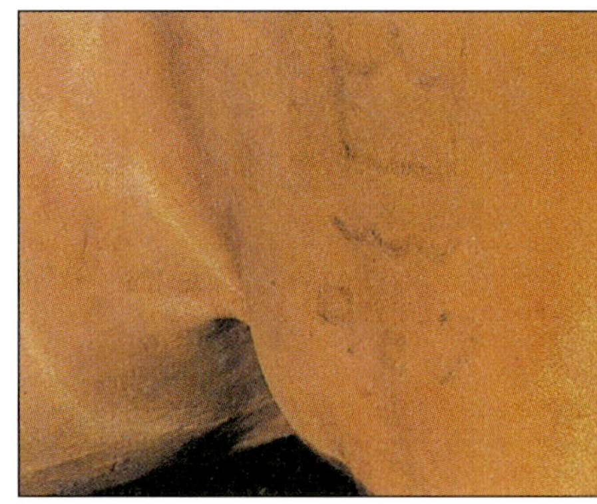

RECHTS
Das Dänische Warmblut besitzt den für ein modernes Sportpferd typischen Körperbau mit schrägen Schultern, kräftigem Rücken, einer kraftvollen Hinterhand und gut geformten, kräftigen Beinen und Hufen.

OBEN RECHTS
Wie viele andere Warmblutpferde trägt auch das Dänische Warmblut auf seiner Hinterhand ein charakteristisches Brandzeichen, das die Identifizierung erleichtert.

WISSENSWERTES

Dänische Warmblutpferde tun sich oft als Dressurpferde hervor. Dies galt in besonderer Weise für den schönen Rapphengst Matador, der das Publikum mit seinem stolzen Auftreten und seiner immensen Ausstrahlung bezauberte. Nachdem er 1988 Fünfter bei den Olympischen Spielen in Seoul geworden war, mußte er krankheitshalber eine ganze Saison aussetzten, schaffte dann aber ein spektakuläres Comeback bei den Weltmeisterschaften 1990. Hinter dem damaligen Olympiasieger Rembrandt belegte er den zweiten Platz und errang so mit Kyra Kyrklund die erste Medaille in einem Weltklassewettbewerb des Pferdesports für Finnland.

OBEN
Warmblutpferde werden speziell für den Pferdesport wie z. B. das Springreiten gezüchtet.

OBEN RECHTS
An der Entstehung des Dänischen Warmbluts waren auch einige deutsche Pferderassen beteiligt. Man erkennt dies an dem schön geschnittenen Kopf des Pferdes.

RECHTS
Der vielleicht berühmteste aller Dänischen Warmblüter ist der Dressurhengst Matador, der 1990 bei den Weltmeisterschaften die Silbermedaille gewann.

Sorgfältig ausgesuchte Hengste, hauptsächlich Schwedisches Warmblut, Trakehner, Hannoveraner, Holsteiner und verschiedene polnische Rassen wurden gekreuzt mit heimischen Stuten. Sowohl für Hengste als auch Stuten wurden strenge Maßstäbe eingeführt, um sicherzustellen, daß nur die besten Tiere in den Zuchtbüchern registriert wurden. Die Mühe lohnte sich, denn das Zuchtprogramm erwies sich als überaus erfolgreich. Sein Ergebnis, das Dänische Warmblut, ist ein schönes, gut proportioniertes Pferd mit ausgezeichneten Gängen. Es verbindet Mut mit gutem Charakter und ist ein hervorragendes Dressurpferd.

Trakehner

Von allen Warmblutpferden ähnelt der Trakehner dem Vollblut am meisten. Die planmäßige Züchtung dieses attraktiven Reitpferdes begann 1732, als Friedrich Wilhelm I. von Preußen die Königliche Trakehner Gestütsverwaltung in Ostpreußen gründete. Dort versuchte man die Pferde der Region durch wiederholte Kreuzung mit Vollblütern und Arabern zu veredeln. Bei den heimischen Pferden handelte es sich um Nachfahren des zähen, kleinen „Schweiken", den schon die Ordensritter kannten, die die Region im frühen 13. Jahrhundert kolonisierten.

Die Schweiken waren Nachfahren des Konik-Ponys, das sich seinerseits bis zum primitiven Tarpan zurückverfolgen läßt.

Gegen Ende des 18. Jahrhunderts führte eine strenge Auslese unter den Pferden des Königlichen Gestüts zur schnellen Entwicklung des Trakehners.

Da die Rasse der Trakehner Eleganz mit Zähigkeit verband, erlebte sie eine nahezu zwei Jahrhunderte währende Blütezeit, die erst durch die verheerenden Folgen des Zweiten Weltkriegs beendet wurde. Denn im Herbst und Winter des Jahres 1944 erlitten die Trakehner katastrophale Verluste, als man verzweifelt versuchte, die Pferde vor den herannahenden russischen Truppen in Sicherheit zu bringen. Von den über 25 000 Pferden, die vor der Flucht im ostpreußischen Gestütsbuch eingetragen waren (darunter viele Stuten mit ihren Fohlen) überlebten lediglich 1200 den über 1000 km langen Treck in den Westen. Und von ihnen fielen noch viele den harten Lebensbedingungen der frühen Nachkriegszeit zum Opfer.

Es grenzt daher an ein Wunder, daß es den Bewahrern des Originalstutbuchs durch ihren hingebungsvollen Einsatz

OBEN RECHTS
Der edle Kopf mit seinen großen, ausdrucksvollen Augen und dem kleinen, schmalen Maul ist typisch für den schönen Trakehner.

RECHTS
Sein elegantes Exterieur hat der Trakehner vor allem seinen Vollblutvorfahren zu verdanken. Er wird in vielen deutschen Zuchtgebieten, aber auch in Holland, Dänemark und Schweden zur Veredelung eingesetzt.

RASSENMERKMALE

Stockmaß: 163–170 cm.

Farbe: Alle Grundfarben.

Exterieur: Edler Kopf mit großen Augen und kleinem Maul; eleganter, sich verjüngender Hals; schräge Schulter; kräftiger, mittellanger Rumpf mit wohlgerundetem Rippenbogen; runde Kruppe; harte Gliedmaßen mit kurzem Röhrbein; ausgezeichnete, feste Hufe.

WISSENSWERTES

Einer der berühmtesten Trakehner ist der 1970 in Kanada geborene Abdullah. Der anmutige Schimmelhengst errang mit Conrad Homfeld im Sattel bei der Olympiade 1984 für die amerikanische Mannschaft eine Gold- und eine Silbermedaille im Springen und gewann im darauffolgenden Jahr den World Cup in dieser Disziplin. Nachdem Abdullah seine sportliche Karriere beendet hatte, wurde sein Erbgut mittels künstlicher Befruchtung in vielen Ländern der Erde zur Zucht eingesetzt.

LINKS
Wie das Vollblut besitzt der Trakehner großen Mut und Ausdauer. Er ist daher auch für härtere Sportarten, zu denen der Fahrsport gehört, geeignet.

UNTEN LINKS
Das Durchhaltevermögen, das der Rasse half, die schwere Nachkriegszeit zu überstehen, kommt ihr bei modernen Vielseitigkeitsprüfungen (Military) zugute.

UNTEN
Der Hengst Abdullah führte dem Publikum die Qualitäten der Rasse eindrucksvoll vor Augen, als er 1984 bei den Olympischen Spielen eine Goldmedaille im Springreiten gewann.

gelang, die Rasse der Trakehner vor dem Aussterben zu bewahren.

Die Stammbäume der überlebenden Pferde wurden ausfindig gemacht und die Pferde in Westdeutschland neu registriert. Damit konnte auch die Zucht von neuem beginnen. Der Trakehner wird wegen seines ausgezeichneten Körperbaus, seiner freien, harmonischen Gänge, seines Muts und Leistungswillens und wegen seines Durchhaltevermögens geschätzt. Er wird gern zur Veredelung anderer Warmblutrassen eingesetzt und ist ein ideales Pferd für sportliche Wettkämpfe, was seine Erfolge im internationalen Pferdesport beweisen.

Hannoveraner

Georg II., Kurfürst von Hannover und König von England, gründete 1735 das Staatsgestüt Celle und war so maßgeblich an der Entstehung des Hannoveraners beteiligt. Die Aufgabe des Gestüts bestand darin, den lokalen Pferdezüchtern gegen eine geringe Gebühr für ihre Stuten gute Deckhengste zur Verfügung zu stellen. Zuchtziel war ein vielseitig verwendbares Pferd, das sich für die Arbeit in der Land-

LINKS
Aus dem früher als Allzweckpferd gezüchteten Hannoveraner ist längst ein modernes, leistungsfähiges Sportpferd geworden.

RASSENMERKMALE

Stockmaß: 165–170 cm.

Farbe: Alle Grundfarben.

Exterieur: Mittelgroßer, feiner, ausdrucksstarker Kopf mit großen, lebhaften Augen; langer, schöner Hals; große schräge Schultern mit ausgeprägtem Widerrist; kräftiger, tiefer Rumpf; muskulöse Hinterhand mit schön angesetztem Schweif; muskulöse Gliedmaßen mit großen, gut ausgebildeten Gelenken und wohlgeformten, harten Hufen.

OBEN RECHTS
Der heutige Hannoveraner entstand durch Einkreuzung von Vollblütern und Trakehnern. Ihr Einfluß ist leicht an seinem feinen, klar geschnittenen Kopf zu erkennen.

RECHTS
Hannoveraner glänzen mehr durch Kraft als durch Schnelligkeit. Dies erklärt ihre vielen Erfolge bei Dressur- und Springwettbewerben.

WISSENSWERTES

Viele Hannoveraner haben sich schon als Springpferde einen Namen gemacht. Hierzu gehören Dollar Girl (1995 World-Cup-Gewinner mit Nick Skelton), Top Gun (1992 Olympische Goldmedaille mit Jan Tops), Walzerkönig (1988 Olympische Goldmedaille mit Franke Sloothaak), Deister (dreimaliger Europameister mit Paul Schockemöhle), Tigre (1978 Weltmeister mit Caroline Bradley), Simona (1974 Weltmeister mit Hartwig Steenken) und Ferdl (1960 Olympische Goldmedaille mit Paul Schockemöhles Bruder Alwin).

wirtschaft eignete und sich als Reit- und leichtes Kutschpferd verwenden ließ. Ursprünglich standen in Celle Holsteinerhengste mit vorwiegend andalusischem und neapolitanischem Blut.

Später importierte man auch englische Pferde, inklusive Vollblut, die dem Hannoveraner allmählich mehr Qualität verliehen. Durch Kriege erlitt die Hannoveranerzucht in Celle jedoch schwere Rückschläge. So besaß das Gestüt Ende des 18. Jahrhunderts mehr als 100 Hengste, von denen 1816, nach den Napoleonischen Kriegen, gerade noch 30 übrig waren. Um diese Verluste auszugleichen, setzte man vermehrt andere Rassen, insbesondere Vollblüter, zur Zucht ein.

Nach dem Zweiten Weltkrieg hatten sich die Verhältnisse völlig verändert. Der Hannoveraner mußte dem neuen Lebensstil angepaßt werden, wenn die Rasse überleben sollte. Man kreuzte den Hannoveraner daher erneut mit Vollblütern und Trakehnern, um ein Warmblutpferd zu „produzieren“, das sich als Freizeit- und Sportpferd eignete.

Der moderne Hannoveraner ist bekannt für sein angenehmes, offenes Wesen und ist leichter und feiner gebaut als der alte. Hannoveraner-Hengste müssen, um eine Deckerlaubnis zu erhalten – wie die Hengste aller anderen deutschen Zuchtgebiete auch – von einer sogenannten Körkommission anerkannt werden und später ihre Fähigkeiten in Leistungsprüfungen unter Beweis stellen. Hannoveraner gehören weltweit zu den begehrtesten Sportpferden. Dank ihrer Kraft und Geschicklichkeit sind sie besonders für die Dressur und das Springreiten geeignet.

LINKS
Hannoveraner sind ausgezeichnete Springpferde. Dies beweist auch der hier gezeigte, in Belgien gezüchtete Amadeus Z, der bei der Weltmeisterschaft 1994 für die Niederlande antrat.

LINKS
Die Dressur ist eine weitere Sportart, in der sich der Hannoveraner hervortut. Mit seiner großen Kraft und seinen korrekten, sehr energischen Gängen ist er gut für diese anspruchsvolle Disziplin geeignet.

Holsteiner

Den Holsteiner gibt es bereits seit mehreren hundert Jahren. Er ist daher vermutlich die älteste deutsche Warmblutrasse. Bereits im 17. Jahrhundert waren die in Holstein gezüchteten Pferde in Frankreich, Dänemark und Italien sehr gefragt. Die frühen Holsteiner hatten deutsches, neapolitanisches, spanisches und orientalisches Blut in sich. Im 19. Jahrhundert wurden sie gekreuzt mit dem Yorkshire Coach Horse, was der Rasse die charakteristische hohe Aktion, eine große Ausstrahlung und einen außerordentlich gefügigen Charakter bescherte. Holsteiner waren zunächst bekannt als zähe, aber anmutige Kutschpferde, später waren sie als Armeepferde begehrt.

Das von den Preußen 1876 in Schleswig-Holstein gegründete, inzwischen nicht mehr existierende Landgestüt Traventhal gilt als der Geburtsort des modernen Holsteiners.

OBEN
Dieser schöne Kopf mit seinem wachen Ausdruck ist typisch für den Holsteiner.

Heute unterhält der Holsteiner Züchterverband einen eigenen Bestand von Hengsten, die während der Decksaison im ganzen Zuchtgebiet verteilt werden.

Um einen Pferdeschlag zu züchten, der den heutigen Anforderungen entspricht, wurden die Holsteiner nach dem Zweiten Weltkrieg mit Vollblutpferden gekreuzt. Das Ergebnis war ein leichterer Pferdetyp mit besserer Schulter und weniger „Knieaktion" der Vorhand, die beim einstigen Kutschpferd beliebt gewesen war. Der moderne

LINKS
Seine heutige Qualität hat der Holsteiner, der einst als Kutsch- und Armeepferd diente, vor allem dem Vollblut zu verdanken, mit dem er gekreuzt wurde.

WISSENSWERTES

Einer der am meisten gefeierten Holsteiner war der große, braune Wallach Meteor. Er war das einzige Springpferd, dem es gelang, bei drei aufeinander folgenden Olympiaden Medaillen zu gewinnen. Meteor wurde 1943 geboren und gewann 1952 eine Bronzemedaille (in der Einzelwertung), 1956 in Stockholm eine Goldmedaille (mit der Mannschaft) und 1960 in Rom im Alter von 17 Jahren erneut eine Goldmedaille (in der Mannschaftswertung) für Deutschland. Unter Fritz Thiedemann, einem außergewöhnlichen Reiter, war Meteor ein hervorragender Repräsentant seiner Rasse. Er starb 1966 und ist in Elmshorn, dem Stammsitz der Holsteiner, begraben.

GANZ LINKS
Seit Jahren sind die intelligenten, mutigen Holsteiner hervorragende Springpferde.

UNTEN
Die Rasse der Holsteiner ist bekannt für ihre Knieaktion, die gerade bei der Dressur sehr gut zur Geltung kommt.

Holsteiner hat seinen guten Charakter bewahrt, ist jedoch aufgrund seines Vollblutanteils nervöser als seine Vorfahren.

Seine Intelligenz und Kühnheit machen ihn jedoch zu einem erstklassigen Dressur- und Springpferd. Da Holsteiner in geringerer Zahl gezüchtet werden als einige andere Warmblutpferde, treten bei ihnen auch weniger Variationen auf.

UNTEN
Holsteiner wurden früher als zähe, schnelle Kutschpferde geschätzt. Heute beweisen sie bei Fahrwettbewerben, daß sie noch ausgezeichnet im Geschirr gehen können.

RASSENMERKMALE

Stockmaß: 163–173 cm.

Farbe: Alle Farben: Braune, Dunkelbraune und Schwarzbraune sind am häufigsten, Schimmel recht häufig, Füchse seltener.

Exterieur: Ausdrucksvoller, gut proportionierter Kopf mit großen Augen; langer, muskulöser und leicht gebogener Hals; lange, schräge Schulter; kräftiger Rücken; tiefe, breite Brust und muskulöse Lenden; kraftvolle Hinterhand mit muskulösen Ober- und Unterschenkeln; kurze, kräftige Röhrbeine, flache Karpalgelenke, große, gut geformte Sprunggelenke, mittellange Fesseln und große, harte Hufe.

Oldenburger

Der Oldenburger, der einst als Kutschpferd gezüchtet wurde, ist die schwerste deutsche Warmblutrasse. Er stammt von alten friesischen Pferden ab, die man früher in der Region zwischen Weser und den Niederlanden züchtete. Graf Anton Günther von Oldenburg (1603–1667) war an der Entstehung der Pferderasse maßgeblich beteiligt, da er heimische Friesenstuten mit Hengsten aus Italien und Spanien gekreuzt hatte. Spätere Züchter kreuzten den Oldenburger noch mit Vollblütern, Cleveland Bays, Hannoveranern und Normannen. Das Ergebnis war ein großes und ziemlich schweres Pferd, das früh reifte und somit als Arbeitstier recht beliebt war.

LINKS
Der Oldenburger wurde ursprünglich als Kutschpferd gezüchtet. Er ist das schwerste deutsche Warmblutpferd.

RASSENMERKMALE

Stockmaß: 163–173 cm.

Farbe: Meist Braune, Schwarzbraune, Rappen.

Exterieur: Kopf mit gelegentlicher „Ramsnase"; langer, sehr starker Hals; muskulöse Schulter; kraftvoll gebauter Rumpf mit tiefer Brust; starke Hinterhand mit hochangesetztem Schweif; kurze Gliedmaßen mit großen Gelenken und kräftigen Knochen.

LINKS
Durch sorgfältige Züchtung sind viele, für das Kutschpferd typische Merkmale, wie die steile Schulter und der lange Rücken, verändert worden. Einige moderne Oldenburger haben von ihren Vorfahren noch die hohe Aktion der Vorhand geerbt.

LINKS
Der Deutsche Franke Sloothaak 1994 bei der Weltmeisterschaft im Springreiten, die er auf der Oldenburger Stute Weihaiwej gewann.

Als die Kutschen im frühen 20. Jahrhundert zunehmend von motorisierten Fahrzeugen abgelöst wurden, waren die Züchter gezwungen, den Typ des Oldenburgers zu verändern. Aus dem Kutschpferd wurde ein Allzweckpferd für die Landwirtschaft. In jüngerer Zeit hat weiteres Einkreuzen von Vollblut und etwas Selle Français ein Pferd entstehen lassen, das merklich feiner gebaut ist als seine Vorfahren und sowohl unter dem Sattel als auch im Geschirr bemerkenswert gute sportliche Leistungen erbringt. Verglichen mit anderen Warmblutpferden ist der Oldenburger noch immer recht groß. Viele Merkmale des einstigen Kutschpferdes, wie etwa die steile Schulter und der lange Rücken, sind inzwischen jedoch verändert worden – die Aktion ist allerdings immer noch ziemlich hoch.

Oldenburger werden in viele Länder der Welt exportiert und sind besonders in den Vereinigten Staaten recht beliebt.

UNTEN
Vom Kutschpferd zum Dressurpferd: Die Einkreuzung von Vollblut und Selle Français hat die Qualität der Rasse enorm gesteigert. Der moderne Oldenburger ist ein hervorragendes Sportpferd.

WISSENSWERTES

Olympic Bonfire, ein 1983 geborener Oldenburger Wallach, gewann 1994 die Weltmeisterschaft im Kürreiten nach Musik mit der niederländischen Dressurreiterin Anky van Grunsven.

Westfale

Der mit dem Hannoveraner eng verwandte Westfale wird überwiegend im Nordwesten Deutschlands gezüchtet. Mittelpunkt der Zucht ist das nordrhein-westfälische Warendorf. Hier ist auch das Zentrum des deutschen Reitsports sowie der Sitz des Deutschen Olympischen Komitees für Reiterei zu finden. Die Region blickt zurück auf eine lange Tradition in der Pferdezucht. Bereits im frühen 19. Jahrhundert wurden den in der Gegend ansässigen Stutenbesitzern ostpreußische Hengste zur Verfügung gestellt, damit sie die Qualität ihrer Tiere verbessern konnten. Im Lauf der Jahre kreuzte man die heimischen Pferde dann mit Oldenburgern, Hannoveranern, Friesen, Anglo-Normannen und Trabern. Im 20. Jahrhundert entschieden sich die Züchter dann ganz für den Hannoveraner. Die heutigen Westfalen teilen somit die Blutlinien des heutigen Hannoveraners, obwohl es auch wichtige Blutlinien gibt, die speziell im Westfälischen entstanden sind.

OBEN
Der Westfale steht in der Qualität dem Hannoveraner, mit dem er gemeinsame Vorfahren hat, nicht nach.

RASSENMERKMALE

Stockmaß: 165–170 cm.

Farbe: Alle Grundfarben.

Exterieur: Feiner Kopf mit intelligentem Auge; schön geformter Hals; langer Rücken und tiefer, breiter Rumpf; kraftvolle, wenn auch manchmal etwas flache Kruppe.

RECHTS
Das Exterieur ist typisch für ein modernes Sportpferd: langer Hals, tiefer Rumpf und kraftvolle Hinterhand. Die Beine sind oft etwas länger als beim Hannoveraner.

WISSENSWERTES

Zu den Berühmtheiten unter den Westfalen zählen: Rembrandt (1988 und 1992 Olympiasieger in der Dressur mit Nicole Uphoff-Becker); Ahlerich (1984 Olympiasieger in der Dressur mit Dr. Reiner Klimke); Fire (Weltmeister im Springreiten 1982 mit Norbert Koof) und Roman (Weltmeister im Springreiten 1978 mit Gerd Wiltfang). Rembrandt, einer der schönsten Vertreter seiner Rasse, war das erste Pferd in der Geschichte der Olympischen Spiele, das im Dressurwettbewerb zweimal in der Einzelwertung die Goldmedaille gewann. 1989 wurde er Europameister und 1990 in Stockholm Weltmeister.

OBEN RECHTS
Der Westfale Two Step (ursprünglich Polydektes) wurde als Springpferd berühmt. Er ist ein Sohn von Polydor, einem der erfolgreichsten Zuchthengste für Turnierpferde.

RECHTS
Ahlerich war eines der besten Dressurpferde dieser Rasse. 1984 krönte er seine glänzende Grand-Prix-Karriere mit einem Olympiasieg in Los Angeles.

Rheinländer

Ähnlich wie das ländliche Bayern war auch das Rheinland im 19. Jahrhundert hauptsächlich bekannt für seine Kaltblutzucht. 1839 wurde das Landgestüt Wickrath gegründet, das zunächst dem westfälischen Warendorf angeschlossen war und mit Hengsten verschiedener Rassen Warmblutzucht betrieb. Seit 1892 wird das Rheinische Pferdestammbuch geführt, in das im Jahr 1946 immerhin über 25 000 Pferde eingetragen waren.

In den fünfziger Jahren des 20. Jahrhunderts wurde das Landgestüt Wickrath aufgelöst, und die Züchter stellten ganz auf Warmblutzucht um. Wie in Hessen hielt man sich dabei im wesentlichen an Trakehner, Hannoveraner und Westfalen. Vor allem dem westfälischen Hengst Romadour II gelang es, in der rheinischen Pferdezucht eine eigene Linie zu begründen. Er verbesserte hauptsächlich die Dressurveranlagung und das Gangvermögen, während sich der moderne Rheinländer sonst eher im Springsport einen Namen gemacht hat. Auch heute noch rekrutiert sich ein beträchtlicher Teil des Hengstbestands aus Warendorf.

Eine Sonderstellung nimmt der Zweibrücker ein, der aus dem historischen Raum der Rheinpfalz stammt und dessen Ursprünge bis weit in das 16. Jahrhundert zurückgehen. Dieses eher kleine, aber sehr harte und widerstandsfähige Pferd stieg Mitte des 19. Jahrhunderts neben dem Mecklenburger zur führenden Rasse Deutschlands auf.

Zu Beginn des 20. Jahrhunderts, als eher schwere Arbeitswarmblüter gefragt waren, drohte der Zweibrücker allerdings zu verschwinden. Erst mit dem Zweiten Weltkrieg und dem Pferdebedarf des Militärs erholte sich die Rasse wieder. Veredelt und zum Sportpferd umgezüchtet, begegnet man den vierbeinigen Vertretern von Rheinland-Pfalz-Saar, wie das Zuchtgebiet heute heißt, inzwischen auch auf allen deutschen Turnierplätzen.

OBEN
Als Multitalent zeigt sich Lancaster, ein Enkel des berühmten Landgraf. In den Adern dieses Hengstes fließt neben Rheinländer- auch Holsteiner-, Trakehner- und Schwedenblut: Während letztere beiden Komponenten für die gewünschte Rittigkeit sorgen, stehen erstere eher für Springbegabung.

RASSENMERKMALE

Stockmaß: 165–170 cm.

Farben: Alle Grundfarben; der Rheinländer ist eher dunkel, während es in Rheinland-Pfalz-Saar neben Braunen und Rappen auch viele Füchse und Schimmel gibt.

Exterieur: Der Rheinländer hat einen großen, gelegentlich auch groben Kopf, einen mittellangen massigen Hals einen breiten Rumpf mit guter Tiefe, starker Schulter und runder Kruppe sowie kräftige, knochige Gliedmaßen. Pferde aus dem Zuchtgebiet Rheinland-Pfalz-Saar sind im allgemeinen noch edler und etwas feiner.

RECHTS
Ein deutlich von seinen Vollblutvorfahren geprägter Rheinländer: Vor allem in der Region Rheinland-Pfalz-Saar kommen neben Hannoveranern und Westfalen viele Vollbluthengste zum Einsatz. Sie dienen nicht nur der Veredelung von Warmblutpferden, sondern sorgen auch für Nachwuchs für den Halbblut-Rennsport, der in dieser Gegend viele Anhänger hat.

Hessisches Warmblut

1972 wurden die einstmals selbständigen Zuchtgebiete Kurhessen und Hessen-Nassau zusammengefaßt. Damit erhielt die Pferdezucht in dieser Region die organisatorische Basis, um neben den mächtigen Zuchten im Norden und den aufstrebenden im Süden bestehen zu können. Im Jahr 1985 verzeichnete das Zuchtgebiet Hessen immerhin einen Bestand von über 3400 Stuten. Zur Erhaltung der sportlichen Leistungsfähigkeit verläßt man sich heute neben Hengsten aus eigener Zucht hauptsächlich auf Hannoveraner und Westfalen, neuerdings zur Verbesserung des Springvermögens auch auf Holsteiner.

Für die Entstehung der hessischen Warmblutrasse waren die oranischen Fürsten verantwortlich, die in Dillenburg residierten. Sie kreuzten seit dem 16. Jahrhundert einheimische Stuten mit Holsteinern, Dänen und orientalischen Pferden. Ende des 18. Jahrhunderts entstand das spätere Gestüt Dillenburg, das 1896 zum preußischen Landgestüt erhoben wurde und auch heute noch Zentrum der hessischen Pferdezucht ist.

Zur Veredlung setzte man zunächst neben hannoverschen und ostpreußischen Hengsten auch Vollblüter und Araber ein. Nach dem Zweiten Weltkrieg stand die Umzüchtung zum Reitpferd auch unter Trakehner Einfluß. Heute feiert das Hessenpferd vermehrt Turniererfolge, meist als Springpferd. Auffälligste Vertreter auf der internationalen Bühne jedoch sind – ähnlich wie beim modernen Württemberger – einige hochspezialisierte Fahrpferde.

Neben Dillenburg wurde auch die hessische Stadt Alsfeld durch Auktionen, Körungen und Turniere weit über die Landesgrenzen hinaus bekannt.

LINKS
Hessenpferd des tiefrumpfigen, etwas schwereren Typs. Selbst unter Pferdeexperten wissen die wenigsten, daß Halla, eines der berühmtesten Sportpferde der Nachkriegszeit, ebenfalls den Hessenbrand trug.

WISSENSWERTES

Wie die „Nachwuchsstars“ aller anderen deutschen Zuchten auch müssen sich hessische Junghengste im Alter von drei Jahren vor der Anerkennung als Deckhengst einer Leistungsprüfung unterziehen. Ursprünglich absolvierten sie diesen sogenannten 100-Tage-Test in Dillenburg, seit 1974 müssen sie dazu jedoch in die Hengstprüfungsanstalt Adelheidsdorf bei Celle reisen.

RASSENMERKMALE

Stockmaß: 163–170 cm.

Farben: Alle Grundfarben, dunkle Pferde werden bevorzugt.

Exterieur: Hübscher, oft schmaler und trockener Kopf; leichtes „Genick“, genügend lange, gelegentlich schlanker Hals; gut bemuskelter Rumpf mit kurzer, „abgedrehter“ Kruppe; mittelstarkes Fundament mit kräftigen Gelenken und harten Hufen.

RECHTS
Hengst Frisbee aus dem Landgestüt Dillenburg: An der Umzüchtung des einstigen Wirtschaftspferds zum Sportpferd waren in Hessen vor allem Hannoveraner und Trakehner, aber auch Westfalen, Vollblüter und sogar einige wertvolle Araber beteiligt.

Württemberger

WISSENSWERTES

Kein anderer Hengst prägte die Zucht nach dem Zweiten Weltkrieg so wie der Trakehner Julmond, der auf Umwegen aus Ostpreußen nach Marbach kam. Im Alter von 22 Jahren wurde er dort Hauptbeschäler. Seinen 35 gekörten Söhnen gab er Leistungsbereitschaft und Langlebigkeit mit. 1965 starb er 27jährig; in der Nähe des Gestüts ist er begraben.

OBEN
Die gute Eignung als Fahrpferd beweist der Württemberger auch bei den Marbacher Hengstparaden.

LINKS OBEN
Zuchtstute des älteren Typs: der hochedle, trockene Kopf ist ein Erbe des Trakehner Urahns Julmond.

UNTEN
Westfälische Blutlinien prägen diesen modernen Hengst, einen Sohn des berühmten Disco-Star.

Lange Zeit war die Pferdezucht in Württemberg von den Vorlieben der jeweiligen Landesfürsten abhängig, so daß sich kein bestimmter Pferdetyp herauskristallisierte. Erst zu Beginn des 19. Jahrhunderts, mit dem Aufstieg des Gestüts Marbach an der Lauter zum Landgestüt und den gewachsenen Ansprüchen der bäuerlichen Züchter, zeichnete sich eine Wende ab. Als Ziel wurde nun ein einheitliches Warmblutpferd angestrebt, das sich durch Härte, Leichtfuttrigkeit und Umgänglichkeit auszeichnete. Ende des 19. Jahrhunderts schließlich, als normannische Hengste zum Einsatz kamen, hatte man in der Württemberger Zucht das „Rezept" für diesen neuen Typ entdeckt, der gleichermaßen für Landwirtschaft, Kutsche und Militär taugte.

Erneut umgezüchtet werden mußte der Württemberger nach dem Zweiten Weltkrieg, als das Wirtschaftspferd an Boden verlor und das Sportpferd in den Vordergrund rückte. Kein anderes Zuchtgebiet setzte bei diesem Wandel, der sich in den sechziger Jahren des 20. Jahrhunderts vollzog, so entschieden auf den Trakehner wie Württemberg.

Heute versucht man, Anschluß an die norddeutschen Zuchterfolge zu halten. Neben Hengsten aus der Landeszucht sind deshalb vermehrt Westfalen, Hannoveraner, Holsteiner und Vollblüter im Einsatz. Auf Turnierplätzen ist der Württemberger nicht mehr zu übersehen; die größten internationalen Erfolge verzeichnet er dabei im Fahrsport. Aber auch das Springpferd Hanauer machte von sich reden: 1996 fuhr es mit der britischen Springreiterequipe zur Olympiade nach Atlanta.

RASSENMERKMALE

Stockmaß: 160–170 cm.

Farben: Alle Farben, viele Füchse.

Exterieur: Hübscher, gelegentlich kurzer Kopf; genügend langer Hals; mittelbreiter Rumpf mit viel Widerrist, gut gelagerter Schulter; muskulöse Kruppe, selten noch mit hoch angesetztem Schweif; korrekte Gliedmaßen und wohlgeformte, manchmal zu kleine Hufe. Gut entwickelte Grundgangarten, häufig mit hervorragendem Trabvermögen, daher gute Dressurveranlagung.

Bayerisches Warmblut

▮ UNTEN
Unter hervorragenden Bedingungen wachsen Junghengste in Schwaiganger auf, dem idyllisch gelegenen bayerischen Haupt- und Landgestüt.

▮ GANZ UNTEN
Der Schwaiganger Deckhengst Fortino, aufgenommen als hoffnungsvoller Dreijähriger.

Im bayerischen Raum, der bis weit ins 20. Jahrhundert hinein ländlich geprägt war, spielte die Warmblutzucht im Vergleich zur Kaltblutzucht lange eine eher untergeordnete Rolle. Der einzige bemerkenswerte Warmblüter war daher nur der Rottaler, ein schweres Wirtschaftspferd, das allerdings bereits bei den mittelalterlichen Rittern beliebt gewesen war. Mit Hilfe von Halbblütern, Oldenburgern und Cleveland Bays wurde er später veredelt.

WISSENSWERTES

Eines der erfolgreichsten und bekanntesten Pferde aus der bayerischen Zucht war der Rappwallach Nepomuk, der vom Halbblüter Nathusius abstammte. Er gewann im Jahr 1988 unter seinem Reiter Karsten Huck bei den Olympischen Spielen von Seoul die Bronzemedaille im Einzel-Springwettbewerb.

Ähnlich wie in Württemberg erforderte auch in der Bayerischen Warmblutzucht der Vormarsch der Mechanisierung nach dem Zweiten Weltkrieg eine Umstellung auf das moderne, vielseitig einsetzbare Reitpferd. Dabei ging man in Bayern nicht erst den „Umweg“ über den Trakehner; die Wahl fiel hier vielmehr gleich auf Hengste aus dem norddeutschen Raum sowie Vollblüter. Auch wurden zum Zweck der Umzüchtung schon früh viele wertvolle Stuten aus dem Norden eingeführt.

Von 1975 an verfolgte man in Bayern, wo die Verwandlung des Wirtschaftspferds in ein Sport- und Freizeitpferd innerhalb erstaunlich kurzer Zeit gelang, das Zuchtziel des „Deutschen Reitpferds“. Doch ließ sich dieses als künstlich empfundene Prinzip – wie übrigens auch in allen anderen deutschen Zuchtgebieten – aus Traditionsgründen nicht durchsetzen. Daher ist man heute zwischen Rhön und Berchtesgadener Land (trotz der längst vollzogenen Durchdringung der Rasse mit norddeutschem Blut) wieder stolz auf das gelungene Zuchtprodukt „Bayernpferd“, das als Brandzeichen ein „B" in einem stilisierten Wappen trägt. Außer auf Turnieren sieht man das Bayerische Warmblut auch häufig bei den sehr beliebten ländlichen Pferdefesten.

RASSENMERKMALE

Stockmaß: 160–170 cm.

Farben: Alle Grundfarben, viele Braune.

Exterieur: Hübscher gerader Kopf; mittellanger, gut aufgesetzter Hals; ziemlich breiter Rumpf mit guter Tiefe, ausgeprägtem Widerrist, schräger Schulter und kurzer, leicht abfallender Kruppe; klare, trockene Beine, feste Hufe. Gut entwickelte Grundgangarten, häufig gute Springveranlagung.

Mecklenburger

WISSENSWERTES

Eine ähnliche Entwicklung wie die mecklenburgische Zucht machte die benachbarte brandenburgische durch. Unter dem Einfluß des bedeutenden Gestüts Neustadt an der Dosse, das im Jahr 1787 vom Preußenkönig Friedrich Wilhelm II. gegründet worden war, wurde hier auf ursprünglich arabischer Grundlage ein eigenes, vielseitig verwendbares Warmblutpferd entwickelt. Die Rasse ging später im „Edlen Warmblut der DDR" auf, heißt heute aber wieder Brandenburger.

Dänische Pferde, Neapolitaner und Andalusier waren an der Entstehung des Mecklenburgers beteiligt, der im 18. Jahrhundert zu einer in ganz Europa beliebten Rasse von Arbeitspferden wurde. 1812 wurde das Landgestüt Redefin gegründet. In der Folgezeit kamen vermehrt Vollblüter zum Einsatz, was nicht zuletzt mit der Nähe Bad Doberans zusammenhing. Dort fand 1822 zum erstenmal in Deutschland ein Galopprennen statt, ein Sport, der sich rasch großer Beliebtheit erfreute.

Ausgerechnet der Vollbluteinsatz, der zeitweise sehr intensiv betrieben wurde, führte im Verein mit regen Verkäufen zum Niedergang der Zucht. Die Verluste an Substanz und Qualität wurden erst aufgefangen, als man Ende des 19. Jahrhunderts dazu überging, die gesamte Zucht mit Hilfe von Hannoveraner Hengsten komplett umzustellen.

Mecklenburg wurde schließlich zum ersten reinen Nachzuchtgebiet Hannovers. Auch zu DDR-Zeiten, als eine Vereinheitlichung der Zucht in allen ostdeutschen Gebieten angestrebt wurde, hielt der Import von Hannoveranern aus dem Westen an. Diese kontinuierliche Blutzuführung, die die Verwandtschaft zur erfolgreichsten deutschen Pferderasse sicherte, kommt dem modernen Mecklenburger heute auf den Turnierplätzen nicht nur in seiner Heimatregion zugute. Vor allem bei den Bundeschampionaten macht er auf sich aufmerksam, und auch im internationalen Springsport verzeichnet er erste Erfolge.

LINKS OBEN
Auf den ausgedehnten Weideflächen in Deutschlands Nordosten ist der Mecklenburger zu Hause.

RECHTS OBEN
Kopfporträt eines Mecklenburgers mit sichtlich gelassenem Ausdruck.

LINKS
Der Mecklenburger vereint in sich Kraft, Leistungsbereitschaft und Adel.

RASSENMERKMALE

Stockmaß: 160–170 cm.

Farben: Hauptsächlich Braune.

Exterieur: Trockener, ausdrucksvoller Kopf; langer, hoch aufgesetzter Hals; kräftiger Rumpf mit viel Rückenlinie, schräger Schulter und starker Kruppe; korrekte Gliedmaßen mit kräftigen, gut ausgeprägten Knochen. Schwungvolle, raumgreifende Grundgangarten, gelegentlich mit hoher Aktion.

Sächsisches Warmblut

▮ RECHTS UNTEN
In Galauniform präsentieren sich die Gestütsreiter bei der Moritzburger Hengstparade.

▮ GANZ UNTEN
Der schwere Warmblut-Hengst „Elton" vor der prächtigen Kulisse des Moritzburger Schlosses.

Pferde mit sächsischen Brandzeichen wurden vor dem Zweiten Weltkrieg im Freistaat und in der Provinz Sachsen gezüchtet. Außerdem entwickelte sich auch in Thüringen neben einer bedeutenden Kaltblutzucht eine eigene Warmblutrasse. In der DDR bestanden diese Rassen weiter, wenn auch nicht unter ihrem traditionellen Namen. Heute besitzen sowohl Sachsen, Sachsen-Anhalt und Thüringen wieder eigene Pferdezuchtverbände.

In Sachsen wurde die Zucht stark vom 1828 gegründeten Landgestüt Moritzburg beeinflußt. 1873 wurde das Zuchtziel festgelegt: ein kurzbeiniges, stämmiges, für Wagen und Pflug gleich geeignetes Pferd im Typ des Oldenburgers. Vor allem in Ostsachsen wurde dieser Schlag am ehesten erreicht. Nachdem die Zucht nach beiden Weltkriegen Einbußen hinnehmen mußte, ist das „edle schwere Warmblut" sächsischen Ursprungs heute als Wagen- und Turnierfahrpferd wieder sehr gefragt.

WISSENSWERTES

Das Brandzeichen des sächsischen Warmbluts ist ein „S" in einer Krone, während in Sachsen-Anhalt mit einem gekrönten Wagenrad gebrannt wird. Thüringer Pferde erhalten als Brandzeichen ein umgekehrtes Schwert in einer stilisierten Tanne.

Das Landgestüt Graditz, das ebenfalls auf dem Gebiet des Freistaats Sachsen liegt, prägte als ehemals preußisches Hauptgestüt für Vollblutzucht die sächsische Pferdezucht auf ganz andere Weise. Es brachte bis 1945 unzählige wertvolle Rennpferde hervor, die auch in der Reitpferdezucht wirkten. Obwohl die DDR nicht an die frühere Überlegenheit anknüpfen konnte, blieb eine gewisse Kontinuität gewahrt. Die besten Graditzer Hengste sind als Veredler weit über die Landesgrenzen hinaus im Einsatz.

RASSENMERKMALE

Stockmaß: 160–165 cm.

Farben: Alle Grundfarben.

Exterieur: Das edle schwere Warmblut ist ein eleganter „Karrossier" mit kräftigem Rumpf, relativ kurzen Gliedmaßen und hervorragendem Trabvermögen. Sächsische Pferde mit höherem Vollblutanteil sind größer, feiner und galoppierfreudiger.

Schleswiger

▮ UNTEN
Der Kopf ist ziemlich schlicht, hat jedoch einen freundlichen Ausdruck.

▮ GANZ UNTEN
Schleswiger sind in der Regel Füchse.

Der Schleswiger, ein stämmiges, kompakt und schwer gebautes Pferd, stammt aus Schleswig-Holstein, der nördlichsten Region Deutschlands, die heute an Dänemark grenzt, im Lauf der Geschichte aber auch wiederholt deutsch war. Wie nicht anders zu erwarten, ist er eng verwandt mit dem Jütländer, einem dänischen Kaltblutpferd. Schleswiger wurden während der zweiten Hälfte des 19. Jahrhunderts als mittelgroße Zugpferde gezüchtet und gegen Ende des Jahrhunderts auch mit leichteren Rassen wie Yorkshire Coach Horse und Vollblut gekreuzt, was jedoch keine bleibenden Auswirkungen auf die Rasse hatte.

Der Schleswiger wurde früher vor Busse und Straßenbahnen gespannt und in der Land- und Forstwirtschaft eingesetzt. Während des Ersten Weltkriegs stand sein Heimatland unter dänischer Verwaltung. Er wurde stark dezimiert, überlebte aber. Die folgende Auffrischung der Rasse durch Bretonen und Boulonnais aus Frankreich erwies sich als großer Erfolg. Der Schleswiger erholte sich wieder und erlebte eine neue Blütezeit bis unmittelbar nach dem Zweiten Weltkrieg, als die Pferde durch Maschinen verdrängt wurden und die Zahl der Tiere erneut drastisch sank. In den letzten Jahren hat man einige der noch vorhandenen Schleswiger wieder mit Jütländern gekreuzt, um die Größe der Rasse zu steigern.

RASSENMERKMALE

Stockmaß: 156–162 cm.

Farbe: Zumeist Füchse, gelegentlich auch Schimmel oder Braune.

Exterieur: Großer, ziemlich schlichter Kopf mit freundlichen Augen; kurzer Hals mit ausgeprägtem Mähnenkamm; sehr kraftvolle Schulter; ziemlich langer Rumpf mit guter Brusttiefe; muskulöse Kruppe; kurze, kräftige Gliedmaßen mit leichtem Behang.

WISSENSWERTES

Der schöne Schleswiger ist außerordentlich kräftig gebaut und wiegt um 800 kg.

Süddeutsches Kaltblut

▮ UNTEN
Das Süddeutsche Kaltblut hat einen großen Kopf und einen für dieses Pferd typischen, ergebenen Gesichtsausdruck.

▮ GANZ UNTEN
Das Süddeutsche Kaltblut ähnelt dem Noriker, ist jedoch etwas kleiner.

Das Süddeutsche Kaltblut ist ein starkes, bewegliches Pferd, das vom österreichischen Noriker abstammt, der gegen Ende des 19. Jahrhunderts nach Bayern eingeführt wurde.

Um ihre Pferde zu veredeln, hatten oberbayerische Pferdezüchter sie mit Holsteinern und Oldenburgern gekreuzt. Die Pferdezüchter in Niederbayern hatten sogar mit vielen verschiedenen Rassen – vom Oldenburger und Cleveland Bay bis zum Clydesdale und Belgischen Kaltblut experimentiert. Schließlich besann man sich jedoch auf den Noriker und setzte ihn ein, um die Qualität der heimischen Pferde zu verbessern. Die deutsche Version des Pinzgauer Norikers (eine Variante des österreichischen Kaltblutpferds, die man nach einer Region im Bundesland Salzburg benannt hatte) wurde bekannt als Süddeutsches Kaltblut. Heute findet man diese Rasse hauptsächlich in Bayern und Baden-Württemberg. Sie ähnelt noch immer dem Noriker, ist jedoch etwas kleiner. Das Süddeutsche Kaltblut ist ein wohlproportioniertes Pferd mit ruhigem, fügsamem Wesen, das bei Festumzügen und auf Pferdeschauen, aber auch noch in der Forstwirtschaft zu sehen ist.

WISSENSWERTES

Bei Vorführungen ist das Süddeutsche Kaltblut als imposantes Zugpferd eine beliebte Attraktion. Es wird aber auch geritten und nimmt an sogenannten Bauernrennen teil.

RASSENMERKMALE

Stockmaß: 155–160 cm.

Farbe: Braune, Schwarzbraune und Füchse.

Exterieur: Ziemlich großer Kopf mit freundlichen Augen; kurzer, kräftiger Hals; kraftvolle Schulter; kräftiger Rücken mit guter Brusttiefe; gute Gliedmaßen mit leichtem Behang.

Ariègeois

Der im Südwesten Frankreichs in den Pyrenäen heimische Ariègeois ist eine uralte Rasse und ähnelt den südgallischen Pferden, die Cäsar in seinen Aufzeichnungen über den Gallischen Krieg erwähnt. Seine Heimat ist das hochgelegene Tal des Ariège, das ihm auch den Namen gab. Der Ariègeois ist ausgezeichnet an das Leben im Gebirge angepaßt, d. h. er ist kälteunempfindlich und außerordentlich trittsicher – selbst vereiste Gebirgspfade schrecken das kleine Pferd nicht.

Wegen seiner Anpassungs- und Widerstandsfähigkeit diente der Ariègeois jahrhundertelang als Packpferd. Er kann aber genauso gut als kleines Reitpferd oder in der Landwirtschaft eingesetzt werden, wo das Gelände für moderne Maschinen zu steil ist.

RASSENMERKMALE

Stockmaß: 131–143 cm (seine maximale Größe erreicht er am besten auf einer saftigen Tieflandweide).

Farbe: Rappen (normalerweise ohne weiße Abzeichen an Kopf und Beinen, obwohl die Flanken leicht weiß gefleckt sein können).

Exterieur: Leichter, ausdrucksvoller Kopf mit flacher Stirn, geradem Profil, kurzen, behaarten Ohren und wachen, sanft dreinblickenden Augen; ziemlich kurzer, gerader Hals; recht steile Schulter; langer, aber starker Rücken und breite Brust; abfallende Kruppe; kurze, schlanke Beine mit einer Tendenz zur Kuhhessigkeit; harte Hufe.

WISSENSWERTES

Schweif und Mähne des Ariègeois sind „drahtig" und extrem dick. Das feine, weiche Fell nimmt im Winter einen rötlichen Schimmer an und schützt das Pferd gut gegen rauhes Winterwetter. Für den Sommer ist der dichte Pelz jedoch weniger geeignet, so daß der Ariègeois während der heißesten Zeit des Tages einen schattigen Platz aufsucht, um dann während der Nacht zu grasen.

OBEN
Wie alle Bergrassen hat der Ariègeois sehr aktive Gänge. Er besitzt außergewöhnlich kräftige Hufe und ist bekannt für seinen sicheren Tritt.

LINKS
Der Ariègeois verfügt über einen ziemlich langen, aber dennoch kräftigen Rücken, einen kraftvoll gebauten Hals und eine große Brusttiefe. Die abfallende Kruppe und der tiefangesetzte Schweif sind charakteristisch für die Rasse.

Normannischer Cob

RECHTS
Der Normannische Cob war schon immer bekannt für seine kraftvolle Aktion. Der lebendige, freie Trab ist typisch für die Rasse.

Der Normannische Cob ist ein leichtes Zugpferd, das noch heute auf kleinen Bauernhöfen in der Normandie zum Einsatz kommt. Dort hat die Pferdezucht eine lange Tradition. Berühmt sind vor allem das einst königliche Gestüt von Le Pin, das Mitte des 17. Jahrhunderts gegründet wurde, und das Gestüt von Saint-Lô, woher die Vorfahren des heutigen Cob stammen.

Der Normannische Cob ist kompakt und stämmig wie der Englische Cob, nach dem er benannt wurde; außerdem ist er eng verwandt mit dem Anglo-Normannen. Seit Beginn des 20. Jahrhunderts wird er als eigenständige Rasse gezüchtet. Er ist kompakt und stämmig wie der Englische Cob, nach dem er benannt wurde. Zu jener Zeit begannen die Züchter von Halbblutpferden zu unterscheiden zwischen Tieren, die sich zum Reiten eigneten (besonders für die Kavallerie) und Tieren, die stämmiger gebaut waren.

Der recht stämmige, muskulöse Normannische Cob entwickelte sich zu einem beliebten Arbeitspferd – besonders in der Region La Manche, wo nicht einmal der kraftvolle Percheron ihn zu verdrängen vermochte. Obwohl er im Lauf der Zeit schwerer wurde, fehlt ihm doch die Massigkeit eines echten Kaltblutpferdes.

UNTEN
Der Normannische Cob hat den gleichen freundlichen Gesichtsausdruck wie der Englische Cob, nach dem er benannt wurde.

RASSENMERKMALE

Stockmaß: 155–166 cm.

Farbe: Füchse, Braune oder Schwarzbraune, gelegentlich auch Schimmel.

Exterieur: Körper insgesamt stämmig und kräftig; kurze, wohlproportionierte Gliedmaßen.

WISSENSWERTES

Der Schweif des Normannischen Cob wird in dessen Heimat noch immer gestutzt. Diese Verstümmelung hat eine lange Tradition. Dafür verantwortlich sind sowohl die Mode als auch Sicherheitsbedenken (der lange Schweif könnte sich irgendwo verfangen) und, in alten Zeiten, vielleicht auch spezielle Riten. Früher wurde der Schweif des Englischen Cob ebenfalls gestutzt. Diese Praxis ist aber seit 1948 in Großbritannien verboten, da sie eine Tierquälerei darstellt und das Pferd eines wichtigen Mittels beraubt, um sich die Fliegen vom Leib zu halten.

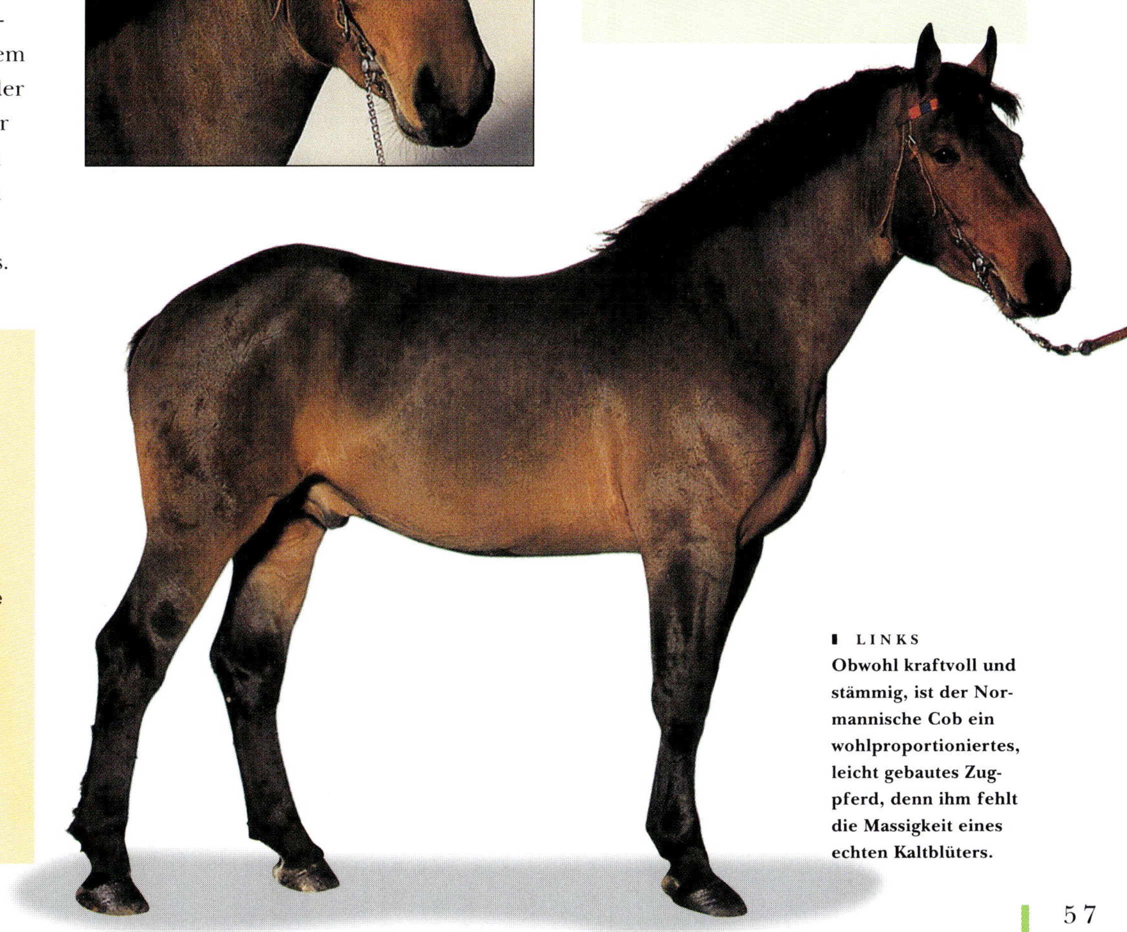

LINKS
Obwohl kraftvoll und stämmig, ist der Normannische Cob ein wohlproportioniertes, leicht gebautes Zugpferd, denn ihm fehlt die Massigkeit eines echten Kaltblüters.

Camargue-pferd

Das zähe kleine Camarguepferd, das in Südfrankreich in den unwirtlichen Marschen des Rhônedeltas lebt, wurde erst 1968 als eigenständige Rasse anerkannt. Wahrscheinlich ist jedoch, daß der Ursprung der Rasse schon sehr weit zurückliegt, da die heutigen Pferde eine große Ähnlichkeit mit Pferden auf den Höhlenmalereien von Lascaux aufweisen, die bereits 15 000 Jahre v. Chr. entstanden. Überdies könnten die im 19. Jahrhundert in Solutré (Südostfrankreich) ausgegrabenen, noch älteren Pferdeskelette durchaus von Vorfahren des Camarguepferdes stammen.

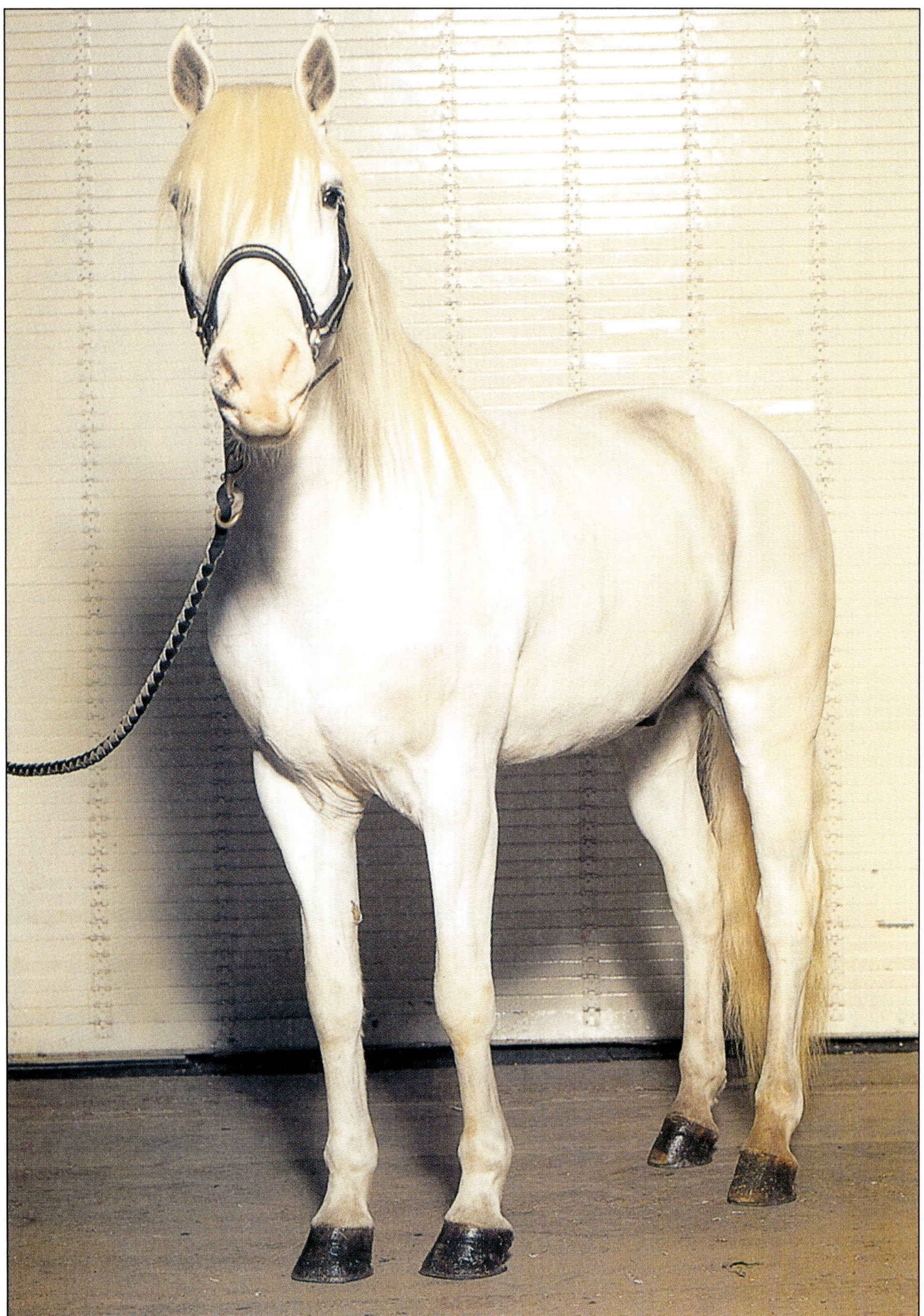

UNTEN LINKS
Die kleinen, kräftigen, stets grau gefärbten Camarguepferde haben Dichter und Künstler seit Jahrhunderten inspiriert.

UNTEN
Der recht schwere, etwas grobe Kopf der Rasse ähnelt dem prähistorischer Pferde und ist ein Andenken an die Vorfahren der Rasse.

Während der langen Zeit, in der das heimische Pferd die Marschgebiete besiedelte, kam es auch zu Kreuzungen mit nordafrikanischen Pferden (Berbern). Das Camarguepferd hat jedoch einige typische Merkmale seiner prähistorischen Vorfahren behalten. Hierzu gehört insbesondere der ziemlich schwere, grob geformte Kopf.

Die Camarguepferde haben in ihrer Heimat schon immer eine wichtige Rolle gespielt, denn sie wurden von den „Gardians", den Stierhirten, seit eh und je als kräftige und trittsichere Reittiere geschätzt.

Die jeweils von einem Hengst geführten Herden oder *Manades* der Camarguepferde führen noch ein halbwildes Leben. Sie werden lediglich einmal im Jahr zusammengetrieben und inspiziert, damit der Nachwuchs mit Brandzeichen versehen und zur Zucht ungeeignete Hengste kastriert werden können.

Obwohl die Zahl der Hirten stark geschrumpft ist, weil Weideland eingezäunt und große Flächen der Camargue trockengelegt und urbar gemacht wurden, prägen die Pferde noch immer das Bild der Landschaft. Inzwischen werden sie jedoch zunehmend dazu eingesetzt, der steigenden Zahl von Touristen die interessante Tierwelt der Camargue zu zeigen.

RASSENMERKMALE

Stockmaß: 133–143 cm.

Farbe: Schimmel.

Exterieur: Ziemlich großer Kopf mit kurzen, weit auseinanderstehenden Ohren; kurzer Hals; kurze, aufrechte Schulter; ziemlich kurzer Rücken und tiefe Brust; muskulöse Hinterhand mit kurzer, abfallender Kruppe und langem, buschigem Schweif; kräftige, gut geformte Gliedmaßen mit großen Karpalgelenken und sehr harten, breiten Hufen.

UNTEN LINKS
Trotz ihres halbwilden Lebens sind Camarguepferde gut auszubilden, wie dieser französische Kunstreiter demonstriert.

UNTEN
Das unwirtliche Marschland des Rhônedeltas hat eine für ihre Zähigkeit, Kraft und Trittsicherheit bekannte Rasse entstehen lassen.

GANZ UNTEN
Trotz seiner geringen Größe trägt das Camarguepferd einen erwachsenen Reiter ohne Schwierigkeiten. Es ist daher das traditionelle Reittier der Gardians, der Hirten, die die in der Region gezüchteten Kampfstiere hüten.

WISSENSWERTES

Die halbwilden Camargue-Pferde üben seit langem eine romantische Faszination auf Künstler und Schriftsteller aus. Im Gedicht „Pferde in der Camargue" von Roy Campbell heißt es bildhaft:

...eben noch eingehüllt in tödliche Stille,
Vernahm ich ganz unvermittelt den Klang von Hufen.
In der Ferne gewahrte ich
Hundert schneeweiße Pferde – frei wie der Wind und
Silbern schimmernd, als stammten sie von Neptuns Wagen.
Sie eilten dahin gleich schaumgekrönten Wogen vor dem Wind.
Söhne des Mistral, lustvoll getrieben von dessen heftigen Böen wie eine Flotte.
Begleitet vom Donner ihrer Hufe und dem Rauschen des Meeres.

Ardenner

Der außerordentlich starke, aber sehr fügsame Ardenner gehört zu den ältesten Kaltblutrassen der Welt. Er wurde benannt nach seiner Heimat, den Ardennen.

Ardenner waren ursprünglich nicht so massiv gebaut – noch im 19. Jahrhundert wurden sie nicht allein als leichte Zug-, sondern auch als Reitpferde benutzt. Um 1810 kreuzte man sie gar mit Arabern, später mit Vollblütern, Percherons und Boulonnais.

RASSENMERKMALE

Stockmaß: 152–163 cm.

Farbe: Bevorzugt werden Rotschimmel, Dunkelschimmel, Dunkelfüchse und Braune; zudem gibt es Dunkelbraune, helle Füchse sowie Isabellen, Rappen und Fliegenschimmel.

Exterieur: Kopf mit geradem Profil und leicht vorstehender Augenpartie, großen ausdrucksvollen Augen, niedriger, flacher Stirn, aufgestellten Ohren und großen, offenen Nüstern; gut angesetzter, mittellanger, meist gebogener Hals; sehr kräftige Schulter; mittelschwerer Rumpf mit tiefer Brust, ziemlich kurzem Rücken und muskulösen Lenden; breite, runde Kruppe; ziemlich kurze, kräftige und muskulöse Gliedmaßen.

UNTEN
Der größere Schlag des Ardenners ist massiv gebaut aber äußerst fügsam und ein idealer Partner bei schwerer landwirtschaftlicher Arbeit.

Diese Versuche, die Rasse aufzuwerten, waren jedoch nicht sonderlich erfolgreich und wurden wieder aufgegeben. Dennoch sind die Ardenner aufgrund ihrer großen Kraft und Ausdauer immer äußerst nützlich gewesen. Besonders während der Französischen Revolution, während des Napoleonischen Kaiserreichs und auf Napoleons schicksalhaftem Rußlandfeldzug waren sie für die Armee von unschätzbarem Wert.

Auch während des Ersten Weltkriegs waren Ardenner als Artilleriepferde sehr gefragt.

Für die Landwirtschaft und das Transportwesen wurde ein schwererer Schlag des Ardenners gezüchtet. Heute gibt es daher außer dem ursprünglichen, kleinen Ardenner zwei weitere Typen: eine größere Version, bekannt unter dem Namen Auxois sowie den schwereren und ebenfalls größeren Nordardenner, der durch die Kreuzungen mit Belgischem Kaltblut (Brabanter) entstand.

OBEN
In der Landwirtschaft findet man den Ardenner noch immer. Für Kleinbauern ist er wegen seiner Genügsamkeit eine wirtschaftlich durchaus lohnende Alternative zum Traktor.

UNTEN
Rotschimmel sind für die Rasse sehr typisch. Ihre Augen sind stets groß und besitzen einen intelligenten, sanften Ausdruck.

WISSENSWERTES

Vor rund 2000 Jahren erwähnten der griechische Historiker Herodot und der römische Diktator Julius Cäsar in ihren Aufzeichnungen die Pferde, die es in Frankreichs Nordosten gab. Man nannte sie damals Nordgallier und pries ihre Ausdauer und Zähigkeit. Skelettfunde aus der Region lassen darauf schließen, daß diese Vorfahren des modernen Ardenners die Größe des kleineren, heute noch existierenden Ardenners (Stockmaß: 150 cm) besaßen.

Selle Français

Frankreich war Vorreiter bei der Entwicklung eines modernen Sportpferdes. Sein Cheval de Selle Français, das es unter diesem Namen erst seit 1958 gibt und dessen Stutbuch erst 1965 eröffnet wurde, kann als einer der ganz großen Erfolge der Warmblutzucht des 20. Jahrhunderts angesehen werden.

Die Grundlage für die Züchtung eines modernen, hochwertigen Reitpferds wurde von den Franzosen bereits im frühen 19. Jahrhundert geschaffen. Damals begann man nämlich, englische Vollblutpferde und Halbbluthengste zu importieren, um mit

RASSENMERKMALE

Stockmaß: 160–168 cm, außerdem Unterteilung in zwei Typen, das leichtere Rennpferd und das kräftigere Springpferd.

Farbe: Vorwiegend Füchse, aber auch alle anderen Farben.

Exterieur: Edler Kopf; langer, eleganter Hals; schräge Schulter; kräftiger Körper mit wohlgerundetem Rippenbogen; breite, kraftvolle Kruppe; starke Beine mit besonders kräftigen Unterarmen, gut entwickelten Gelenken und starken Knochen.

OBEN
Ein edel geformter Kopf und ein langer, eleganter Hals sind typisch für den Selle Français. Pferde dieser Rasse gehören weltweit zu den erfolgreichsten Turnierpferden.

RECHTS
Englische Vollblüter und Französische Traber waren maßgeblich an der Entstehung des Selle Français beteiligt. Seine harmonischen Proportionen und sein Erscheinungsbild erinnern daher sehr an ein Vollblutpferd.

▮ UNTEN
Einige Selle Français wie The Fellow (rotweiße Stallfarben) können es in bezug auf Schnelligkeit mit Vollblütern aufnehmen und diese auf der Rennbahn sogar schlagen.

▮ UNTEN LINKS
Der Selle Français ist ein hervorragendes Springpferd. Diese attraktive braune Stute namens Miss gewann 1994 bei den Weltmeisterschaften die Silbermedaille in der Einzel- und in der Mannschaftswertung.

ihnen die einfachen, heimischen Pferde zu veredeln.

Das Limousin und südwestliche Regionen Frankreichs bildeten allerdings eine Ausnahme. Dort spezialisierte man sich darauf, Anglo-Araber zu züchten. In der Normandie, einer Hochburg der Pferdezucht, entstanden währenddessen zwei wichtige neue Rassen. Dies war zum einen der Anglo-Normanne, zum anderen ein schneller Traber, aus dem später der Französische Traber hervorging. Die meisten der heutigen Selle Français gehen zurück auf den Anglo-Normannen.

Die französische Warmblutzucht unterscheidet sich von der der Nachbarländer. In Frankreich zählt nämlich in erster Linie der sportliche Erfolg, nicht die Abstammung bei der Selektion von Hengsten, Stuten oder deren Nachkommen. Dieses System hat in vergleichsweise kurzer Zeit zu einem in sportlichen Wettbewerben äußerst erfolgreichen Pferd geführt, das auch die nötige Kraft besitzt, um die Anstrengungen zu bewältigen, die der moderne Leistungssport mit sich bringt. Der Selle Français besticht vor allem bei Springwettbewerben, wo er glänzende Erfolge erringt: Jappeloup wurde 1987 Europameister und 1988 Olympiasieger; Quito de Baussy war 1990 Weltmeister; I Love You errang 1983 den World Cup; und Galoubet schließlich gewann 1982 bei der Weltmeisterschaft die Goldmedaille in der Mannschaftswertung.

WISSENSWERTES

Der Selle Français wurde am stärksten von seinen Vollblutvorfahren geprägt. Dennoch spielt das Erbgut des Französischen Trabers bei ihm ebenfalls eine Rolle. Dies gilt auch für die berühmten Springpferde Jappeloup und Galoubet. Der sprunggewaltige kleine Jappeloup, dessen glänzende Karriere gekrönt wurde durch einen Einzelsieg bei den Olympischen Spielen in Seoul (1988) und eine Goldmedaille in der Mannschaftswertung bei den Weltmeisterschaften 1990 stammte sogar direkt von dem Traber Tyrol II. und einer Vollblutstute namens Vénérable ab. Interessanterweise fehlten Jappeloup die für Selle Français sonst so typischen, harmonischen Bewegungen. Er war alles andere als ein bequemes Reitpferd und stellte sich sogar ausgesprochen tolpatschig an, indem er häufig Leuten auf die Füße trat. Der Grund hierfür war wohl seine besonders kraftvolle Hinterhand – das typische Kennzeichen eines guten Trabers.

▮ UNTEN
Dank ihres Vollbluterbes besitzen die Selle Français genügend Schnelligkeit und Durchhaltevermögen, um auch in Vielseitigkeitsprüfungen zu gewinnen.

Französischer Traber

In Frankreich – dem Land mit der größten Tradition im Trabrennsport neben den Vereinigten Staaten – begann die Traberzucht im frühen 19. Jahrhundert, als man englische Vollblüter, Halbblutpferde und Norfolk Roadster mit Normannenstuten kreuzte. Erste französische Trabrennen (die Pferde wurden damals noch geritten) fanden schon 1806 auf dem Champ de Mars in Paris statt. Die zunehmende Popularität dieser Pferdesportart führte jedoch dazu, daß man eigens dafür gebaute Rennbahnen eröffnete. Die erste dieser Art entstand 1836 in Cherbourg. 1861 wurde der Trabrennsport durch ein Dekret des Kaisers offiziell anerkannt und der erste Trabrennsportverein gegründet.

Basierend auf dem Anglonormannen entwickelte sich durch geschickte Kreuzungen eine spezielle Traberrasse, von der sich fünf Blutlinien etablierten, auf die die

RASSENMERKMALE

Stockmaß: Im Durchschnitt 162 cm. Die größeren Pferde eignen sich am besten zu Reitzwecken.

Farbe: Alle Farben sind zugelassen. Meist Füchse, Braune und Schwarzbraune, seltener Rotschimmel und Schimmel.

Exterieur: Schräge Schulter, die eine weite Aktion zuläßt; kurzer, kräftiger Rumpf; immens kraftvolle, oft leicht abfallende Kruppe.

OBEN RECHTS
Der Kopf des modernen Französischen Trabers ähnelt dem des Vollblüters, ist jedoch nicht ganz so fein geformt.

RECHTS
Der Französische Traber hat bei der Züchtung des Selle Français eine wichtige Rolle gespielt. Trabrennen vor dem Sulky und unter dem Sattel haben für eine gleichbleibend hohe Qualität dieser alten, anerkannten Rasse gesorgt.

WISSENSWERTES

Der Prix d'Amérique ist Frankreichs wichtigstes Trabrennen. Sein Pendant, bei dem die Traber geritten werden, ist der Prix de Cornulier. Beide gehen über eine Distanz von 2650 m und werden auf der berühmtesten französischen Rennbahn, dem Hippodrome de Vincennes, ausgetragen. Diese Rennstrecke ist einzigartig auf der Welt, da sie nicht eben verläuft, sondern zu Beginn bergab führt, um später vor dem Ziel wieder steil anzusteigen. Sehr selten gibt es außergewöhnliche Pferde, die unter dem Sattel ebenso hervorragend traben wie vor einem Sulky. Zu ihnen gehören Venutar, Masina, Tidalium, Pelo und Bellino II., die alle sowohl den Prix d'Amérique als auch den Prix de Cornulier gewonnen haben.

LINKS
Französische Traber werden auch manchmal beim Skijöring eingesetzt, bei dem das Pferd einen Skifahrer hinter sich herzieht.

meisten modernen Französischen Traber zurückgehen: Lavater, Conquérant, Normand, Phaeton und Fuchsia.

Der Hengst Lavater stammte von einem Norfolk Roadster ab. Conquérant und Normand waren Söhne des vom Vollbluthengst Rattler gezeugten englischen Halbbluthengstes Young Rattler, der die Traberzucht in Frankreich entscheidend prägte; Fuchsia, ebenfalls ein englischer Halbbluthengst, erwies sich als der erfolgreichste unter den Linienbegründern, denn er zeugte nahezu 400 Traber, von denen wiederum 100 selbst Siegerpferde zeugten.

Um dem Französischen Traber mehr Schnelligkeit zu verleihen, kreuzte man ihn zwischendurch auch mit dem Standardbred. Das Stutbuch des Trotteur Français wurde jedoch 1937 für nichtfranzösische Pferde geschlossen. Erst vor kurzem wurde allerdings eine sehr begrenzte Zahl sorgfältig ausgewählter Standardbred-Kreuzungen wieder zugelassen.

Die Franzosen haben Trabrennen unter dem Sattel nie ganz aufgegeben – bei rund 10 Prozent aller französischen Trabrennen werden die Pferde noch geritten. Dies beeinflußt auch die Pferdezucht, da die so eingesetzten Traber ein vergleichsweise hohes Gewicht zu tragen haben und somit gut gebaut und ausbalanciert sein müssen.

OBEN RECHTS
Die kräftige Hinterhand ist typisch für die Rasse, deren Spitzenpferde im Trab eine fast ebenso hohe Geschwindigkeit erreichen wie ein galoppierendes Vollblut.

RECHTS
Für Trabrennen auf Schnee ersetzt man die mit Rädern ausgestatteten Sulkys durch besonders konstruierte Schlitten.

Percheron

Der elegante Percheron stammt aus dem Gebiet von Le Perche, im Süden der Normandie. Zu seinen Vorfahren zählen Araber, die mit den Mauren nach Europa kamen und erbeutet wurden, als Karl Martell die Invasoren 732 n. Chr. nahe Poitiers besiegte. Dieser orientalische Einfluß setzte sich fort, als Robert Comte de Rotrou nach dem ersten Kreuzzug im Jahr 1099 weitere Araber nach Frankreich einführte. Viel später, im 18. Jahrhundert, stellte das königliche Gestüt in Le Pin den Züchtern von Percherons ebenfalls Araberhengste zur Verfügung, damit sie ihre Pferde weiter veredeln konnten. Auch danach spielten die Araber bei der Zucht des Percherons noch eine Rolle. So war einer der wichtigsten frühen Percheronhengste, Jean le Blanc (geboren um 1830), der Sohn des Araberhengstes Gallipoly.

Aufgrund seiner großen Kraft, seines Mutes, der

LINKS
Percherons haben einen feinen Kopf mit aufmerksamen Augen und weiten, offenen Nüstern.

OBEN RECHTS
Die Rasse ist bekannt für ihre breite, tiefe Brust, die kräftigen Unterarme und ausgezeichnete Hufe.

RECHTS
Das Percheron ist ein elegantes, wohlproportioniertes Pferd mit „sauberen Beinen" (das bedeutet ohne Kötenbehang), das sich trotz seiner beträchtlichen Größe überraschend frei bewegt.

WISSENSWERTES

Ein amerikanischer Percheron namens Dr. Le Gear war das größte bisher bekannte Pferd. Er wurde 1902 geboren, das Stockmaß betrug 213 cm, und er wog 1370 kg.

GANZ LINKS
Seine Qualität und seine ausgezeichneten Gänge verdankt der moderne Percheron dem Araberblut in seinen Adern.

LINKS
Ruhepause für ein Arbeitspferd. Percherons brauchen nur kurze Zeit, um eine Arbeit zu erlernen, denn sie sind sehr gelehrig.

UNTEN
Dank seiner freien Aktion und seines zugänglichen Wesens ist der Percheron nicht nur als Zugpferd, sondern auch als Reitpferd geeignet.

starken Beine und seiner Langlebigkeit ist der Percheron vielseitig einsetzbar. Man schätzte ihn als Armeepferd, als Kutschpferd und als Arbeitspferd in der Landwirtschaft. Ende des 19., Anfang des 20. Jahrhunderts waren Percherons über vier Jahrzehnte als Arbeitspferde und zur Verbesserung anderer schwerer Pferderassen weltweit sehr gefragt, so daß französische Züchter sie in großer Zahl exportierten. Die Percherons erwiesen sich dabei als äußerst anpassungsfähig. Viele Tiere gelangten nach England, einige nach Australien (wo sie die ersten Kaltblutpferde gewesen sein sollen) und Südamerika. In Nordamerika erfreute sich die Rasse besonderer Beliebtheit. Die Amerikaner mochten allerdings Rappen lieber als Schimmel und bevorzugten schwergebaute Tiere, die sich auch für die Züchtung von noch massigeren Pferden eigneten. Der moderne Percheron ist trotz seiner eindrucksvollen Größe ein edles Pferd, der die langen, niedrigen Gänge seiner Vorfahren geerbt hat.

RASSENMERKMALE

Stockmaß: 154–173 cm. Der Durchschnitt liegt bei 164 cm.

Farbe: Schimmel oder Rappe.

Exterieur: Feiner Kopf mit breiter Stirn, feinen, langen Ohren, aufmerksamen Augen, geradem Profil und einer flachen Nase mit weiten, offenen Nüstern; langer, gebogener Hals mit ziemlich dicker Mähne; schräge Schulter mit ausgeprägtem Widerrist; Rumpf mit breiter, tiefer Brust, kurzem, geradem Rücken, großer Brusttiefe sowie wohlgerundetem Rippenbogen; lange, schräg abfallende Kruppe; glatte, kräftige Beine mit kraftvollen Unterarmen, langen, muskulösen Oberschenkeln, großen Karpal- und Sprunggelenken sowie kleinen, starken Fesselgelenken und guten, harten Hufen.

Bretone

Trotz seiner kurzen Beine und seines schweren Körpers ist der Bretone ein überraschend bewegliches Pferd. Seinen ausgesprochen lebhaften Trab hat er von den Norfolk Roadstern und Arabern unter seinen Vorfahren geerbt. Denn wie in anderen südeuropäischen Regionen dienten die Pferde, die die Kreuzritter aus dem Mittleren Osten mitgebracht hatten, auch in der Bretagne dazu, die primitiveren heimischen Pferde zu veredeln. Später kreuzte man Bretonen auch mit Pferden aus England und anderen europäischen Ländern, hatte damit aber nicht den gewünschten Erfolg.

Schon immer gab es mehrere Typen des Bretonen. Während des Mittelalters waren dies der Sommier und der Roussin. Der schwere Sommier stammte von Pferden ab, die man hauptsächlich in der Nordbretagne gezüchtet hatte, und wurde als Packpferd sowie als Arbeitspferd in der Landwirtschaft eingesetzt. Der Roussin, ein viel leichterer Pferdeschlag, lebte im Süden und einigen zentralen Teilen der Region und wurde wegen seines bequemen Paßgangs als Reitpferd geschätzt.

Obwohl der Bretone heute nicht mehr als Reitpferd angesehen wird, gibt es ihn noch immer in verschiedenen Typen – einem großen und einem kleinen Zugpferd sowie einem Kutschpferdtyp namens Postier, der zierlicher gebaut ist als das Zugpferd.

Heute wird der Bretone noch hier und da in der Landwirtschaft, insbesondere im Weinbau, eingesetzt. Da er rasch wächst und dabei viel Fleisch von hoher Qualität ansetzt, wird er in Frankreich aber auch als Fleischlieferant geschätzt.

LINKS
Obwohl der Bretone in Frankreich als Fleischlieferant geschätzt wird, finden einige dieser attraktiven Tiere noch immer Verwendung als Zugtiere.

UNTEN
Füchse kommen bei den Bretonen am häufigsten vor. Ihre schönen, freundlichen Augen stehen weit auseinander in dem recht breiten Kopf.

RECHTS
Trotz seiner Stämmigkeit und seiner kurzen Beine kann sich der Bretone sehr rasch bewegen. Er fand Verwendung als Artilleriepferd, Zugpferd, Lasttier, Kutschpferd und sogar als Reittier.

WISSENSWERTES

Der Bretone ist ein unempfindliches, anpassungsfähiges und außerordentlich williges Arbeitstier. In Italien, Spanien und sogar Japan benutzte man ihn daher, um andere Rassen entsprechend zu beeinflussen.

RASSENMERKMALE

Stockmaß: 152–164 cm.

Farbe: Meist Füchse, bisweilen Rotschimmel, Schimmel oder Braune; selten Rappen.

Exterieur: Breiter Kopf mit geradem Profil, offenen Nüstern, leuchtenden Augen und kleinen, ziemlich tiefsitzenden Ohren; kurzer, kräftiger, leicht gebogener Hals; ziemlich kurze, schräge Schulter; kurzer, breiter und kräftiger Körper mit wohlgerundetem Rippenbogen; mächtige Kruppe; kurze, kräftige, muskulöse Beine.

Boulonnais

LINKS
Der für sein sanftes Wesens bekannte Boulonnais ist eines der elegantesten Kaltblutpferde.

Der sanfte Boulonnais ist zwar groß und massig, mit seinem kleinen, feinen Kopf und seinen großen, ausdrucksvollen Augen aber eines der elegantesten Kaltblutpferde. Die Rasse stammt aus dem Nordwesten Frankreichs und läßt sich bis in die Römerzeit zurückverfolgen. Wie der Percheron wurde auch der Boulonnais stark durch orientalisches Blut beeinflußt, da man ihn mehr als einmal mit Arabern kreuzte. Dies geschah das erste Mal, als sich die römischen Armeen mit ihren aus dem Osten stammenden Pferden an der französischen Küste sammelten, um auf die britischen Inseln überzusetzen. Dann wieder, als die Kreuzritter Pferde aus dem Osten mitbrachten. Zu jener Zeit führten insbesondere die beiden Adligen Robert Comte d'Artois und Eustache Comte de Boulogne Araber für ihre Ställe ein. Während des 14. Jahrhunderts änderte sich dann die Zuchtstrategie. Da man für die Ritter in ihren schweren Rüstungen möglichst kräftige Tiere brauchte, kreuzte man die heimischen Pferde nun mit Mecklenburgern aus Deutschland.
Der Name Boulonnais stammt aus dem 17. Jahrhundert und bezieht sich auf das an der nordfranzösischen Küste gelegene Hauptzuchtgebiet dieser Rasse. Leider wurden die Boulonnais während des Ersten Weltkriegs stark dezimiert, weil ihr Zuchtgebiet direkt in der Kampfzone lag. Nicht besser erging es ihnen im Zweiten Weltkrieg, zu einer Zeit, als die Rasse gerade im Begriff stand, sich wieder zu erholen. Diese beiden Schicksalsschläge und die nach dem Zweiten Weltkrieg rasch um sich greifende Mechanisierung schienen dem schönen Boulonnais den Todesstoß zu versetzen.

Dank engagierter Pferdeliebhaber gelang es der Rasse jedoch zu überleben. Obwohl die Züchter den Boulonnais heute in erster Linie als Fleischlieferanten betrachten, wird er noch hie und da auf kleinen Bauernhöfen eingesetzt.

RASSENMERKMALE

Stockmaß: 156–167 cm.

Farbe: Schimmel in allen Schattierungen.

Exterieur: Kurzer, breiter, aber eleganter Kopf mit geradem Profil, breiter Stirn, betonter Augenpartie, großen, leuchtenden Augen, kleinen, aufrechten Ohren, weiten Nüstern und kleinem Maul (bei Stuten ist der Kopf etwas länger und weniger schwer); dicker, oft gewölbter Hals mit dichter Mähne; muskulöse Schulter mit gut ausgebildetem Widerrist; breiter, gerader Rücken; breite Brust mit wohlgerundetem Rippenbogen; runde, muskulöse Kruppe mit hoch angesetztem, dichtem Schweif; kräftig gebaute Gliedmaßen mit stark entwickelten Unterarm- und Oberschenkelmuskeln, kurzen dicken Röhrbeinen, ausgeprägten Gelenken, aber ohne Kötenbehang.

WISSENSWERTES

Es gibt zwei Typen des Boulonnais: einen großen, schweren, der anstrengende Arbeiten in der Landwirtschaft und im Gewerbe verrichten kann, sowie einen kleineren, weniger kräftigen, der sich als leichtes Zugpferd eignet. Der kleinere Typ hieß einst *Mareyeur,* weil er dazu diente, Fisch von Boulogne nach Paris zu transportieren. Er arbeitet heute noch bei Kleinbauern auf dem Land, während der große Typ vorwiegend als Fleischlieferant gezogen wird.

UNTEN
Boulonnais tragen ein ankerförmiges Brandzeichen auf dem Hals – ein Hinweis auf ihre am Meer gelegene Heimat.

Cleveland Bay

Schon im Mittelalter wurde im Nordosten von England eine braune Pferderasse gezüchtet, die man meist als Packpferd benutzte. Sie war das bevorzugte Transportmittel der „Chapmen", der fahrenden Kaufleute jener Zeit, und wurde infolgedessen auch Chapman Horse genannt. Dieses Pferd kreuzte man im 17. Jahrhundert mit Andalusier- und Berberhengsten, die damals gerade ins Land kamen. Das Ergebnis war ein schönes, sehr ausdauerndes Kutschpferd mit lebhaften Gängen, das den Namen der Region erhielt, aus der es stammte: Cleveland Bay. Als die Straßen besser wurden, wurde auch der Wunsch nach schnelleren Kutschpferden laut, so daß man die Rasse mit etwas Vollblut auffrischte. Dies geschah zumeist, indem man Clevelandstuten von Halbbluthengsten decken ließ. Die leichtere, schnellere Version des Cleveland Bay erhielt den Namen Yorkshire-Kutschpferd, wurde als eigenständige Rasse anerkannt und besaß von 1886 an ein eigenes Stutbuch. Im 20. Jahrhundert beendete jedoch die zunehmende Motorisierung die Ära des Kutschpferdes.

OBEN
Der Cleveland Bay ist der Nachfahre des braunen Chapman Horse, einer Pferderasse, die in Englands Nordosten bereits im Mittelalter gezüchtet wurde.

LINKS
Kreuzt man den schönen Cleveland Bay mit Vollblütern, so erhält man ausgezeichnete Jagdpferde.

LINKS UND LINKS AUSSEN
Cleveland Bays aus den Ställen des englischen Königshauses zeigen, welches Interesse Königin Elisabeth II. an der Erhaltung dieser historischen Rasse hat.

Im Jahr 1936 wurde das Stutbuch des Yorkshire-Kutschpferds geschlossen, da die Rasse endgültig ausgestorben war. Der Cleveland Bay überlebte zum Glück, wenn auch in geringer Zahl. Er besticht durch korrekte, gerade Gänge ohne Knieaktion, bewegt sich frei aus der Schulter und macht raumgreifende Schritte. Kreuzt man ihn mit Vollblutpferden, so erhält man schöne, schwergebaute Jagd- und Kutschpferde von ausgezeichneter Qualität.

RASSENMERKMALE

Stockmaß: 160–168 cm; auch darüber.

Farbe: Braune mit schwarzen Punkten.

Exterieur: Kopf mit kühnem Profil, freundlichen Augen, großen Ohren; schlanker Hals; muskulöse Schulter; breiter Rumpf mit muskulösen Lenden; kraftvolle Hinterhand mit gut angesetztem Schweif; trockene Beine mit muskulösen Unterarmen, muskulösen Ober- und Unterschenkeln, großen Karpal- und Sprunggelenken sowie kräftigen Fesseln; große, kräftige Hufe.

WISSENSWERTES

Königin Elisabeth II. hat in nicht geringem Maß dazu beigetragen, den Cleveland Bay vor dem Aussterben zu bewahren. Sie erwarb einen jungen Hengst namens Mulgrave Supreme, der in die Vereinigten Staaten verkauft werden sollte, ließ ihn als Reit- und Kutschpferd ausbilden und stellte ihn dann Pferdezüchtern zur Verfügung, was neue Begeisterung für die alte Rasse weckte. Prinz Philip stärkte das Ansehen dieser Pferde noch, indem er viele Jahre mit Clevelands und Cleveland-Kreuzungen an internationalen Fahrturnieren teilnahm.

RECHTS
Viele Jahre hindurch nahm seine Königliche Hoheit, der Herzog von Edinburgh, mit Cleveland-Bay-Vierspännern an internationalen Fahrturnieren teil. Cleveland Bays besitzen eine ausgezeichnete, raumgreifende Aktion. Sie sind daher als Reit- und Kutschpferde gleichermaßen geeignet.

Hackney

Der Hackney stammt aus England und ist wegen seiner charakteristisch hohen Aktion ein spektakuläres Fahrpferd, das in aller Welt sehr geschätzt wird – insbesondere bei Schauveranstaltungen. Er entstand im späten 17. und frühen 18. Jahrhundert und ist ein Nachfahre der damals berühmten englischen Traber – des Yorkshire Trotter und des Norfolk Roadster, die beide von dem 1755 geborenen Original Shales abstammten. Original Shales war ein Sohn des Vollbluthengstes Blaze und einer Stute, die als „hackney" (Gebrauchspferd) beschriebenen wird. Blaze wiederum war ein Sohn von Flying Childers (dem ersten wirklich bedeutenden Rennpferd) und hatte zusammen mit seinen Nachkommen, insbesondere seinen beiden Söhnen Driver und Scot Shales, einen beträchtlichen Einfluß auf die Traberzucht in Ostengland.

RASSENMERKMALE

Stockmaß: Beim Hackney-Pony nicht über 140 cm, beim Hackney-Pferd 150–158 cm.

Farbe: Meist Füchse, Braune, Schwarzbraune oder Rappen.

Exterieur: Kleiner Kopf mit konvexem Profil, kleinem Maul, großen Augen und kleinen Ohren; ziemlich langer, schön geformter Hals; kraftvolle Schulter mit niedrigem Widerrist; kompakter Rumpf mit sehr tiefer Brust; kurze Gliedmaßen mit kräftigen Sprunggelenken, die nicht sehr hoch über dem Boden stehen, und gut geformten Hufen.

Trotz ihrer gemeinsamen Vorfahren entwickelten sich die in Yorkshire und Norfolk gezüchteten Pferde zunächst unterschiedlich – erstere besaßen die bessere Qualität, letztere ähnelten mehr dem typischen Wagenpferd.

WISSENSWERTES

Die Herkunft des Wortes „Hackney" ist nicht eindeutig geklärt. Wahrscheinlich kommt es aber vom altfranzösischen *haquenée*, „ein für Damen bestimmter Zelter" und hat möglicherweise auch eine Verbindung zum altspanischen bzw. portugiesischen *facanea* und dem spanischen *hacanea*. Im 14. Jahrhundert wurde das Wort in England latinisiert zu *hakeneius*.

LINKS
In aller Welt sind Hackneys bei Schauvorführungen gern gesehen. Hier sieht man eine „Einhorn" genannte, ungewöhnliche Dreierformation mit zwei Deichsel- und einem Leitpferd.

Der Begriff „Hackney-Pony" bezog sich anfangs vermutlich auf kleine Hackney-Pferde gemischter Herkunft. Das echte Hackney-Pony wurde während der zweiten Hälfte des 18. Jahrhunderts gezüchtet. Maßgeblich daran beteiligt war der äußerst umtriebige und bemerkenswert einfallsreiche Christopher Wyndham Wilson, ein Züchter aus Westmorland, zu dessen Verdiensten übrigens auch die Erfindung des Futtersilos gehört. Wilson verwendete Stuten verschiedener Ponyrassen, insbesondere des Fell-Ponys, als Basis für seine neue Rasse und kreuzte sie mit einem hübschen Hackney-Hengst namens Sir George, der 1866 geboren wurde und ein Stockmaß von 140 cm besaß. Durch eine geschickte Zuchtstrategie, bei der er die Merkmale von Sir George sorgsam durch Inzucht bewahrte, erreichte Wilson schließlich sein Ziel – ein Hackney mit den Merkmalen eines echten Ponys. Schon bald folgten andere Züchter seinem Beispiel. Die von der Hackney Horse Society festgelegte maximale Höhe des Ponys lag ursprünglich bei 142 cm, wurde dann aber auf 140 cm herabgesetzt. Die für Hackneys charakteristische hohe Aktion züchtete man der Rasse erst in der zweiten Hälfte des 19. Jahrhunderts an, als elegante, möglichst auffällige Kutschpferde in Mode kamen. Die starke Knieaktion ist zum Teil ererbt, zum Teil erlernt und kann durch Training verstärkt werden.

RECHTS
Ein Hackney vor einem sehr leichten, einsitzigen, mit vier Gummirädern ausgestatteten Wagen.

GEGENÜBER
Hackneys haben einen kompakten Körper, eine kräftige Schulter und eine tiefe Brust. Ihre Beine sind stark und mit durchweg gut geformten Hufen ausgestattet.

Shire

Englands schönstes Kaltblutpferd ist ein Nachfahre des Great Horse, eines mittelalterlichen Schlachtrosses, das später den Namen English Black erhielt. Man züchtete es, indem man importierte flandrische Pferde und Friesen mit den einheimischen Pferden kreuzte. Zuchtziel war zunächst ein Kriegspferd, später dann ein vielseitig verwendbares Zugpferd, das sich auch in der Landwirtschaft einsetzen ließ. Die Rassenbezeichnung „Black“ soll von Oliver Cromwell stammen und bezog sich anfangs vermutlich auf importierte Friesen, die stets schwarz gefärbt sind.

RASSENMERKMALE

Stockmaß: Bei Hengsten 165–180 cm; bei Stuten 160–170 cm.

Farbe: Braune, Schwarzbraune und Rappen, seltener Schimmel; weiße Abzeichen unerwünscht.

Exterieur: Schmaler Kopf mit weit auseinanderstehenden, großen, freundlich dreinblickenden Augen, leichter Ramsnase und schmalen, langen, empfindlichen Ohren; ziemlich langer, leicht gebogener Hals; tiefe, schräge Schulter (breit genug, um ein Kummetgeschirr zu tragen); kurzer, starker, muskulöser Rücken, breite Brust und breite, muskulöse Kruppe; trockene, harte Gliedmaßen mit 28–30 cm Röhrbeinumfang und breiten, flachen Sprunggelenken; feiner, glatter, seidiger Kötenbehang; breite, gut geformte und harte Hufe.

OBEN RECHTS
Der Ramskopf, lange, spitze Ohren, große Augen und ein ergebener Gesichtsausdruck sind typisch für den Shire, den Archetyp des „sanften Riesen“.

RECHTS
Der schöne Shire stammt vom Great Horse ab, dem mittelalterlichen Schlachtroß Englands. Er wiegt mehr als 1000 kg.

RECHTS
Diese zwanzig Shires auf einer englischen Pferdeschau bilden ein ungewöhnliches, höchst repräsentatives Gespann und demonstrieren dabei, wie fügsam sie sind.

UNTEN
Ein Shire-Fohlen, das in der Sommersonne döst. Shires wird es zwar nie wieder in so großer Zahl wie früher geben, sie werden aber, dank ihrer Beliebtheit, auch kaum aussterben.

WISSENSWERTES

Eine der frühesten Aufzeichnungen über einen Shire-Deckhengst bezieht sich auf ein Pferd namens Packington Blind Horse, das nach dem Ort Packington, nahe Ashby-de-la-Zouche, benannt wurde, wo es zwischen 1755 und 1770 lebte. Dieser Hengst sowie seine Nachkommen hatten einen signifikanten Einfluß auf die Rasse.

Das Hauptzuchtgebiet des English Black waren die Fens (ein weitläufiges Marschgebiet) und die Midland Shires (die Grafschaften Leicestershire, Lincolnshire, Derbyshire und Staffordshire), die der Rasse ihren heutigen Namen „Shire" gaben. Anfangs wiesen die Shires noch regionale Unterschiede auf. Pferde, die aus den Fens stammten, waren größer, schwerer und etwas gröber gebaut als Pferde aus den „Shires". Pferde aus Derbyshire und Leicestershire waren vorwiegend schwarz, Tiere aus Staffordshire dagegen oft braun gefärbt.

1878 wurde ein Zuchtverein namens Old English Cart Horse Society gegründet und das erste Stutbuch angelegt. Von da an gab es auch einheitliche Richtlinien für die Züchtung der Rasse, die seit 1884, als die Old English Cart Horse Society in Shire Horse Society umbenannt wurde, den Namen Shire trägt.

Im späten 19. Jahrhundert wurden Shires mit großem Erfolg auf den damals bedeutendsten Landwirtschaftsausstellungen präsentiert. Dort weckten sie auch das Interesse ausländischer Käufer, so daß man sie bald in ferne Länder wie Nord- und Südamerka, Rußland und Australien exportierte. In England selbst gehörten die starken, ausdauernden und gutmütigen Shires zum täglichen Leben. Sie zogen Pflüge, schleiften Baumstämme und wurden von Bauern, Brauereien oder Kohlehändlern eingesetzt. Obwohl die allgemeine Motorisierung auch bei den Shires ihren Tribut forderte, begann in den 1960er Jahren ein Shire-„Revival". Heute sieht man diese schönen englischen Kaltblutpferde wieder auf Pferdeschauen, beim Pflügen auf dem Land und vor Brauereiwagen, die sie zur Freude des Publikums durch die Straßen der Städte ziehen.

LINKS UND OBEN
Shires, die einen Brauereiwagen ziehen, sind auf englischen Pferdeschauen und Landwirtschaftsausstellungen häufig zu sehen. Einige dieser Pferde werden auch heute noch für gewerbliche Zwecke als Zugpferde eingesetzt.

Suffolk

Englands ältestes Kaltblutpferd, der aus East Anglia stammende Suffolk oder Suffolk Punch, wurde benannt nach der Region, in der er seit dem 16. Jahrhundert gezüchtet wird. Über seinen Ursprung ist wenig bekannt. Es gibt jedoch bis zum Jahr 1506 zurückreichende historische Quellen, in denen ein typisches Suffolk- Pferd erwähnt wird. Die Rasse wurde entwickelt als Bauernpferd und ist mit ihren enorm starken, schrägen Schultern und kraftvollen, kurzen Beinen ausgezeichnet dazu geeignet, die schweren Lehmböden von East Anglia zu bearbeiten. Außergewöhnlich ist, daß alle Suffolks von einem einzigen Hengst, dem 1760 geborenen Crisp's Horse of Ufford, abstammen. Diese Rassereinheit äußert sich darin, daß alle Tiere Füchse sind – ihre Farbe heißt im Englischen „chesnut" (traditionsgemäß ohne das erste t). Abgesehen von der Farbe haben Suffolks auch sonst ein typisches Erscheinungsbild, denn sie haben

LINKS

Diese Stute zeigt die für die Rasse typische breite Stirn und die wachen Augen des Suffolk. Alle Suffolks sind Füchse. Im Englischen wird ihre „chesnut" genannte Farbe traditionell ohne das erste „t" geschrieben.

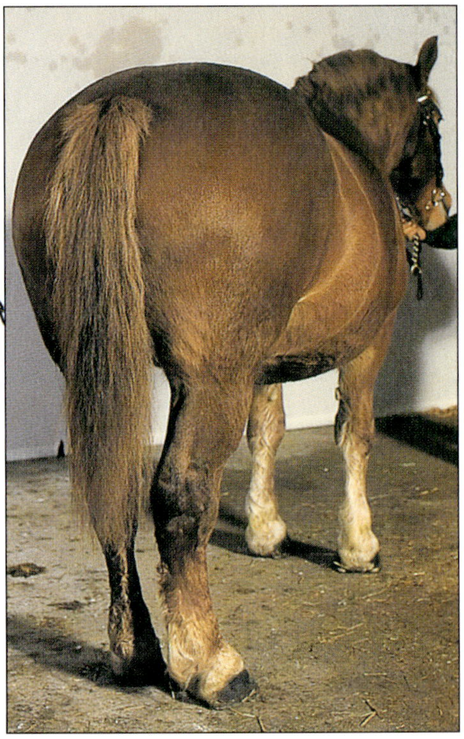

UNTEN

Obwohl beim Suffolk zwischen den Vorderbeinen reichlich Platz ist, stehen die Hinterbeine eng zusammen. Das Pferd kann so bei der Feldarbeit in der Furche gehen, ohne etwas zu zertreten.

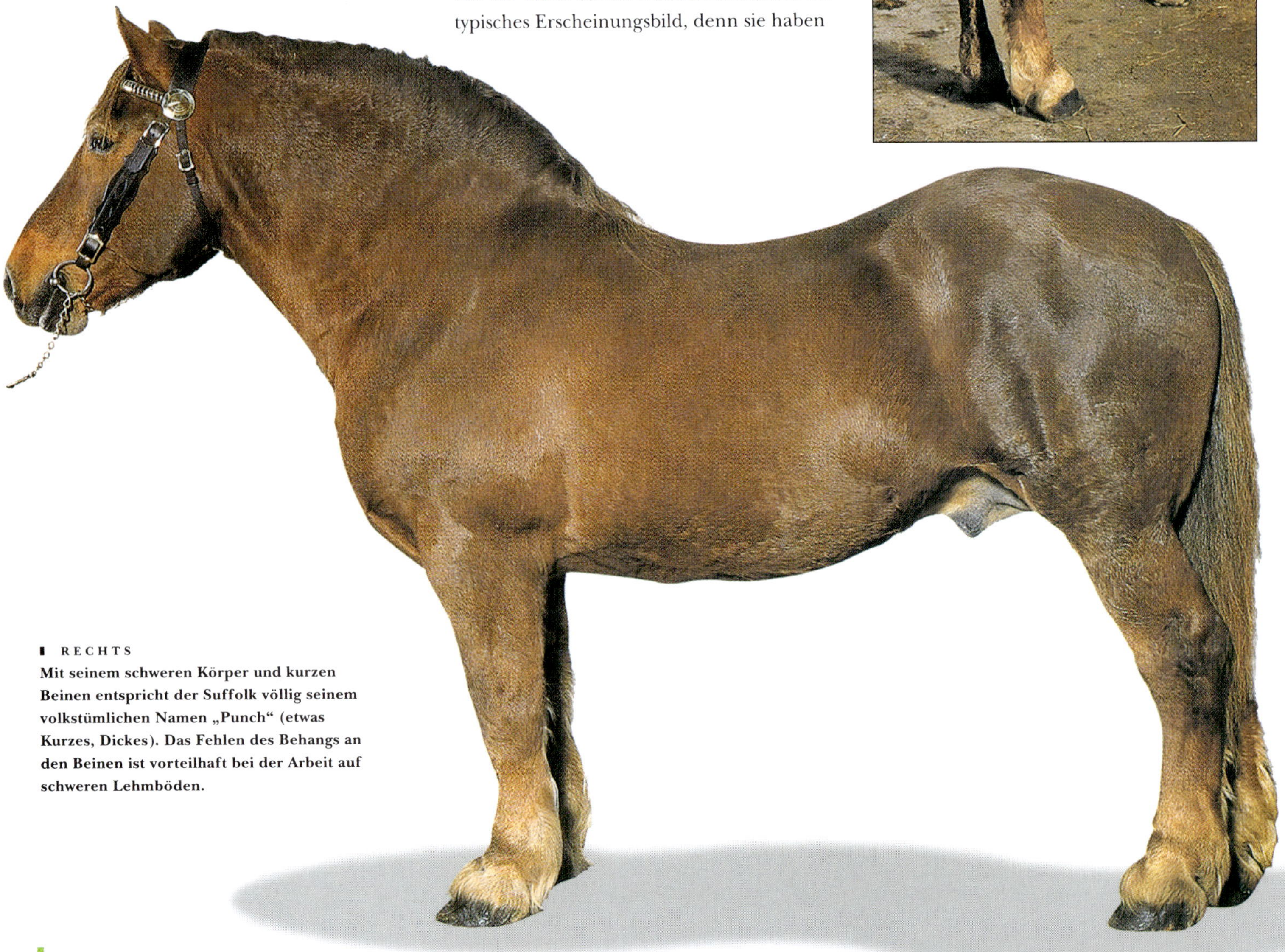

RECHTS

Mit seinem schweren Körper und kurzen Beinen entspricht der Suffolk völlig seinem volkstümlichen Namen „Punch" (etwas Kurzes, Dickes). Das Fehlen des Behangs an den Beinen ist vorteilhaft bei der Arbeit auf schweren Lehmböden.

RASSENMERKMALE

Stockmaß: 163–166 cm.

Farbe: Ausschließlich Füchse. Man unterscheidet sieben Farbschattierungen, von einem ganz blassen, mehligen Ton bis zu einer sehr dunklen, fast braunen, am häufigsten jedoch rötlichen Farbe; manchmal am Kopf weiße Abzeichen. Mähne und Schweif sind gelegentlich heller gefärbt als das Fell.

Exterieur: Ziemlich großer Kopf mit breiter Stirn; tiefer Hals; lange, muskulöse Schulter; tiefer Körper mit kräftiger Kruppe und gut angesetztem Schweif; kurze, gerade Beine mit kräftigen Knochen, schrägen Fesseln und harten, robusten, mittelgroßen Hufen.

WISSENSWERTES

Die Genügsamkeit des Suffolk wird belegt durch die Beobachtungen eines Bauern, der Anfang dieses Jahrhunderts die Futterbedürfnisse von zwei Dutzend gemischtrassigen Arbeitspferden mit denen von fünfundzwanzig Suffolks verglich. Von den Pferden, die zur gleichen Zeit, aber auf verschiedenen Bauernhöfen eingesetzt wurden, brauchten alle die gleiche Menge an Rauhfutter (Heu, Rüben und Häcksel), aber unterschiedliche Mengen an Kraftfutter (Getreide). Die gemischtrassigen Pferde fraßen jeweils 35 kg Getreide in der Woche (in höherem Alter noch 5–10 kg mehr), die Suffolks dagegen nur 25 kg – und das, ohne daß ihre Kondition darunter gelitten hätte.

einen schweren, von kurzen Beinen getragenen, tonnenförmigen Körper.

Trotz ihrer Größe sind Suffolks bemerkenswert genügsame Pferde, denn sie kommen mit vergleichsweise wenig Futter aus. Sie reifen früh und können schon im Alter von zwei Jahren leichte, mit drei Jahren bereits schwere Arbeiten verrichten. Suffolks haben ein außergewöhnlich fügsames Wesen und sind bekannt für ihre robuste Natur und ihre Langlebigkeit. Pferde dieser Rasse werden oft bis zu 30 Jahre alt – bis zum Alter von 20 Jahren können sie arbeiten und Fohlen bekommen. Diese bemerkenswerten Eigenschaften machten das Suffolk-Pferd zu einem der beliebtesten Acker- und Zugpferde aller Zeiten, das übrigens auch im Ausland sehr geschätzt wird.

In den Vereinigten Staaten gibt es Suffolks schon lange. Sie werden aber auch nach Australien, Afrika, Rußland und Pakistan exportiert. Noch heute sieht man vereinzelt Suffolks bei der Landarbeit. Andere Pferde dieser Rasse ziehen Brauereiwagen oder erfreuen das Publikum auf Schauveranstaltungen.

OBEN RECHTS
Heutige Suffolks, die einen Wagen aus vergangenen Tagen ziehen.

RECHTS
Suffolks kann man noch immer bei ihrer traditionellen Arbeit, dem Pflügen, beobachten. Sie reifen früh, sind gesund, langlebig und genügsam und vereinen somit all die Eigenschaften, die in früheren Zeiten für ein Zugpferd ganz besonders wichtig waren.

Irish Draught

Obwohl es keine verläßlichen Aufzeichnungen oder Stutbücher gibt, weiß man, daß es in Irland bereits vor vielen Jahrhunderten ein leichtes Zugpferd gab. Es entstand in einer Zeit, in der normannische Pferde nach Irland gebracht und mit den damals noch recht kleinen einheimischen Stuten gekreuzt wurden. Später halfen Andalusier und wahrscheinlich auch Pferde aus dem Orient, die irischen Pferde weiter zu veredeln. Das Ergebnis war ein Allzweckpferd, das ausgezeichnet für das irische Landleben geeignet war. Es diente den irischen Kleinbauern in der Landwirtschaft als Arbeitspferd, ließ sich vor leichte zweirädrige Wagen spannen oder als Reitpferd einsetzen. Den modernen Irish Draught züchtete man, indem man die besten irischen Landstuten mit importierten Vollbluthengsten kreuzte. Infolge der schrecklichen Hungersnot des Jahres 1847 sank jedoch die Zahl dieser edlen Pferde, so daß man in der Folgezeit einige schwere Pferde aus England zu Kreuzungszwecken importierte. Dies führte aber zu einer merklichen Vergröberung der Rasse. Daher entschloß sich die irische Regierung Anfang des 20. Jahrhunderts, das Überleben der besten noch verbliebenen Irish Draughts durch ein Hilfsprogramm zu sichern.

Die Haltung anerkannter Irish-Draught-Hengste wurde finanziell unterstützt, und 1917 veranlaßte das Landwirtschaftsministerium die Einführung

LINKS
Der Irish Draught hat einen Kopf mit energischem Ausdruck und ist bekannt für seine Vernunft, seinen Mut und seine Sportlichkeit.

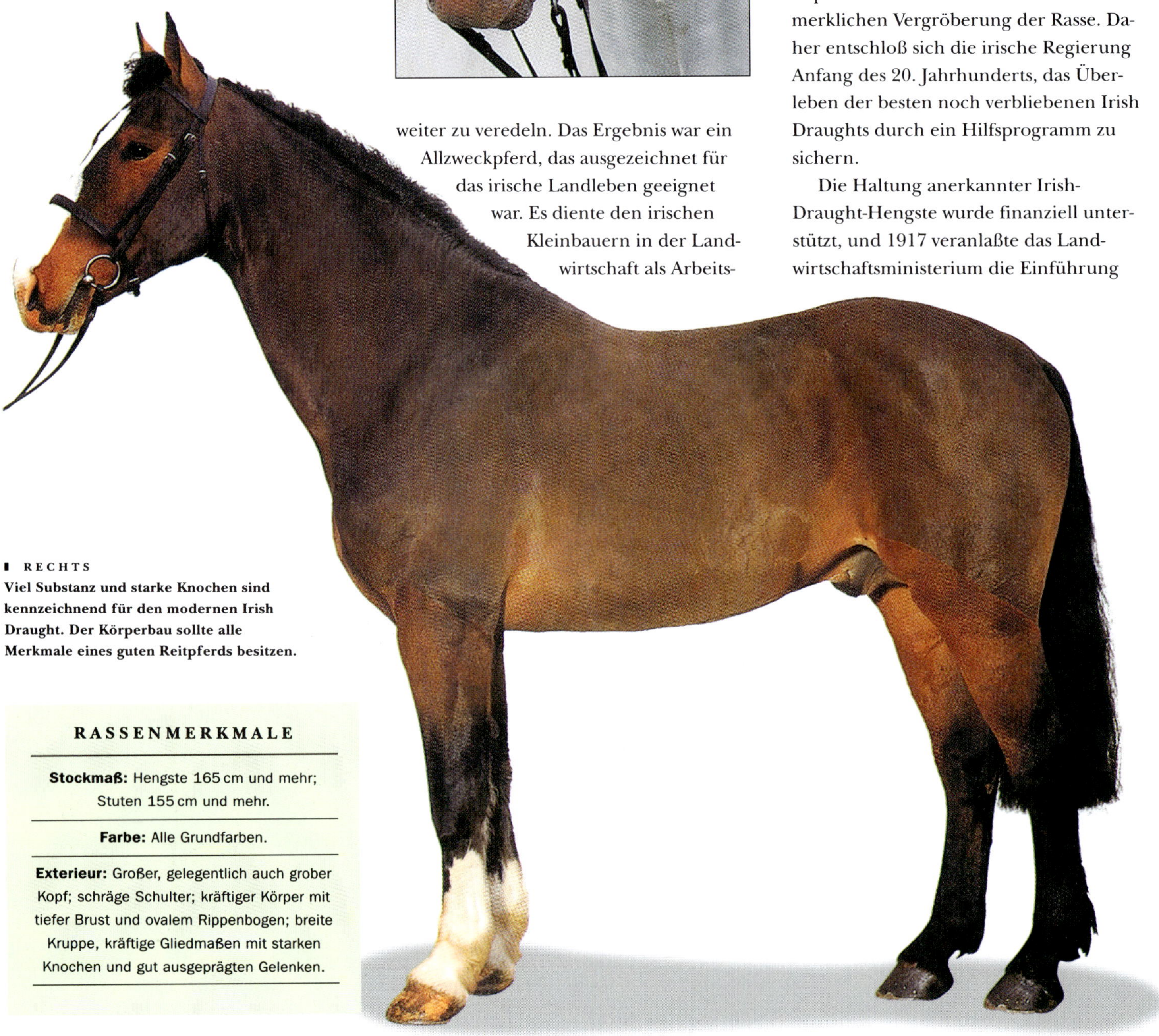

RECHTS
Viel Substanz und starke Knochen sind kennzeichnend für den modernen Irish Draught. Der Körperbau sollte alle Merkmale eines guten Reitpferds besitzen.

RASSENMERKMALE

Stockmaß: Hengste 165 cm und mehr; Stuten 155 cm und mehr.

Farbe: Alle Grundfarben.

Exterieur: Großer, gelegentlich auch grober Kopf; schräge Schulter; kräftiger Körper mit tiefer Brust und ovalem Rippenbogen; breite Kruppe, kräftige Gliedmaßen mit starken Knochen und gut ausgeprägten Gelenken.

LINKS
Kein Pferd trägt seinen Reiter so sicher und komfortabel über schwierigstes Jagdgelände wie der Irish Draught oder ein Halbblut aus Irish Draught und Vollblut.

UNTEN LINKS
Das international bekannte Springpferd Mill Pearl. Ein gutes Beispiel für ein Pferd mit Irish-Draught-Blut, das im Spitzensport mithalten kann.

UNTEN
Die Rasse hat gute Grundgangarten und eignet sich als Gewichtsträger.

eines Stutbuches für den Irish Draught, in dem gesunde, sorgfältig ausgewählte Tiere – insgesamt 375 Stuten und 44 Hengste – eingetragen wurden. 1976 gründete man schließlich die Irish Draught Horse Society.

Ihre ausgezeichnete Qualität verdanken die in Irland gezüchteten Pferde nicht zuletzt den Weiden, auf denen sie großgezogen werden. Der kalkreiche Boden sorgt für starke Knochen und einen großen Wuchs. Der moderne Irish Draught ist ein geschmeidiges, athletisches und gutaussehendes Pferd mit viel Substanz. Er besitzt gute Grundgangarten sowie Intelligenz, Mut und ein freundliches Wesen. Da Irish Draughts auch schwierigstes Gelände mit zahlreichen Hindernissen völlig sicher durchqueren können, zählt man sie zu den besten Jagdpferden der Welt. Aufgrund ihrer großen Sprungkraft sind sie aber auch als Springpferde sehr erfolgreich.

WISSENSWERTES

Seit dem Zweiten Weltkrieg kamen viele der international erfolgreichen Springpferde aus Irland; etliche stammen von Irish-Draught-Hengsten ab. Besondere Erwähnung verdient in diesem Zusammenhang King of Diamonds, der viele berühmte Pferde zeugte – unter ihnen auch die erfolgreichen Turnierpferde Special Envoy und Mill Pearl. Special Envoy wurde erst von Nelson Pessoa, dann von seinem Sohn Rodrigo für Brasilien geritten, Mill Pearl vom amerikanischen Olympiasieger Joe Fargis.

Maremmano

RECHTS
Der Maremmano ist stark und hat ein ruhiges Temperament. Obwohl er nicht durch besondere Schnelligkeit besticht, ist er ein nützliches Reitpferd.

Maremmanos oder Maremmapferde werden in der Toskana gezüchtet und sind die traditionellen Reitpferde der *butteri* oder Rinderhirten. Maremma heißt ein am Tyrrhenischen Meer gelegener Küstenstreifen, der in früheren Zeiten von Marsch bedeckt war.

Die Ursprünge des Maremmano liegen im dunkeln. Wahrscheinlich stammt die Rasse jedoch von den Neapolitanern ab, die selbst Araber, Berber und spanische Pferde zu ihren Vorfahren zählen und im 16. Jahrhundert durch Federico Grisone (einem Meister der klassischen Reitkunst, der die Reitakademie in Neapel gründete) Berühmtheit erlangten.

Diese Pferde wurden verschiedentlich mit anderen Rassen, z. B. importierten englischen Pferden wie dem Norfolk Roadster, gekreuzt, so daß die heute als Maremmano bekannten Pferde keinem einheitlichen Typ angehören.

Maremmapferde sind weder besonders schön noch sehr schnell, dafür aber füg-

LINKS
Das Erscheinungsbild der Maremmapferde ist recht uneinheitlich. Mit seinem schönen Kopf ist dieses Pferd viel edler als viele andere Vertreter der Rasse.

UNTEN
Ein Maremmano, der das traditionelle Zaumzeug eines *buttero* oder italienischen Cowboys trägt. Durch ihre Zähigkeit und Verläßlichkeit eignet sich die Rasse besonders gut als Reitpferd für Rinderhirten.

RASSENMERKMALE

Stockmaß: Variabel, für gewöhnlich um 155–160 cm.

Farbe: Alle Grundfarben.

Exterieur: Variabel. Gesamterscheinung etwas grob, mit ziemlich steiler Schulter, flachem Widerrist und tief angesetztem Schweif. Durch Kreuzungen will man den Körperbau noch verbessern.

sam und anspruchslos. Sie verbinden Kraft und Zähigkeit mit einem ruhigen Temperament und werden als gute, verläßliche Arbeitstiere geschätzt. Die Maremmanos haben sich nicht nur als Armee- und Polizeipferde, sondern auch in der Landwirtschaft bewährt, wo sie den Viehhirten als Reittiere dienen und darüber hinaus auch als leichte Zugpferde eingesetzt werden.

WISSENSWERTES

Während des 17. Jahrhunderts erlangte die italienische Pferdezucht weltweites Ansehen. Die berühmteste Pferderasse war der Neapolitaner, ein möglicher Vorfahre des Maremmano.

Murgese

Die Geschichte des aus der Orfano-Ebene und dem Hügelland nahe Gravina stammenden alten Murgese kann mindestens 500 Jahre zurückverfolgt werden. So hielt der Gouverneur der süditalienischen Hafenstadt Monopoli, die einige Jahre zur Republik Venedig gehörte, während des späten 15. und frühen 16. Jahrhunderts Murgesehengste und einige hundert Zuchtstuten, um die Kavallerie mit Pferden zu versorgen. Irgendwann im Lauf der Zeit starb die Rasse jedoch aus. Die moderne Version des Murgese entstand erst in den 20er Jahren des 20. Jahrhunderts.

Der heutige Murgese ist in seinem Erscheinungsbild nicht sonderlich einheitlich. Er kann zwar geritten werden, ist im Grunde aber ein leichtes Zugpferd, wenngleich er nicht die Qualitäten eines Irish Draught besitzt. Bessere Reitpferde erhält man, wenn man Murgesestuten von Vollblut- oder Warmbluthengsten decken läßt.

WISSENSWERTES

In Italien ist die Zucht eines für den Freizeit- und Leistungssport geeigneten Warmblutpferds noch nicht so weit fortgeschritten wie in einigen anderen europäischen Ländern. Man kreuzt jedoch die jeweils besten Pferde der im Land gezüchteten Rassen mit importierten Warmblut- und Vollblutpferden, um ein modernes, qualitätvolles, italienisches Reitpferd zu entwickeln. Hierbei entstanden bereits die Sardischen und Sizilianischen Anglo-Araber und der Salerno, das zur Zeit vermutlich beste italienische Reitpferd. Der Salerno stammt vom Neapolitaner ab, hat aber auch Blut von Andalusiern, Arabern und Vollblutpferden in den Adern.

RASSENMERKMALE

Stockmaß: 155–165 cm.

Farbe: Zumeist Füchse, gelegentlich auch dunklere Farben.

Exterieur: Variabel. Das Erscheinungsbild entspricht dem eines leichten Zugpferds. Der Kopf ist eher schlicht, mit ehrlichem, freundlichem Ausdruck; die Hinterhand ist ziemlich schwach, der Schweif tief angesetzt.

OBEN
Man verwendet den Murgese in der Regel als leichtes Fahrpferd; er kann aber durchaus auch geritten werden. Dieses Pferd wurde für die Polizei ausgebildet.

GANZ OBEN LINKS
Beim Murgese überwiegen die Füchse; es kommen aber auch einige dunklere Farben vor.

LINKS
Der Murgese ist Italiens leichtes Zugpferd. Ihm fehlt jedoch die Gesamtqualität des Irish Draught und ein einheitliches Erscheinungsbild.

UNTEN LINKS
Der Kopf des Italienischen Kaltbluts ist klein und fein, hat ein gerades Profil, große Augen und kleine, bewegliche Ohren.

UNTEN
Typisch für die Rasse sind fuchsfarbenes Fell, flachsfarbene Mähne und Schweif. Die lebhaften Gänge sind vom Bretonen vererbt.

Italienisches Kaltblut

Das Italienische Kaltblut erinnert an den schönen Bretonen, der einen wichtigen Einfluß auf die heutige Rasse hatte. Deren Entwicklung begann während der zweiten Hälfte des 19. Jahrhunderts in Ferrara, im Norden Italiens. Damals kreuzte man Neapolitaner mit Arabern und Hackneys, um ein wendiges, leichtes Arbeitspferd zu züchten. Später, als in der Landwirtschaft und bei der Artillerie ein schwereres Pferd

RASSENMERKMALE

Stockmaß: Hengste um 160 cm; Stuten um 155 cm.

Farbe: Vorwiegend Füchse mit heller Mähne und hellem Schweif.

Exterieur: Relativ kleiner Kopf mit breiter Stirn, großen Augen und Nüstern sowie kleinen Ohren; muskulöser, leicht gebogener Hals; schräge Schulter; tiefe Brust, kurzer, kräftiger Rumpf mit breiter Kruppe; kurze kräftige Gliedmaßen mit muskulösen Unterarmen und großen Gelenken, kurzen Fesseln und großen Hufen.

benötigt wurde, änderte man dieses Zuchtziel und kreuzte die vorhandenen Pferde mit verschiedenen Kaltblutrassen, insbesondere Boulonnais. Sein heutiges Aussehen erhielt das Italienische Kaltblut aber erst in den zwanziger Jahren, als man reinrassige Bretonenhengste zur Zucht verwendete.

Das Italienische Kaltblut ist ein stämmiges Pferd, mit kurzen, aber recht muskulösen Beinen, das wegen seines ansprechenden Äußeren und wegen seiner schnellen Gänge geschätzt wird.

Inzwischen hat die Nachfrage nach Zugpferden in Italien genauso wie in anderen Ländern stark nachgelassen. Das Italienische Kaltblut aber wird noch immer gezüchtet. Zum einen, weil es auf kleinen Bauernhöfen weiterhin als Arbeitspferd eingesetzt wird, zum anderen aber auch, weil man es als Schlachttier schätzt.

WISSENSWERTES

Für das Italienische Kaltblut wurde erst 1961 ein Stutbuch eröffnet. Registrierte Pferde erhalten ein Brandzeichen (eine fünfsprossige Leiter innerhalb eines Schildes) auf die linke Hinterhand.

Friese

Der Friese gehört zu den ältesten Pferderassen Europas und hat im Lauf der Jahrhunderte eine ganze Anzahl anderer Rassen, insbesondere den Oldenburger, das Fell-Pony und das Dales-Pony beeinflußt. Seine Heimat liegt im Norden der

LINKS
Der ziemlich lange Kopf des Friesen sitzt auf einem schön geformten Hals. Sein Ausdruck ist freundlich und aufmerksam.

Niederlande, wo bei Ausgrabungen die Überreste eines schweren Kaltblutpferdes gefunden wurden, von dem der heutige Friese abstammen soll. Die Rasse wurde beeinflußt durch orientalische Pferde, die während der Zeit der Kreuzzüge in die

RASSENMERKMALE

Stockmaß: 155–160 cm.

Farbe: Auschließlich Rappen.

Exterieur: Langer Kopf mit kurzen Ohren und freundlichem, aufmerksamem Gesichtsausdruck; elegant gebogener Hals mit üppiger, lang herabhängender Mähne; kräftvolle Schulter; starker, kompakter Rumpf mit schräg abfallender Kruppe und sehr vollem Schweif; kurze, kräftige Beine mit starkem Kötenbehang.

RECHTS
Friesen besitzen einen ausgezeichneten Körperbau. Der Rumpf ist kompakt, die Gliedmaßen sind stark und die Hufe hart und gesund.

LINKS
Die hübsche hochrädrige Friesenkutsche wird im Heimatland des Friesen sehr geschätzt.

UNTEN
Friesen sind nicht nur in den Niederlanden beliebt. Dieses schöne Gespann wurde in der Londoner Innenstadt aufgenommen.

WISSENSWERTES

Wegen ihres vornehmen Aussehens eignen sich Friesen ausgezeichnet für feierliche Anlässe. Bei der Eröffnungsfeier der Weltmeisterschaften im Pferdesport in Den Haag (1994) wurde die Kutsche der Königin der Niederlande daher von sechs Friesen gezogen.

Niederlande gelangten, sowie durch Andalusier, die ins Land kamen, als die Spanier die Niederlande besetzten.

So entstanden lebhafte, vielseitig verwendbare Pferde, die für die Arbeit in der Landwirtschaft und – wegen ihres schnellen Trabs – als Wagen- und Reitpferde geeignet waren. Während des 19. Jahrhunderts, als Traber sich großer Beliebtheit erfreuten, bemühten sich die Züchter, den ohnehin schon lebhaften, hohen Trab des Friesen weiterzuentwickeln, indem sie das Pferd mit Trabern kreuzten. Hierdurch wurde der Körper des Friesen aber leichter, so daß er für die Arbeit in der Landwirtschaft nicht mehr allzu gut geeignet war. Als der Erste Weltkrieg begann, hatte die Zahl der Friesen bereits stark abgenommen. Im Zweiten Weltkrieg erlebte die Rasse allerdings eine Renaissance, da die Bauern wegen des Treibstoffmangels Friesen wieder als Zugtiere benutzten.

Während der zweiten Hälfte des 20. Jahrhunderts erwachte das Interesse an Friesen erneut. Heute sind die wohlausbalancierten Pferde mit der stolzen Haltung und dem freundlichen Wesen als Wagenpferde wieder sehr beliebt. Ganz besonders schön wirken sie vor einer hochrädrigen Friesenkutsche.

Gelderländer

Der Gelderländer wurde während des 19. Jahrhunderts in der niederländischen Provinz Geldern aus einer Vielzahl verschiedener Pferderassen gezüchtet. Zuchtziel war ein neuer, vielseitig verwendbarer Pferdetyp – ein großes, starkes Tier, das sich einerseits als Kutsch- und Arbeitspferd eignete, andererseits aber auch geritten werden konnte. Hierfür kreuzte man einheimische Stuten gezielt mit englischen, französischen, deutschen, ungarischen und polnischen Hengsten, später auch speziell mit Hackneys, und unterwarf ihre Nachkommen einer wohldurchdachten, strengen Selektion. Zur Zucht zugelassen wurden nur Pferde, die sich bereits als gute, gesunde Arbeitstiere bewährt hatten. Später, als in der Landwirtschaft aufgrund des technischen Fortschritts kaum noch Arbeitspferde gebraucht wurden, änderte man die Zuchtstrategie und verlieh dem Gelderländer einen leichteren Körperbau, indem man Vollblüter einkreuzte. Der moderne Gelderländer ist ein typisches Kutschpferd mit ausgezeichneten Schultern und einer guten, freien Aktion.

Das Pferd wird erfolgreich bei Vierspänner-Fahrtunieren eingesetzt. Auf seiner Grundlage wurde das Holländische Warmblut gezüchtet.

LINKS
Der kraftvolle Gelderländer ist ein ausgezeichnetes Kutschpferd. Er war maßgeblich beteiligt an der Entstehung des Holländischen Warmbluts, das zu den erfolgreichsten Sportpferden zählt.

WISSENSWERTES

Neben dem Gelderländer gibt es ein weiteres niederländisches Allzweckpferd. Das Groninger Pferd, ein nördlicher Nachbar des Gelderländers, ist etwas schwerer gebaut als dieser und zählt Friesen, Oldenburger sowie Suffolk Punchs zu seinen Vorfahren. Wie der Gelderländer hat auch das Groninger Pferd bei der Zucht des Holländischen Warmbluts eine wichtige Rolle gespielt.

RECHTS
Typisch für den Gelderländer ist die gute Schulter, die ihm in allen Gängen viel Bewegungsfreiheit garantiert.

RASSENMERKMALE

Stockmaß: Etwa 165 cm.

Farbe: Zumeist Füchse, bisweilen auch Braune oder Schimmel.

Exterieur: Recht schlichter Kopf mit leicht konvexem Profil; kräftiger Hals; gut gebaute Schulter mit ziemlich flachem Widerrist; ziemlich langer, aber starker Rumpf mit guter Brusttiefe; kraftvolle Kruppe mit hochangesetztem Schweif; kurze, kräftige Gliedmaßen mit harten Hufen.

Holländisches Warmblut

Die Zucht des als Freizeit- und Sportpferd außerordentlich erfolgreichen Holländischen Warmbluts begann mit der Auswahl bester Gelderländer und Groninger Stuten. Diese wurden dann mit ebenfalls sorgfältig ausgesuchten und aus aller Welt (inklusive England, Irland, Frankreich und USA) importierten Vollbluthengsten gekreuzt, von denen viele aus besten Rennpferdlinien stammten. Letzteres erwies sich als äußerst positiv, denn mit der Zeit stellte sich heraus, daß gerade die Hengste, die eine erfolgreiche Rennkarriere hinter sich hatten, die besten Warmblüter zeugten. In den ersten Jahren setzte man zur Entwicklung des Holländischen Warmbluts neben Vollblütern auch einige Trakehnerhengste ein. Auch importierte man Holsteiner Stuten und ließ diese von Gelderländer und Groninger Hengsten decken. Später wurden Warmblüter, die dem Zuchtziel der Niederländer entsprachen, in das Zuchtprogramm aufgenommen. Hierzu zählten weitere Holsteiner sowie Selle Français, aber auch einige Hannoveraner und Westfalen.

Gleichzeitig reduzierte man allmählich den Anteil an Gelderländer- und Groningerblut. Das Ergebnis war ein gut proportioniertes Reitpferd mit leichten, raumgreifenden Gängen und einem freundlichen Charakter.

RASSENMERKMALE

Stockmaß: 163–173 cm.

Farbe: Alle Grundfarben; Braune und Schwarzbraune sind jedoch am häufigsten.

Exterieur: Edler Kopf mit wachem, intelligentem Ausdruck; gute schräge Schulter mit ausgeprägtem Widerrist; kräftiger Rücken und kraftvolle Kruppe; starke, gutgeformte Gliedmaßen mit kräftigen Knochen und kurzem Röhrbein; große, harte Hufe.

LINKS
Milton ist ein Enkel des Trakehnerhengstes Marco Polo, der großen Einfluß auf die Entwicklung des Holländischen Warmbluts hatte.

WISSENSWERTES

Der Trakehnerhengst Marco Polo (1965–1976) hatte einen großen Einfluß auf die Entwicklung des Holländischen Warmbluts. Er war zwar klein, zeugte aber einige erstklassige Springpferde – zu ihnen gehörte auch Marius, mit dem die Engländerin Caroline Bradley internationale Erfolge errang. Er wurde in England auch als Deckhengst eingesetzt. Sein berühmtester Sohn, Milton, gilt als erfolgreichstes Springpferd aller Zeiten.

Niederländische Züchter benutzen ein äußerst wirkungsvolles, am Erfolg des Pferdes orientiertes Auslesesystem. Das noch vergleichsweise junge Holländische Warmblut hat schon jetzt die Richtigkeit dieser Zuchtstrategie durch Erfolge bei der Dressur und im Springreiten, aber auch im Fahrsport auf höchster internationaler Ebene bewiesen. Holländische Warmblutpferde werden auch in anderen Ländern zur Sportpferdezucht eingesetzt, vor allem in England, den Vereinigten Staaten, Australien und Neuseeland.

LINKS
Das Holländische Warmblut ist ein qualitätvolles Pferd mit freundlichem Charakter. Seine guten Körperproportionen garantieren die Rittigkeit, die ein modernes Sportpferd braucht, um bei internationalen Wettkämpfen erfolgreich zu sein.

Noriker

Der Noriker, der seit mehreren Jahrtausenden in den Bergregionen Österreichs gezüchtet wird, ist kräftig gebaut und widerstandsfähig, hat gesunde, robuste Beine und ist bekannt für seine hohe Trittsicherheit und sein ruhiges Wesen. Er ist ein schönes, leichtes Zugpferd.

Obwohl es sich bei dem Noriker um eine alte Rasse handelt, gab es für ihn bis vor nicht allzu langer Zeit noch kein offizielles Zuchtprogramm. Den Fürstbischöfen von Salzburg ist zu verdanken, daß vor rund 400 Jahren ein Stutbuch angelegt wurde. Zu diesem Zeitpunkt wurden auch die Zuchtrichtlinien für Stuten und Hengste festgelegt und Gestüte eingerichtet.

Dank seiner Zähigkeit und Arbeitskraft schätzte man den Noriker bald in ganz Europa. Verschiedene regionale Schläge entstanden. In Deutschland werden diese unter dem Begriff Süddeutsches Kaltblut zusammengefaßt. Unterschiedlich gefärbte Linien, die auf Andalusier und Neapolitaner zurückgehen, hatten ebenfalls einen Einfluß auf die heutige Rasse und sind verantwortlich für getigerte oder gescheckte Farben.

RASSENMERKMALE

Stockmaß: Hengste 162–173 cm; Stuten 155–173 cm.

Farbe: Braune, Füchse, Rappen, Schimmel und Schecken. Zu viele oder zu große Abzeichen an Kopf und Gliedmaßen sind nicht erwünscht.

Exterieur: Großer Kopf mit geradem Profil, weiten Nüstern und mittelgroßen Augen; mittellanger Hals mit dichter, lockiger Mähne; schräge Schulter; breite, tiefe Brust; mittellanger, muskulöser Rücken; lange Gliedmaßen mit kraftvollen Unterarmen, große trockene Gelenke; muskulöse Unterschenkel und gute, harte Hufe.

WISSENSWERTES

Die Noriker wurden benannt nach der römischen Provinz Noricum (entsprach in etwa dem heutigen Österreich), lassen sich aber bis in vorrömische Zeiten zurückverfolgen, als in Thessalonica (dem heutigen Saloniki) ein schweres Schlachtroß gezüchtet wurde. Pferde dieses Typs kamen einst mit den Römern nach Noricum, wo sie sich ausgezeichnet anpaßten und mit einheimischen Kaltblutpferden gekreuzt wurden.

OBEN
Die meisten Noriker sind dunkelbraun. Die Rasse weist aber eine große Farbenvielfalt auf, wie dieses schöne dunkelbraune Tier zeigt, dessen Mähne und Schweif hell gefärbt sind.

LINKS
Mit seinem stämmigen Körper und gut gebauten Gliedmaßen ist der Noriker ein ideales Arbeitspferd für Bergregionen. Wie die meisten Bergrassen ist er bewegungsfreudig und zeichnet sich durch einen ausgesprochen lebhaften Trab aus.

Peruanischer Paso

Der Peruanische Paso (Paso bedeutet „Schritt") stammt von spanischen Pferden ab, die erstmals 1532 durch Francisco Pizarro (1478–1541) nach Peru gelangten.

Der für die Rasse charakteristische „Paso", ein lateraler Gang, ist einzigartig und wird vererbt. Bei ihm werden die Vorderbeine des Pferdes wie die Arme eines Schwimmers aus der Schulter heraus seitwärts geschwungen, während die Hinterbeine lange gerade Schritte machen und dabei so weit untertreten, daß die Hinterhand sich senkt und die Sprunggelenke unter den Körper kommen. Die fließende Bewegung der Vorderbeine und der kraftvolle Schub der weit ausgreifenden Hinterbeine ergibt eine ausgesprochen geschmeidige, für den Reiter sehr angenehme Gangart, die der Peruanische Paso auch auf schwierigem Gelände über längere Zeit beibehalten kann. Die Höchstgeschwindigkeit des Pferdes im „Paso" liegt bei rund 25 km pro Stunde.

Der ziemlich kleine, kompakt gebaute Paso ist bekannt für seine Trittsicherheit, seine Genügsamkeit und seinen liebenswerten Charakter. Er ist ein ideales Pferd für die Arbeit auf einer Ranch und ein gutes Pferd für Distanzritte.

RASSENMERKMALE

Stockmaß: 142–154 cm.

Farbe: Alle; zumeist Braune und Füchse.

Exterieur: Intelligenter Kopf; ziemlich kurzer, muskulöser Hals; kräftige Schulter; starker Körper mit breiter, tiefer Brust; runde Kruppe; kurze, kräftige Gliedmaßen und ausgezeichnete Hufe.

OBEN
Mit seinem kompakten, muskulösen Körper, der kraftvollen Hinterhand und den kurzen, kräftigen Beinen ist der Peruanische Paso enorm stark.

LINKS
Die lange seidige Mähne des Peruanischen Paso erinnert an seine spanischen Vorfahren, die während des 16. Jahrhunderts nach Südamerika gebracht wurden.

RECHTS
Pferd und Reiter bieten in ihrer traditionellen peruanischen Aufmachung einen schönen Anblick. Der Peruanische Paso kann einiges an Gewicht tragen.

WISSENSWERTES

Der Peruanische Paso hat eine natürliche Vorliebe für den lateralen Gang. Einzigartig ist, daß die Vorderbeine des Pferdes wie die Arme eines Schwimmers eine bogenförmige Seitwärtsbewegung ausführen.

Lusitano

Der portugiesische Lusitano ist, wie sein Äußeres schon verrät, ein enger Verwandter des im benachbarten Spanien heimischen Andalusiers. Bis vor nicht allzu langer Zeit wurden alle Pferde, die man auf der Iberischen Halbinsel züchtete, einer einzigen Rasse zugeordnet. Erst zu Beginn des 20. Jahrhunderts entschieden sich beide Länder, voneinander unabhängige Stutbücher zu eröffnen.

Seit die Portugiesen über ein eigenes Stutbuch verfügen, haben sie ihr Zuchtprogramm deutlich verbessert und gleichzeitig zwei besonders markante und bewunderte Eigenschaften des Lusitano – nämlich Kraft und Mut – sorgfältig erhalten. Diese Tugenden sorgten dafür, daß Lusitanos in früheren Zeiten als Kavalleriepferde hochangesehen waren.

RASSENMERKMALE

Stockmaß: 150–155 cm.

Farbe: Häufig Schimmel oder Braune; alle anderen Farben inklusive Falben und Füchse sind ebenfalls zu finden.

Exterieur: Langer, edler Kopf mit konvexem Profil, großen, freundlichen Augen und kleinen Ohren; kraftvoller, gebogener Hals, der gut an der starken Schulter angesetzt ist; kurzer Rumpf mit tiefem Brustkorb, breiten, kraftvollen Lenden, leicht schräger Kruppe und einem ziemlich tief angesetztem Schweif; gut gebaute Gliedmaßen mit starken Knochen und recht langen Röhrbeinen; Mähne und Schweif dicht und seidig.

Die besten iberischen Pferde wurden seit jeher im Grenzgebiet zwischen Portugal und Spanien gezüchtet, wo im Lauf der Geschichte endlose Schlachten tobten.

Heute gilt der Lusitano wegen seiner Kraft und seines Muts als ideales Reitpferd für den portugiesischen Stierkampf, der hohe Anforderungen an Pferd und Reiter stellt. Weil es in Portugal als Schande gilt, wenn ein Pferd beim Stierkampf verletzt wird, werden Stierkampfpferde sorgfältig ausgebildet, damit sie den Angriffen des Bullen schnell und wendig ausweichen können.

Die intelligenten, sanftmütigen und freundlichen Lusitanos entwickeln rasch

OBEN LINKS
Dieser edle Kopf und der kräftige, gebogene Hals sind typisch für den Lusitano. Die Rasse ist auch bekannt für seidige Mähnen und Schweife.

LINKS
Das gesamte Erscheinungsbild des Lusitano gleicht dem des naheverwandten Andalusiers.

UNTEN
Die braune Farbe dieser Stute im Alter-Gestüt ist typisch für die Alter Real Lusitanos.

GANZ UNTEN
Portugiesische Pferde sind bekannt für ihre Kraft, ihre Schnelligkeit und ihre hohe Aktion.

WISSENSWERTES

Der Lusitano ist ein geschmeidiges und daher angenehm zu reitendes Pferd, das sich aufgrund seiner Wendigkeit und Intelligenz ausgezeichnet für den Stierkampf eignet.

ein enges, freundschaftliches Verhältnis zum Menschen, lassen sich leicht trainieren und arbeiten mit Intensität und Begeisterung. Ihre gute Balance, ihre Schnelligkeit und ihre hohe, geschmeidige Aktion macht sie zu angenehmen Reitpferden, die für die Hohe Schule der Reitkunst gut geeignet sind. Inzwischen haben Lusitanos aber bewiesen, daß sie nicht nur für die Dressur, sondern auch für andere Disziplinen des modernen Pferdesports (Springreiten, Fahren) geeignet sind.

ALTER REAL

Der Alter Real ist nicht als eigenständige Rasse, sondern als eine Spielart des Lusitano zu werten. Er wurde benannt nach der Stadt Alter do Chão (in der Provinz Alentejo), in der man ein königliches Gestüt gegründet hatte, das die königlichen Ställe in Lissabon mit Reit- und Kutschpferden versorgte („real" bedeutet im Portugiesischen „königlich"). Das Gestüt florierte viele Jahre lang und züchtete dabei einen edlen Pferdeschlag, der nicht

nur in Portugal, sondern auf der gesamten Iberischen Halbinsel geschätzt wurde. Verschiedene Ereignisse, insbesondere Kriegswirren, führten aber schließlich dazu, daß der Alter Real zu verschwinden drohte. Versuche, diesen Pferdeschlag durch den Import von englischen, normannischen oder deutschen Rassen bzw. durch Araber zu neuem Leben zu erwecken, mißlangen gegen Ende des 19. Jahrhunderts. Erst durch Einkreuzen von Andalusiern konnten die Alter-Real-Lusitanos schließlich in ihrem Bestand gesichert werden. Anfang dieses Jahrhunderts bewirkte der Sturz der Monarchie jedoch, daß viele Pferde verkauft oder sogar getötet wurden. Ohne die Bemühungen der Familie d'Andrade, die während der 1940er Jahre zwei Hengste und eine Handvoll Stuten rettete und mit ihnen erneut eine Zucht begann, wäre der Alter Real unweigerlich ausgestorben.

Heute gehört das Gestüt in Alter dem Staat und züchtet wieder Pferde für die klassische Hohe Schule. Von seinem Äußeren her ist der Alter Real im wesentlichen ein Lusitano, obwohl er stets braun, schwarzbraun oder schwarz gefärbt ist.

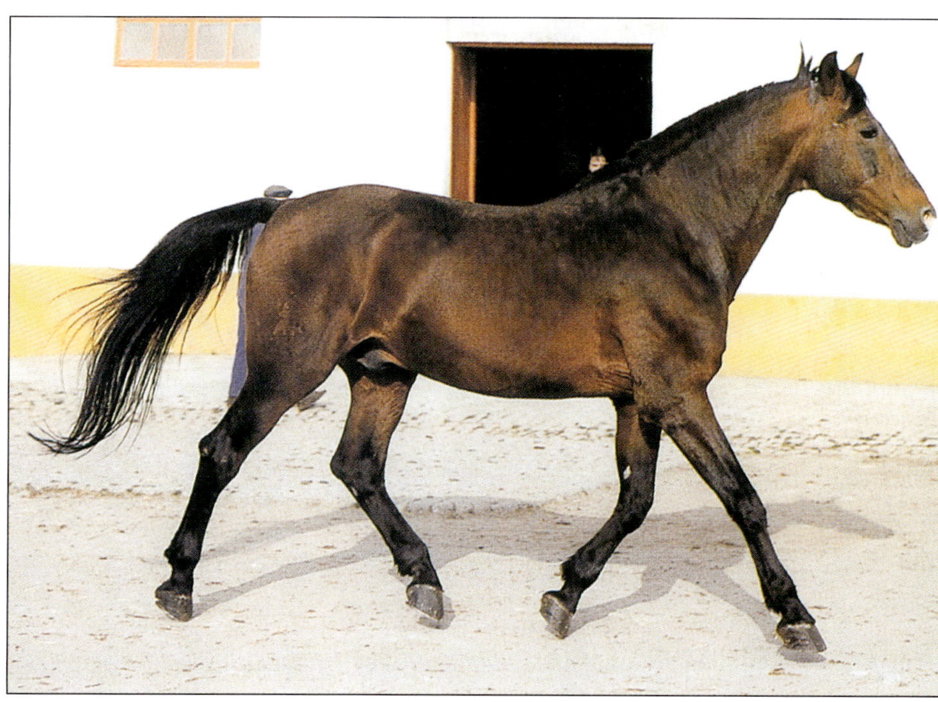

Baschkir

Der kleine Baschkir kommt aus den südlichen Regionen des Ural und wurde nach der Region von Baschkirsky benannt, wo er in Herden gezüchtet wird. Er läßt sich gleich gut reiten oder als Zugpferd einspannen und diente jahrhundertelang als Pack- und Arbeitspferd sowie als Milch- und Fleischlieferant. Stämmig gebaut und durch ein dickes Winterfell geschützt, können Baschkirs auch bei Temperaturen von –30 bis –40 °C im Freien überleben. Sie sind eisigen Schneestürmen gewachsen und lassen sich auf der Suche nach Nahrung nicht einmal durch meterdicke Schneeschichten entmutigen. Wegen ihrer enorm harten Hufe müssen Baschkirs zudem nicht beschlagen werden.

RASSENMERKMALE

Stockmaß: 135–142 cm.

Farbe: Meist Füchse, Braune und Schwarzbraune.

Exterieur: Massiver Kopf, kurzer Hals; flacher Widerrist; breiter Körper mit geradem Rücken; vergleichsweise kurze Gliedmaßen mit kräftigen Knochen; harte Hufe.

WISSENSWERTES

Baschkirstuten können während ihrer sieben- bis achtmonatigen Laktationsperiode über 1500 l Milch geben. In verschiedenen Regionen der ehemaligen Sowjetunion werden Baschkirs daher noch immer wegen ihrer Milch gehalten. Man verwendet diese unter anderem, um daraus „Kumis", einen Schnaps, herzustellen, der von den einheimischen Pferdehirten getrunken und in größerem Umfang in andere Landesteile verkauft wird.

Ein Typ des Baschkirs lebt auch im Nordwesten der Vereinigten Staaten. Dies könnte Anlaß zur Vermutung geben, daß die Vorfahren dieser Pferde über die einstige Landbrücke zwischen Asien und Amerika (jetzt Beringstraße) eingewandert seien. Man geht jedoch allgemein davon aus, daß die Pferde auf dem amerikanischen Kontinent während der Eiszeit ausstarben und daß neue Pferde erst durch die spanischen Entdecker ins Land gebracht wurden. Es ist daher viel wahrscheinlicher, daß der Baschkir erst in jüngerer Zeit aus Rußland nach Amerika gelangte.

OBEN LINKS
Der Kopf des Baschkirs ist schwer und sitzt auf einem kurzen kräftigen Hals.

LINKS
Mit seinem stämmigen Körper, der breiten Brust, den kurzen, kräftigen Gliedmaßen und außergewöhnlich harten Hufen ist der Baschkir gut an das Leben in einer rauhen Umwelt angepaßt. Er gedeiht, wie das Bild beweist, aber auch in einer angenehmeren Umgebung.

Donpferd

Donpferde wurden durch die Donkosaken berühmt, die zwischen 1812 und 1814 halfen, Napoleons Invasionsarmee aus Rußland zu vertreiben. Die Pferde der Kosaken stammten von den Pferden der Steppennomaden ab und waren schon früh mit dem mongolischen Nagai, dem Karabaier (einem leichten Reitpferd), dem Turkmenen und dem Persischen Araber in Berührung gekommen und von diesen beeinflußt worden. Während des 19. Jahrhunderts kreuzte man das Donpferd mit Orlow-Trabern, Vollblütern und Strelitz-Arabern (die auf dem Gestüt Strelitz in der Ukraine gezüchtet wurden), um seine Qualität zu verbessern. Anfang dieses Jahrhunderts wurden derartige Kreuzungen jedoch eingestellt. Seither wird die Rasse rein gezogen.

Wie die meisten russischen Pferderassen wurde auch das Donpferd in Herden gezüchtet, die in den weiten Steppen des Landes ein recht freies, von menschlicher Hilfe weitgehend unabhängiges Leben führten. Die robusten, widerstandsfähigen Tiere waren ausgezeichnet als Militärpferde geeignet. Heute dient das Donpferd als normales Reitpferd, obwohl gravierende Gebäudefehler die Qualität seiner Gänge beeinträchtigen. Durch seine starke Konstitution ist es jedoch recht gut für Distanzritte geeignet.

WISSENSWERTES

Die Donkosaken waren berühmt für ihre Reitkunst. Ausgerüstet mit kurzen Steigbügeln (ein Reitstil, der in Westeuropa erst viel später eingeführt wurde), pflegten sie ihre Gegner allein durch ihre unglaubliche Schnelligkeit zu überraschen. Der französische General Morand schilderte, wie Donkosaken aus dem Stand anzugaloppieren oder aus vollem Galopp anzuhalten vermochten. Donkosaken hatten eine eigene Kampftaktik. Sie griffen nicht wohlgeordnet an, sondern schwärmten aus, um den Feind auf vielerlei Art zu zermürben. Mit ihren wendigen Pferden konnten sie versprengte Gegner leicht einfangen, feindliche Lager ohne Vorwarnung überfallen und äußerst geschickt spionieren.

GANZ OBEN
Donpferde sind zumeist Füchse. Sie besitzen große Ausdauer und sind ruhige, willige Reit- und Fahrpferde.

OBEN
Mit seinen Gebäudefehlern – der steilen Schulter und den etwas zu steilen Fesseln – ist das Donpferd kein besonders bequemes Reitpferd.

SENMERKMALE

ckmaß: 155–165 cm.

Farbe: Zumeist Füchse sowie Schwarzbraune, die oft einen goldenen Schimmer haben.

Exterieur: Mittelgroßer Kopf mit breiter Stirn; mittellanger, gerader Hals; kräftiger Rumpf mit breitem, geradem Rücken und gerader Lendenpartie sowie abgerundeter Kruppe; gerade, muskulöse Gliedmaßen, die jedoch häufig Fehler aufweisen (kuhhessige Stellung; Säbelbeine; zu steile Fesseln); Mähne und Schweif sind kurz und dünn.

Budjonny

Der Budjonny ist eine noch relativ junge Rasse, die aus einer Kreuzung von Don- und Chernomorstuten mit Vollbluthengsten hervorging. Der Chernomor, auch ein Kosakenpferd, gleicht dem Donpferd, ist jedoch etwas kleiner und leichter gebaut als dieses. Hauptziel der Neuzüchtung war ein gutes Militärpferd mit viel Ausdauer. Die für die Zucht verwendeten Pferde wurden daher sorgfältig ausgewählt. Hauptzuchtgebiet war die Gegend um Rostow. Hier ließ man die besten Zuchtstuten von den besten Anglo-Don-

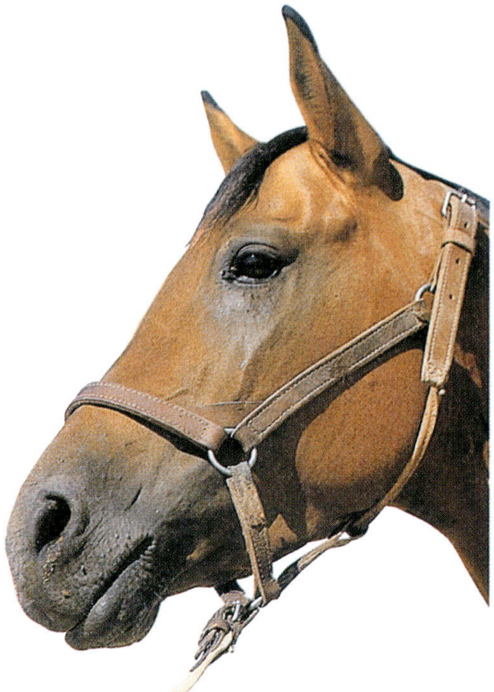

WISSENSWERTES

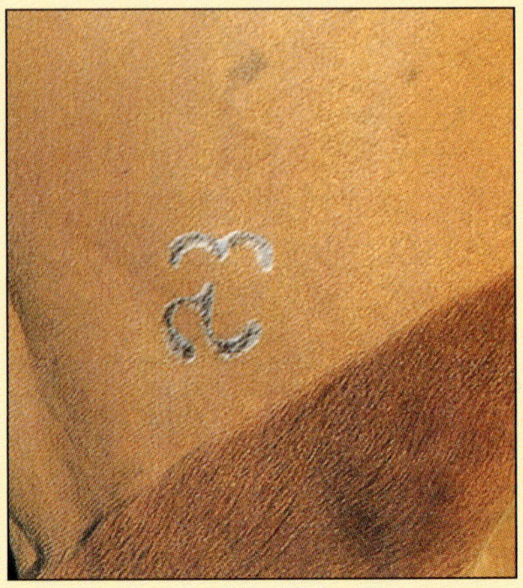

Russische Pferde erhalten zur Identifikation oft ein Brandzeichen. Der auf der gegenüberliegenden Seite abgebildete Fuchs trägt, zur Vermeidung von Diebstählen, zusätzlich in der Sattellage einen Kaltbrand. Hiermit kann das Pferd individuell markiert und der rechtmäßige Eigentümer jederzeit leicht festgestellt werden.

OBEN RECHTS
Beim heutigen Budjonny verrät vor allem der schmale, edel geformte Kopf mit seinen leuchtenden, intelligenten Augen und aufmerksamen Ohren den Vollbluteinfluß.

RECHTS
Der Budjonny hat eine gute Brusttiefe und eine einigermaßen wohlgeformte Schulter, läßt aber die harmonischen Proportionen eines Vollblutpferds vermissen. Der gravierendste Gebäudefehler sind die schwachen Hinterbeine.

hengsten decken, fütterte die Stuten gut und brachte sie bei besonders kaltem Wetter in Ställen unter, was damals in Rußland recht ungewöhnlich war.

Man erreichte so, daß die Stuten bessere und gesündere Fohlen zur Welt brachten, da sie nicht soviel Reservestoffe verbrauchten, um ihre Körpertemperatur zu halten. Der Nachwuchs wurde im Alter von zwei bis vier Jahren auf der Rennbahn Leistungsprüfungen unterzogen.

Die robuste Natur des Donpferds und die ausgezeichneten Gänge des Vollblutpferds erwiesen sich als gute Kombination. Das vom Militärgestüt in Rostow gezüchtete Pferd hatte neben großer Ausdauer ein gefügiges Wesen und ließ sich als Reit- und leichtes Zugpferd einsetzen. 1949 wurde es offiziell unter dem Namen Budjonny als Rasse anerkannt.

Als das Reiten sich zu einem Freizeit- und Leistungssport entwickelte, wurde dem Budjonny erneut Vollblut zugeführt, um seine Gesamtqualität zu verbessern. Obwohl sich der Einfluß dieser Blutauffrischung nun deutlich in dem insgesamt leichteren Körperbau zeigt, scheinen die Knochen der Gliedmaßen für den Körper noch etwas zu schwach. Heute wird der Budjonny vor allem bei der Dressur, beim Springreiten und bei Hindernisrennen eingesetzt.

RASSENMERKMALE

Stockmaß: um 163 cm.

Farbe: Meist Füchse; auch Braune oder Schwarzbraune. Bei manchen Budjonnys hat das Fell einen goldfarbenen Schimmer – ein Erbe der Chernomor- und Donpferde.

Exterieur: Wohlproportionierter Kopf mit geradem oder leicht konkavem Profil; langer, gerader Hals; schräge Schultern mit hohem Widerrist; vergleichsweise schwerer Körper mit kurzem, geradem Rücken und langer, gerader Kruppe; feine, gerade Gliedmaßen (häufige Gebäudefehler: zu kleine Gelenke, zu schwache Hinterbeine); wohlgeformte Hufe.

RECHTS
Die Mehrzahl der Budjonnys sind Füchse. Einige Tiere haben einen goldfarbenen Schimmer.

Kabardiner

Trittsicherheit und ein gutentwickelter Selbsterhaltungstrieb sind typisch für den Kabardiner, dessen Heimat im Nordkaukasus liegt und der schon seit Jahrhunderten Reiter über schwierigstes Berggelände trägt. Die Rasse läßt sich bis ins 16. Jahrhundert zurückverfolgen. Sie stammt von den Pferden der Steppenvölker ab, die man mit Turkmenen, persischen Pferden und Karabaierpferden kreuzte. Kabardiner werden seit alters her in Herden großgezogen, die während des Sommers auf Hochweiden, im Winter aber am Fuß der Berge grasen. Sie entwickelten sich so zu einer typischen Gebirgsrasse: ziemlich klein, zäh, stämmig, aber sehr ausdauernd.

Durch die Russische Revolution wurde der Kabardiner stark dezimiert. Während der 1920er Jahre bemühte man sich jedoch, die Rasse wiederzubeleben und begann auch, einen größeren Pferdeschlag zu züchten, der sich als Militärpferd und als Arbeitspferd in der Landwirtschaft einsetzen ließ. Inzwischen züchten die Gestüte Malo-Karachew und Malkin die besten modernen Kabardiner. Sie dienen als Reit- und Wagenpferde und werden auch in der Zucht in benachbarten Regionen zur Blutauffrischung benutzt.

WISSENSWERTES

Kabardiner tragen ihre Reiter sicher und geschickt durchs Gebirge. Dabei folgen sie steinigen Gebirgspfaden und verirren sich auch bei Nebel und Dunkelheit nicht. Der für ein Gebirgspferd typische Körperbau verleiht dem Kabardiner nicht unbedingt Schnelligkeit. Die Gänge des Pferdes sind jedoch leicht, geschmeidig und taktrein.

RASSENMERKMALE

Stockmaß: 150–155 cm.

Farbe: Zumeist Braune, Dunkelbraune und Rappen; weiße Abzeichen kommen in der Regel nicht vor.

Exterieur: Langer Kopf, oft mit Ramsnase und feinen, beweglichen Ohren; muskulöser, mittellanger Hals; eher steile Schulter und flacher Widerrist; käftig gebauter Rumpf mit kurzem, geradem Rücken und kurzen, oft konkaven Lenden; kräftige Gliedmaßen mit meist guten Gelenken, guten Knochen und kurzem, starkem Röhrbein; die Hinterbeine neigen zur Kuhhessigkeit; harte Hufe; Mähne und Schweif meist lang und voll.

OBEN
Kabardiner haben oft lange Köpfe mit leichter Ramsnase, sehr beweglichen Ohren und einem freundlichen, ruhigen Gesichtsausdruck.

RECHTS
Die aus den Bergen stammenden Kabardiner sind sehr athletisch und gut im Gleichgewicht. Sie eignen sich daher gut als Springpferde.

RECHTS
Trotz ihrer ziemlich steilen Schulter sind Kabardiner gute Allzweckreitpferde, denn sie sind beweglich und trittsicher.

Tersker

Der Tersker stammt wie der Kabardiner aus dem Nordkaukasus. Die Rasse ist jedoch nicht so alt, da sie erst ab 1921 von den Gestüten Tersk und Stavropol gezüchtet wurde.

Tersker basieren auf Strelitz-Arabern, die früher im Gestüt Strelitz in der Ukraine gezüchtet wurden. Strelitz-Araber entstanden durch die Kreuzung reinrassiger Araber mit hochwertigen Orlow-Trabern und Anglo-Arabern (auch Vollblut war in geringem Maß beteiligt), besaßen das typische Aussehen reinrassiger Araber, waren jedoch größer als diese.

RASSENMERKMALE

Stockmaß: Hengste um 152 cm; Stuten um 145 cm.

Farbe: Schimmelfarben oft mit silbrigem Schimmer.

Exterieur: Feingeschnittener Kopf mit großen Augen und halblangen Ohren; hochangesetzter Hals, schräge Schulter; kräftiger Rumpf mit tiefer Brust, breitem Rücken und muskulösen Lenden; gut geformte Beine; Mähne und Schweif fein.

UNTEN
Tersker sind durchweg edel und elegant. Die Schimmelfarbe bringt ihre Schönheit besonders zur Geltung.

GANZ UNTEN
Obwohl der Tersker etwas größer ist als ein reinrassiger Araber, ist ihm sein arabisches Erbe deutlich anzusehen.

Als in den 1920er Jahren die Strelitz-Araber auszusterben drohten, brachte man die wenigen noch verbliebenen Exemplare, darunter zwei Hengste, in das Gestüt Tersk, in der Absicht, sie dort zu vermehren. Hierzu ließ man die Strelitz-Stuten von reinrassigen Arabern decken, während die Strelitz-Hengste mit verschiedenen gemischtrassigen Stuten (darunter Strelitz x Kabardiner und Araber x Don) zusammengebracht wurden. So entstand innerhalb von rund 30 Jahren ein neuer Pferdeschlag, dem man den Namen Tersker gab. Er hat das Aussehen und die Eleganz des Arabers geerbt, ist jedoch etwas größer als dieser und tritt meist als Schimmel auf. Tersker sind jedoch nicht nur anmutig, sie verbinden auch ein freundliches Wesen mit enorm viel Energie. Sie sind daher als Zirkus- und Sportpferde ausgesprochen beliebt.

WISSENSWERTES

Heute werden die meisten Tersker in Stavropol gezüchtet. Stavropol liegt im Nordkaukasus zwischen dem Schwarzen und dem Kaspischen Meer.

Orlow-Traber

Neben dem Standardbred und dem Französischen Traber gehört der Orlow-Traber zu den besten Trabrennpferden der Welt. Vor der Entwicklung des Standardbred war er vermutlich sogar der berühmteste Traber. Heute ist der Orlow außerhalb seiner Heimat Rußland jedoch weniger bekannt als Standardbred und Französischer Traber. Im Trabrennsport seines Landes und bei der Verbesserung anderer russischer Pferderassen spielt er jedoch eine wichtige Rolle.

Der Orlow-Traber wurde nach Graf Alexis Orlow (1737–1809) benannt, dem Gründer des Orlow-Gestüts nahe Moskau. Dieser importierte den arabischen Schimmelhengst Smetanka aus Griechenland, dem zwar eine nur kurze Karriere als Deckhengst beschieden war, der aber trotzdem auf die Entstehung des beliebten Orlow-Trabers großen Einfluß hatte. Smetankas Sohn Polkan I., der von einer dänischen Stute abstammt und 1784 geboren wurde, zeugte nämlich Bars I., den Stammvater des Orlow-Trabers.

Diese Rasse wurde von Graf Orlow und seinem Gestütsverwalter V. I. Schischkin in dem neu gegründeten Gestüt Krenow in der Provinz Voronez gezüchtet, zu dem

LINKS
Der Kopf des Orlow-Trabers ist ziemlich klein und oft ein wenig grob geformt.

RASSENMERKMALE

Stockmaß: Hengste um 163 cm; Stuten um 155 cm.

Farbe: Vorwiegend Schimmel. Braune und Rappen häufig, Füchse dagegen selten.

Exterieur: Kleiner, oft etwas grober Kopf; langer Schwanenhals; langer Rücken mit muskulösen Lenden und breiter, kraftvoller Kruppe; lange Beine, mit einem Röhrbeinumfang von mindestens 20 cm.

LINKS
Die meisten schnellen Traber verfügen über einen ziemlich langen Rücken; hierin macht auch der Orlow-Traber keine Ausnahme. Seine langen Röhrbeine zeugen von Kraft.

WISSENSWERTES

Graf Orlow, dessen Namen die Rasse trägt, war für seinen Mut und seine Verwegenheit berühmt. 1762 wirkte er bei der Ermordung von Zar Peter III. mit und half dessen Witwe, der späteren Zarin Katharina II. (der „Großen"), den Thron zu besteigen. Als die Zarin ihre Gunst seinem Mitverschworenen, dem gutaussehenden Prinzen Potemkin zuwandte, soll der Graf diesem ein Auge ausgeschlagen und sich dann der Pferdezucht zugewandt haben, um von den Hofintrigen Abstand zu gewinnen.

RECHTS
Der Russische Traber ist teils Orlow-Traber teils Standardbred und übertrifft ersteren an Geschwindigkeit.

UNTEN
Orlow-Traber werden nicht nur in ihrem Heimatland als Traber eingesetzt, sie eignen sich auch für den modernen Fahrsport und werden für diesen Zweck auch exportiert.

man die Tiere des Moskauer Gestüts 1788 gebracht hatte.

Bars I. deckte arabische, niederländische und dänische Stuten sowie Halbblutstuten aus England. Anschließend wurde auf ihn und seine Söhne zurückgezüchtet. Anfang des 19. Jahrhunderts stieg das Leistungsniveau der Rasse stetig an, da man die Pferde in Rußland systematisch zu Trabern ausbildete und in Trabrennen einsetzte.

Später, als der Standardbred seine Überlegenheit auf der Rennbahn bewies, begannen die Russen, Pferde aus Amerika zu importieren, um mit ihnen den Orlow-Traber zu verbessern. Der Russische Traber, der so entstand, war tatsächlich schneller als der Orlow-Traber. Als der Erste Weltkrieg ausbrach, hörte jedoch der Import von Standardbreds auf. Erst in neuerer Zeit hat man wieder damit begonnen, um die Schnelligkeit des Russischen Trabers zu erhalten.

UNTEN
Dieser vor einen Trainingssulky gespannte Orlow-Traber zeigt die immens kraftvolle Aktion dieser Pferderasse.

Wladimirer Kaltblut

Das Wladimirer Kaltblut wurde in den Provinzen Wladimir und Ivanovo, im Nordosten von Moskau, als hochwertiges Arbeitspferd gezüchtet. Hierzu brachte man Anfang des 20. Jahrhunderts Hengste unterschiedlicher Kaltblutrassen aus England und Frankreich nach Rußland, wo man sie mit heimischen Stuten kreuzte. Besonderen Einfluß auf die neue Rasse hatten dabei die Clydesdalehengste Lord James und Border Brand sowie Glen Albin, die 1910 bzw. 1923 importiert wurden. Shirehengste sowie Hengste der Rassen Cleveland Bay, Suffolk, Ardenner und Percheron waren an der Entstehung des Wladimirer Kaltbluts ebenfalls beteiligt, jedoch in geringerem Maß. Das Ergebnis der Züchtung war ein kräftig gebautes Kaltblutpferd, das sich gut für alle Arten schwerer landwirtschaftlicher Arbeit sowie als Zugpferd eignete und 1946 als Rasse anerkannt wurde.

Das Wladimirer Kaltblut ist aufgrund seines gefügigen Wesens leicht zu handhaben. Trotz seines massiven Körperbaus kann es – dank seiner lebhaften Aktion, die es zweifellos von seinen Clydesdale-Vorfahren geerbt hat – die berühmten russischen Troikas ziehen. Positiv ist auch, daß die Rasse früh reift. Bereits im Alter von drei Jahren ist das Wladimirer Kaltblut so gut entwickelt, daß es entweder als

GEGENÜBER OBEN
Das Wladimirer Kaltblut vereint große Körperkraft mit einem sehr gefügigen Wesen, das sich auch in seinem freundlichen Gesichtsausdruck zeigt.

GEGENÜBER UNTEN
Bei der Züchtung des für seinen kräftigen Körperbau und seine lebhaften Gänge berühmten Wladimirer Kaltbluts wurden mit großem Erfolg Clydesdales eingesetzt.

RASSENMERKMALE

Stockmaß: Hengste um 164 cm; Stuten um 155 cm.

Farbe: Vorwiegend Braune, jedoch auch Rappen und Füchse mit weißen Abzeichen an Kopf und Beinen.

Exterieur: Großer, langer Kopf; langer muskulöser Hals; deutlicher Widerrist; breite Brust, langer, breiter Rücken; lange, breite Kruppe; lange Gliedmaßen.

Arbeitspferd oder als Deckhengst eingesetzt werden kann.

Zu den Nachteilen der Rasse gehört, daß manche Pferde einen zu langen Rücken oder einen zu spitzen Rippenbogen besitzen, was die Stärke deutlich mindert bzw. die Lunge daran hindert, sich weit genug auszudehnen.

Das Wladimirer Kaltblut ist das größte russische Kaltblutpferd. Hengste weisen einen Gurtumfang von über 200 cm auf und wiegen um die 750 kg. Stuten sind nur wenig leichter.

WISSENSWERTES

Weitere Kaltblutrassen sind: das Russische Kaltblut (eine Rasse, die vor etwa hundert Jahren entstand und weitgehend auf dem Ardenner basiert) sowie das Sowjetische Kaltblut (die Züchtung erfolgte durch Kreuzung heimischer Stuten des Zugpferdtyps mit Belgischen Kaltbluthengsten). Beide Rassen wurden 1952 eingetragen. Das Russische Kaltblut reift schneller und ist bemerkenswert langlebig. Man nannte es früher „Russischer Ardenner".

LETTLÄNDER

Der Lettländer ist ein kräftig gebautes Zugpferd, das große Lasten ziehen kann. Die Rasse gibt es erst seit den frühen 1920er Jahren, als heimische Stuten mit deutschen, englischen und französischen Pferden gekreuzt wurden, weil man ein kräftiges, ausdauerndes, vielseitig verwendbares Arbeitspferd mit guter Aktion brauchte.

Man unterscheidet zwei verschiedene Typen des Lettländers: einen schweren Zugpferdtyp, der im wesentlichen auf Einkreuzungen von Oldenburgern, Nordfolk Roadstern und Anglo-Normannen basiert, und einen leichteren Typ, der vorwiegend von Hannoveranern geprägt wurde.

Der Lettländer verfügt über einen gut gebauten Körper und besticht durch sehr freie Bewegungen. Hengste erreichen ein Stockmaß von 165 cm, Stuten 163 cm. Der schwerere Typ hat meist eine schwarz Fellfarbe, der leichtere Typ ist in der Regel fuchsfarben.

Der Lettländer wurde 1952 als Rasse anerkannt und ist wegen seines ruhigen Temperaments sowie wegen seiner Kraft und Energie ein beliebtes Arbeitspferd. Spätere Einkreuzungen von Oldenburgern und Hannoveranern hielten sich in Grenzen.

Nordschwedisches Pferd

Das Nordschwedische Pferd ist klein, kompakt und beweglich. Die Rasse stammt vom alten schwedischen Arbeitspferd ab, das seinerseits vom Dølepferd aus dem benachbarten Norwegen beeinflußt wurde. Während des 19. Jahrhunderts wurde das Nordschwedische Pferd mit leichteren, nicht aus Skandinavien stammenden Rassen gekreuzt. Gegen Ende des 19. Jahrhunderts züchtete man jedoch wieder einen schwereren Pferdeschlag mit größerer Zugkraft und importierte hierzu Hengste größerer Rassen (z. B. Clydesdale).

Die Tatsache, daß das alte schwedische Pferd aufgrund der späteren Kreuzungen vom Aussterben bedroht war, rief Züchtervereine auf den Plan, die sich um seine Erhaltung bemühten. Pferde alten Schlages, die es in abgelegeneren Gegenden von Nordschweden noch gab, sollten mit Hilfe von Dølehengsten wieder vermehrt werden – ein Vorhaben, das Anfang des 20. Jahrhunderts auch von der Regierung unterstützt wurde.

RASSENMERKMALE

Stockmaß: Bei Hengsten um 154 cm; bei Stuten um 152 cm.

Farbe: Alle Grundfarben.

Exterieur: Relativ großer Kopf mit länglichen Ohren; kurzer Hals; kraftvolle, schräggestellte Schultern; ziemlich langer, aber tiefer, starker Rücken; abfallende Kruppe; kurze, kräftige Gliedmaßen mit kräftigen Knochen; Mähne und Schweif meist sehr üppig.

Nordschwedische Pferde können aufgrund ihrer körperlichen Eigenschaften ausgezeichnet in schwierigem Gelände, auf engem Raum und unter rauhen Witterungsbedingungen arbeiten. Im Wald sind sie manchmal besser und kostengünstiger zum Schleifen von Baumstämmen einzusetzen als technisches Gerät. Aus diesem Grund wird diese Pferderasse in ihrer Heimat auch noch recht häufig in der Forstwirtschaft verwendet.

Während der 1920er Jahre begann man Nordschwedische Pferde mit Hilfe von Leistungstests zu selektieren. Heute wird die Eignung und Leistungsfähigkeit eines Pferdes geprüft, indem man das Tier einen mit Stämmen beladenen Schlitten ziehen läßt und seine Zugkraft mit einem Dynamometer mißt. Beim Eignungstest wird sowohl die Ausführung der Aufgabe als auch die körperliche Verfassung des Pferdes bewertet.

LINKS
Das kleine Nordschwedische Pferd ist kompakt gebaut und hat kurze Gliedmaßen mit kräftigen Knochen. Hals und Schultern zeichnen sich durch besondere Stärke aus.

WISSENSWERTES

Nordschwedische Pferde sind tüchtige, vielseitig verwendbare Zugtiere, die meist in der Land- und Forstwirtschaft eingesetzt werden. Sie können bereits im Alter von drei Jahren leichte Aufgaben erfüllen und sind innerhalb weniger Jahre genügend herangereift, um acht Stunden täglich zu arbeiten. Hengste wiegen 650–750 kg, Stuten 550–700 kg.

Schwedisches Warmblut

▮ LINKS
Dieser schöne Kopf ist typisch für ein Schwedisches Warmblut, das für seine Intelligenz und seinen angenehmen Charakter bekannt ist.

▮ UNTEN
Obwohl der Körperbau etwas variiert, haben die meisten Angehörigen dieser Rasse einen langen, eleganten Hals, eine wohlproportionierte Hinterhand und gutgeformte Gliedmaßen.

Schwedische Reit- und Kutschpferde sind seit Jahrhunderten berühmt. Es erstaunt daher nicht, daß das Schwedische Warmblut im modernen Reitsport, insbesondere in der Dressur, eine so wichtige Rolle spielt.

Die früher von Dänemark regierte, heute zu Südschweden gehörende Provinz Skåne war seit dem 12. Jahrhundert bekannt für ihre Pferdezucht. Damals ließ der Erzbischof Absalon dort Pferde für seine Kavallerie züchten. Mitte des 17. Jahrhunderts gründete Karl X. von Schweden nordöstlich von Malmö das königliche Gestüt in Flyinge, das dann die königlichen Ställe und die Armee mit Pferden versorgte. Im Lauf der Jahre setzte man vielerlei verschiedene Rassen ein, um ein hochwertiges Kavalleriepferd zu züchten. Als besonders einflußreich erwiesen sich dabei die Ostpreußen und die Hannoveraner.

Vor und nach dem Ersten Weltkrieg waren schwedische Kavallerieoffiziere auf schwedischen Pferden bei Olympischen Spielen in allen drei Disziplinen des Reitsports (Dressur, Springreiten und Military) enorm erfolgreich. Nach dem Zweiten Weltkrieg kaufte die schweizerische Armee zahlreiche schwedische Pferde, von denen etliche als Dressurpferde Berühmtheit erlangten.

Als Armeepferde aufgrund des technischen Fortschritts nicht mehr gebraucht wurden, begannen die Schweden, Freizeit- und Sportpferde zu züchten. Das Schwedische Warmblut war bereits für die Dressur geeignet. In jüngerer Zeit wurde es jedoch

RECHTS
Warmblutstuten mit ihren Fohlen bei einer Vorführung während der Weltmeisterschaften in Stockholm (1990).

UNTEN LINKS
Durch Einkreuzung von anderen Rassen (auch Vollblut) wurde aus dem Schwedischen Warmblut ein gutes, vielseitig verwendbares Sportpferd.

UNTEN RECHTS
Schwedische Warmblutpferde haben sich bei der Dressur schon immer hervorgetan.

RASSENMERKMALE

Stockmaß: 160–175 cm.

Farbe: Alle Grundfarben.

Exterieur: Variabel; meist schöner Kopf mit breiter Stirn und freundlichen, intelligenten Augen; langer Hals; Schultern sind, abhängig von der Blutlinie, manchmal ziemlich steil; Rumpf, Hinterhand und Gliedmaßen sind wohlproportioniert.

WISSENSWERTES

Schwedische Pferde sind bei Olympischen Spielen in der Dressur schon oft erfolgreich gewesen. Dies belegt auch Piaff, der 1972 in München unter Liselott Linsenhoff (BRD) eine Goldmedaille gewann. Piaff stammt von Gaspari ab, der Schweden 1960 bei den Spielen in Rom vertrat, wo ein weiteres schwedisches Pferd, Wald, unter Gustav Fischer (Schweiz) eine Silbermedaille errang. In Tokio erhielt 1964 Henri Chammartin, auf einem anderen schwedischen Pferd, Woermann, eine Goldmedaille. Auch Gauguin de Lully, der 1988 bei der Olympiade in Seoul unter Christine Stückelberger antrat und dort eine Bronzemedaille gewann, war schwedischer Herkunft.

noch mit ausgezeichneten französischen, deutschen und niederländischen Springpferden und sorgfältig ausgewählten Vollbluthengsten gekreuzt.

Um die Qualität der Rasse hinsichtlich Körperbau und Temperament zu erhalten, werden Schwedische Warmbluthengste in Güteklassen eingeteilt. Hierfür müssen sie eine Leistungsprüfung, eine ärztliche Untersuchung und eine Bewertung ihres Typs, ihres Körperbaus und ihrer Grundgangarten über sich ergehen lassen. Auch die jeweiligen Nachkommen werden geprüft, so daß sich Stutenbesitzer, die einen geeigneten Deckhengst suchen, genau informieren können.

Andalusier

LINKS
Der schöne Kopf des Andalusiers ähnelt stark dem des Berbers, ist jedoch feiner und auf seine Art ebenso markant wie der des Arabers.

Wie der Name schon andeutet, kommt der Andalusier aus dem sonnigen Südspanien. Die Rasse ist zweifellos alt, obwohl ihr Ursprung ungewiß ist. Mit Sicherheit wurden aber die von den islamischen Invasoren im 8. Jahrhundert nach Spanien gebrachten Berber mit den dort heimischen Pferden gekreuzt. Diese könnten durchaus dem Sorraia-Pony geähnelt haben, das heute noch in Portugal zu finden ist.

Als Granada, der letzte islamische Staat auf spanischem Boden, 1492 von den Christen erobert worden war, gewann Spanien innerhalb der westlichen Welt eine neue Bedeutung. Dies galt auch für seine Pferde, die mit den Konquistadoren des 16. Jahrhunderts nach Amerika gelangten und dort eine Population bildeten, aus der später die Mehrzahl der von den Siedlern neu gezüchteten Rassen hervorging. In Europa entwickelte sich das spanische Pferd währenddessen zum bevorzugten Reittier von Monarchen. William Cavendish, der Herzog von Newcastle, schrieb im 17. Jahrhundert über das spanische Pferd: „Wenn es mit Sorgfalt ausgewählt wird, ist es das edelste und allerschönste Pferd, das es auf der Welt gibt. Es ist fromm, hat eine frohe Natur und großen Mut und dazu den stolzesten Schritt, Trab und Galopp. Es ist das treueste und sanfteste Pferd und eines Königs würdig." Der Lipizzaner ist ein direkter Nachkomme des Andalusiers. Das Blut des Andalusiers fließt aber auch in vielen anderen berühmten europäischen Pferderassen, (z. B. Frederiksborgern, Friesen – die ihrerseits die Oldenburger

RECHTS
Der Andalusier ist nicht sonderlich groß, sein kompakter, muskulöser Rahmen zeugt aber von großer Kraft.

RASSENMERKMALE

Stockmaß: 152–155 cm.

Farbe: Vorwiegend Schimmel, manchmal auch Braune, Falben und Rappen.

Exterieur: Hübscher Kopf mit breiter Stirn, großen freundlichen Augen; ziemlich langer, kräftiger, aber eleganter Hals; lange, schräge Schulter mit ausgeprägtem Widerrist; kurzer, kräftiger Rumpf mit breiter Brust und wohlgerundetem Rippenbogen; sehr breite, starke, runde Kruppe mit ziemlich tief angesetztem Schweif; Gliedmaßen von mittlerer Länge, trocken und elegant, aber stark; Mähne und Schweif lang und üppig.

UNTEN
Schimmel und Braune kommen bei den Andalusiern am häufigsten vor. Einst waren auch Tiere mit geflecktem Fell beliebt. Aus ihnen entstanden in Amerika die Appaloosas.

LINKS
Eine berittene Polizistin in Barcelona. Dank seines ruhigen Temperaments und seiner Willigkeit ist der Andalusier ein ideales Allzweckreitpferd.

WISSENSWERTES

Daß die Rasse der Andalusier die Jahrhunderte trotz turbulenter Zeiten überdauert hat, ist auch den Mönchsorden, insbesondere den Karthäusern, zu verdanken. Bei drohender Gefahr wurden die Pferde der großen Gestüte nämlich zu entlegenen Klöstern in Sicherheit gebracht. Im Lauf der Zeit entwickelten sich die Karthäuser daher zu ausgezeichneten Pferdezüchtern, die wesentlich dazu beitrugen, daß die Rasse rein erhalten blieb.

beeinflußten –, Holsteinern und Connemaraponys).

Der Andalusier ist eines der elegantesten Pferde und durch seine akzentuierten Schritte, seine Wendigkeit und sein sanftes, fügsames Wesen ein ausgezeichnetes, vielseitig verwendbares Reitpferd, das geradezu prädestiniert ist für die Hohe Schule der Reitkunst. Bei den jährlichen farbenprächtigen *Ferias* seiner Heimat Andalusien bietet das spanische Pferd einen wundervollen Anblick.

RECHTS
Die stolze Haltung und der akzentuierte Gang der Rasse passen ausgezeichnet zu den Figuren der Hohen Schule der Reitkunst.

Achal-Tekkiner

Der Achal-Tekkiner oder Turkmene, eine der schönsten Pferderassen überhaupt, wird schon seit rund 3000 Jahren in den Oasen der turkmenischen Wüste, nördlich des Iran und östlich des Kaspischen Meeres, gezüchtet. Die isolierte Lage seiner Heimat bewirkte, daß er äußeren Einflüssen weniger stark ausgesetzt war als andere Reitpferdrassen, obgleich er höchstwahrscheinlich auch gelegentlich mit arabischen und persischen Pferden gekreuzt wurde.

LINKS
Der Kopf des Achal-Tekkiners ist stets sehr fein, mit großen, ausdrucksvollen Augen und gut geformten Ohren.

UNTEN
Das schimmernde Fell dieses Pferds und sein schlanker Körper sind typisch für die Rasse.

▮ RECHTS
Achal-Tekkiner sind ausgesprochen vielseitige Reitpferde; dank ihres legendären Durchhaltevermögens eignen sie sich hervorragend für Distanzritte.

▮ UNTEN RECHTS
Obwohl die Rasse aus einer Wüstenregion stammt, paßt sie sich ausgezeichnet an die weniger extremen Umweltbedingungen Westeuropas an.

RASSENMERKMALE

Stockmaß: 153–157 cm.

Farbe: Braune, Füchse und Falben, oft mit auffallendem goldenen Schimmer; daneben auch Schimmel und Rappen.

Exterieur: Sehr feiner Kopf mit weiten Nüstern, ausdrucksvollen Augen und langen, schön geformten Ohren; langer, gerader, oft dünner Hals, der hoch an der Schulter ansetzt; schräge Schulter mit hohem Widerrist; langer, häufig schwacher Rücken, flacher Brustkorb und schmale Lenden, denen es an Muskeln fehlt; schmale Hinterhand mit muskulöser Kruppe und langen muskulösen Oberschenkeln; kräftige, gerade Vorderbeine mit langem Unterarm und lange, kuhhessige, oft sichelförmige Hinterbeine; kleine, aber harte Hufe; Mähne und Schweif spärlich; Haut dünn.

Angesichts extremer klimatischer Bedingungen – sengende Hitze während des Tages und empfindliche Kälte während der Nacht – hat sich der Achal-Tekkiner zu einem zähen, schlanken Pferd entwickelt, dessen körperliche Mängel durch seine schnellen Gänge, seine Ausdauer und seine enorme Widerstandkraft ausgeglichen werden. Letztere half ihm, viele Jahrhunderte lang unter härtesten Bedingungen zu überleben. Die Turkmenen hielten ihre Pferde nämlich nicht in Ställen, sondern pflockten draußen an und hüllten sie in Filzdecken, die lediglich den Kopf freiließen. Als Futter erhielten die Pferde geringe Mengen getrockneter Luzerne, Gerste und etwas Hammelfett. Fohlen wurden schon sehr früh entwöhnt und bereits als Jährlinge in Rennen eingesetzt.

WISSENSWERTES

Dem Achal-Tekkiner wurde eine besondere Bindung zu seinem Reiter nachgesagt. Dies überrascht nicht, wenn das, was man sich über turkmenische Trainingsmethoden erzählt, wahr ist. Danach hielt man ein junges Pferd ganz allein in einer Grube oder einem Pferch und bewarf es mit Steinen. Lediglich der Besitzer war freundlich zu dem Tier und fütterte es. So lernte das Pferd, nur einem Menschen zu vertrauen und alle anderen zu fürchten.

Inzwischen werden Achal-Tekkiner jedoch ganz anders gehalten – tagsüber auf der Weide, nachts im Stall. Rennen laufen sie heute erst im Alter von zwei oder drei Jahren, wie dies auch im Vollblutrennsport üblich ist. Der athletische, temperamentvolle Achal-Tekkiner ist jedoch sehr vielseitig. Er kann auch als Spring- und Dressurpferd eingesetzt werden und eignet sich aufgrund seines phänomenalen Durchhaltevermögens ideal für den Distanzreitsport, da er große Entfernungen bei Hitze und Kälte zurücklegen kann und dabei mit einem Minimum an Futter auskommt. Einer der spektakulärsten Distanzritte fand 1935 statt, als Achal-Tekkiner die 4152 km lange Strecke zwischen Ashkabad und Moskau in 84 Tagen zurücklegten, wobei sie auch die Karakum-Wüste durchqueren mußten.

Furioso

Die Ungarn genießen seit langem weltweit den Ruf, gute Pferdezüchter und ausgezeichnete Reiter zu sein. Das 1784 von Kaiser Joseph II. in Mezöhegyes gegründete Gestüt zählte daher bald zu den großen Zuchtzentren Europas. Eine der wichtigsten Rassen, die dort entstanden, war der Furioso – eine Kreuzung zwischen Vollbluthengsten und in Ungarn gezogenen Stuten, die den Namen des 1841 vom Gestüt erworbenen englischen Vollbluthengstes Furioso trägt.

Außer ihm wirkte noch ein zweites englisches Pferd, der in den 1850er Jahren nach Ungarn importierte Hengst North Star, prägend auf den Furioso. Beide Blutslinien dienten dem Gestüt Mezöhegyes dazu, hochwertige Kutschpferde sowie gute, schwere Reitpferde zu züchten.

Dabei erwies sich North Star als ausgesprochen erfolgreicher Erzeuger von Halbblütern. Er selbst stammte von berühmten Rennpferden ab. Zu seinen Ahnen zählte unter anderem der Derby-Gewinner des Jahres 1793, Waxy, ein Enkel des legendären Rennpferds Eclipse. Die Tatsache, daß North Stars Nachkommen sich besonders als Traber hervortaten, läßt sich dadurch erklären, daß er Norfolk-Roadster-Blut in sich hatte.

Gegen Ende des 19. Jahrhunderts kreuzte man schließlich die North-Star- und die Furioso-Linie miteinander. Seitdem dominiert das Furioso-Blut.

RASSENMERKMALE

Stockmaß: 160–165 cm.

Farbe: Alle Grundfarben.

Exterieur: Feiner Kopf (ein Andenken an seine Vollblutvorfahren); schräge Schulter; starker Rücken; kräftige Beine und große Hufe.

WISSENSWERTES

Die Czikos, die ungarischen Pferdehirten, sind bekannt für ihre Reitkünste. Ihre atemberaubenden Vorführungen, bei denen sie oft Furiosos reiten, sind weltberühmt.

OBEN
Der heutige Furioso ist ein hochwertiges und vielseitig verwendbares Reitpferd. Er ist jedoch schwerer gebaut als seine Vollblutvorfahren.

LINKS
Auf den weiten Ebenen Ungarns wurden schon immer große Pferdeherden aufgezogen.

Nonius

Wie der Furioso entstand auch der schwerer gebaute Nonius auf dem von Kaiser Joseph II. gegründeten Gestüt Mezöhegyes. Die Rasse geht zurück auf einen keineswegs schönen oder gut gebauten Anglonormannen namens Nonius Senior. Er war der

RASSENMERKMALE

Stockmaß: Großer Typ: über 160 cm; kleiner Typ: unter 160 cm.

Farbe: Meist Braune, bisweilen Rappen, Schwarzbraune und Füchse.

Exterieur: Hübscher Kopf mit ehrlichem Ausdruck; schräge Schulter; breiter, kräftiger Rücken; kraftvolle Kruppe; solide Beine.

Sohn einer Normannenstute und eines englischen Halbbluthengstes mit Norfolk-Roadster-Blut, kam 1810 zur Welt, wurde 1814 von den Österreichern in Zweibrücken beschlagnahmt und 1816 nach Mezöhegyes gebracht, wo er sich als enorm erfolgreicher Deckhengst erwies. Während der 16 Jahre, die Nonius auf dem Gestüt verbrachte, deckte er Stuten verschiedenster Rassen und zeugte dabei viele Nachkommen von guter Qualität. Die besten Stuten wurden erneut mit ihm gekreuzt, so daß ein besonderer Pferdetyp, der Nonius, entstand.

Während der 1860er Jahre wurde der Nonius mit Vollblutpferden gekreuzt. Eine Zuchtpolitik, die zu zwei unterschiedlichen Nonius-Typen führte: einem großen, als Kutschpferd und für leichte Landarbeit geeigneten Typ sowie einem kleineren, feiner gebauten Typ, der sich auch als Reitpferd verwenden ließ.

Als Arbeitspferde in der Landwirtschaft immer weniger gebraucht wurden, setzte man den größeren Pferdetyp vorwiegend im Fahrsport ein, einer Disziplin, in der sich die Ungarn seit langem hervortun. Beide Nonius-Typen zeichnen sich durch lebhafte Gänge, aber ein ruhiges und fügsames Wesen aus.

UNTEN
Der Kopf ist zwar nicht sonderlich edel, bringt aber das freundliche und fügsame Wesen der Rasse zum Ausdruck.

UNTEN
An der Entstehung des Nonius waren Vollblutpferde, Normannen und Norfolk Roadster beteiligt. Heute sind die kräftig gebauten Tiere gute, vielseitig verwendbare Reit- und Wagenpferde.

WISSENSWERTES

Es gibt zwei verschiedene Arten von Pferdegeschirr. Diese Pferde tragen Brustblattgeschirre. Schwere Lasten werden jedoch mit Kummetgeschirren gezogen, die den Pferden erlauben, die volle Kraft ihrer Schultern einzusetzen.

Ungarisches Halbblut

Die Ungarn setzten ihre erfolgreiche Tradition in der Pferdezucht fort, indem sie in den 1960er Jahren damit begannen, Freizeit- und Sportpferde zu züchten, die den modernen Anforderungen entsprachen. Sie importierten hierzu Hannoveraner und Holsteiner, um sie mit dem Furioso und dem Gidran zu kreuzen. Der Gidran – in jeglicher Hinsicht der ungarische Anglo-Araber – kann zurückverfolgt werden bis zu einem Araberhengst namens Gidran, der 1816 nach Ungarn eingeführt wurde und dessen Sohn, Gidran II., zum Begründer der gleichnamigen Rasse wurde.

Das Ungarische Halbblut entstand in Ungarns bedeutendsten Gestüten, dem alt-ehrwürdigen Gestüt Mezöhegyes, im Gestüt Kisber, das den Namen eines ungarischen Pferds trägt, und im Gestüt

RASSENMERKMALE

Stockmaß: 155–163 cm.

Farbe: Alle Grundfarben.

Exterieur: Unterschiedlich, meist aber wohlproportioniert mit guter, schräger Schulter und starker Hinterhand.

OBEN LINKS
Das Ungarische Halbblut ist intelligent und lebhaft. In seinen Adern fließt das Blut von Arabern, Vollblütern, Hannoveranern, Holsteinern und ungarischen Pferderassen.

LINKS
Die Rasse wurde gezüchtet, um den Bedarf nach einem modernen, leistungsfähigen Turnierpferd zu befriedigen. Wichtige Zuchtkriterien waren ein gut gebauter Körper und kräftige, gesunde Beine und Hufe.

WISSENSWERTES

Ungarische Halbblutpferde sind lebhafte Tiere, die sich für eine Vielzahl von Aktivitäten eignen. Das beweist auch diese waghalsige Darbietung eines Kunstreiters.

LINKS
Schnelligkeit, Durchhaltevermögen und eine raumgreifende Aktion machen das Ungarische Halbblut zu einem passenden Partner für harte Vielseitigkeitsprüfungen (Military).

UNTEN
Ungarische Halbblutpferde haben ihre bislang größten sportlichen Erfolge in internationalen Fahrturnieren für Vierspänner errungen. Sie werden für diesen Zweck in zahlreiche Länder der Erde exportiert.

von Kecskemet, das bekannt ist für seine gemischt-rassigen, von Lipizzanern und Trabern abstammenden Wagenpferde.

Zunächst verwendete man Stuten unterschiedlicher Herkunft. Später aber wurden zunächst Vollblutpferde, dann noch mehr Araber eingekreuzt – eine Zuchtstrategie, die zum Entstehen eines hochwertigen Pferdes mit gutem Galopp führte.

Vierspänner mit Ungarischen Halbblutpferden haben in der Vergangenheit bei internationalen Fahrturnieren außerordentlich erfolgreich abgeschnitten – und dies nicht nur unter der Führung der schneidigen und geschickten Fahrer aus Ungarn, sondern auch für eine Anzahl anderer europäischer Nationen, allen voran Schweiz und England.

Shagya-Araber

Der Shagya ist eine in Ungarn gezüchtete Variante des Arabers, die auf einen Araberhengst gleichen Namens zurückgeht. Shagya wurde 1830 in Syrien geboren und kam sechs Jahre später nach Ungarn auf das Gestüt Babolna. Dort ließ man ihn hochwertige Stuten decken, die trotz ihrer gemischten Herkunft (zu ihren Vorfahren zählten Vollblüter, Araber, ungarische und spanische Rassen) ein typisch „orientalisches" Aussehen hatten. Durch gezielte Inzucht unter den Nachkommen von Shagya entstand schließlich der charakteristische Typ des heutigen Shagya-Arabers, der mit seinem schönen Kopf, seinem kurzen Rücken und dem hochangesetzten Schweif dem

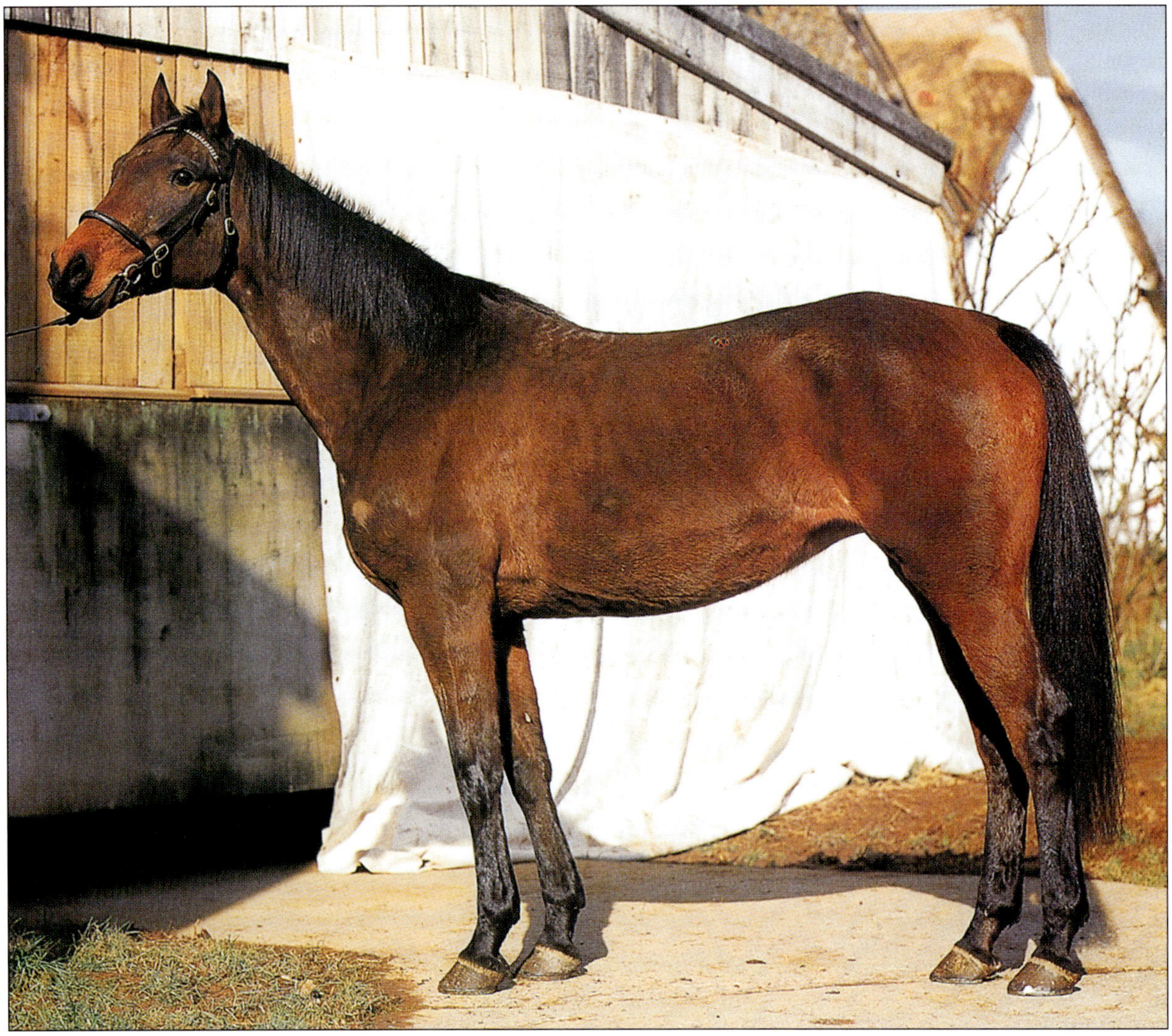

OBEN LINKS
Der edle Kopf mit seinen weit auseinanderliegenden, großen Augen, dem konkaven Profil und den großen Nüstern ist typisch für den Shagya-Araber.

LINKS
Der Shagya-Araber besitzt einen kräftiger gebauten Körper als der reinrassige Araber, ist diesem in der Gestalt aber sehr ähnlich.

WISSENSWERTES

Die Pferdezucht hat in Ungarn eine längere Tradition als in den meisten anderen Ländern der Erde. Das erste Gestüt, über das es Aufzeichnungen gibt, wurde nämlich bereits vor mehr als 1000 Jahren von Prinz Arpad gegründet. Mitte des 18. Jahrhunderts befand sich die ungarische Pferdezucht allerdings in einer Krise. Daß diese überwunden wurde, ist in nicht geringem Maß Kaiser Joseph II. zu verdanken, der die Tierärztliche Hochschule in Budapest sowie 1785 auch das berühmte Gestüt Mezöhegyes und 1789 das Gestüt Babolna, die Heimat des Shagya-Arabers, gründete. Durch ihn erlebten ungarische Pferde im 19. Jahrhundert ein glanzvolles Comeback.

RASSENMERKMALE

Stockmaß: 145–156 cm.

Farbe: Meist Schimmel, obwohl auch alle anderen Araberfarben auftreten können.

Exterieur: Edler Kopf mit konkavem Profil, einem kleinen Maul und großen Augen; eleganter, gebogener Hals; schräge Schultern; kurzer Rücken mit starken Lenden, einer geraden Kruppe und einem hochangesetzten Schweif; gut geformte, kräftige Beine.

reinrassigen Araber stark ähnelt, dabei aber deutlich größer und kräftiger gebaut ist als dieser (Shagya, der Rassenbegründer, war mit einer Höhe von 154 cm ebenfalls größer als der damals durchschnittliche Araber). Die eleganten, aber zähen Shagya-Araber wurden als Reitpferde gezüchtet und waren in früheren Zeiten besonders als Kavalleriepferde beliebt. Heute zieht man sie als Freizeitpferde und exportiert sie als solche auch ins Ausland.

OBEN
Stuten mit ihren Fohlen im ungarischen Gestüt Babolna, der Heimat des Shagya-Arabers. Babolna wurde vor über 200 Jahren durch ein königliches Dekret gegründet.

UNTEN
Beim Shagya-Araber treten zwar alle Farben des Arabers auf, es überwiegen jedoch die Schimmel. Shagya-Araber sind oft ein wenig größer als ihre reinrassigen Verwandten.

Morgan

Das amerikanische Morgan Horse geht zurück auf einen einzigen Hengst namens Justin Morgan, der trotz seiner ungewöhnlich geringen Körpergröße – sein Stockmaß betrug nur 142 cm – weder bei Zugwettbewerben noch bei Rennen unter dem Sattel oder im Geschirr jemals geschlagen wurde.

Justin Morgan kam wahrscheinlich 1789 zur Welt und hieß Figure, bis man ihm den Namen seines ersten bekannten Eigentümers gab. Dieser, Thomas Justin Morgan, stammte aus Vermont und kam aus bäuerlichen Verhältnissen, betätigte sich jedoch auch als Musiklehrer und Komponist von Kirchenmusik. Über die Abstammung des Morgan gibt es nur Vermutungen. Danach sollen sich unter seinen Ahnen Araber, Welsh-Cobs, niederländische Pferde und Vollblüter befunden haben. Sicher ist, daß Justin Morgan trotz seines geringen Gewichts – er wog nicht mehr als 380 kg – ein bemerkenswert starkes Pferd war. Er zog sowohl Kutschen als auch Pflüge und half beim Roden von Wäldern. Bei Wettbewerben im Holzschleifen trat er gegen Pferde an, die fast die Hälfte mehr wogen als er, blieb aber stets ungeschlagen. Außerdem war Justin Morgan ein wundervoller Vererber, der all seine bemerkenswerten Eigenschaften – Kraft, Ausdauer, Schnelligkeit und, nicht zuletzt, sein sanftes Wesen – an seine Nachkommen weitergab. Drei seiner Söhne hatten einen prägenden Einfluß auf die neu entstehende Rasse: Sherman Morgan (geboren 1808), Woodbury Morgan (geboren 1816) und Bulrush Morgan (geboren 1812). Die Sherman-Linie war bekannt für ihre ausgezeichneten Kutschpferde und beeinflußte auch die Entwicklung anderer amerikanischer Rassen wie Quarter Horse, Saddlebred, Standardbred und Tennessee Walker. Woodbury Morgans Nachkommen waren sehr gefragt als Reit- und Paradepferde,

LINKS
Der Morgan besitzt einen ausdrucksvollen Kopf mit großen, leuchtenden Augen, weiten Nüstern und gutgeformten, weit auseinanderstehenden Ohren. Bei Stuten sind die Ohren etwas länger als bei den Hengsten.

LINKS
Die Oberlinie des Morgan ist sehr charakteristisch. Beinahe hat man den Eindruck, der Hals säße auf dem Widerrist.

RASSENMERKMALE

Stockmaß: 143–154 cm (auch darüber oder darunter).

Farbe: Braune, Dunkelbraune, Rappen und Füchse. Weiße Abzeichen sind nur am Kopf sowie unterhalb der Karpal- und Sprunggelenke zugelassen.

Exterieur: Ausdrucksvoller Kopf mit breiter Stirn, großen Augen und kurzen Ohren; leicht gewölbter Hals; schräge Schulter mit deutlich ausgebildetem Widerrist; kompakter, tiefer Rumpf mit kurzem Rücken, breiten Lenden und tiefen Flanken; muskulöse Hinterhand mit hochangesetztem Schweif; gutgeformte Gliedmaßen mit kurzem Röhrbein und langen, schrägen Fesseln, die für elastische Gänge sorgen; gutgeformte, harte Hufe; Mähne und Schweif dicht und weich.

während die Bulrush Morgans sich durch einen schnellen Trab auszeichneten.

Wie viele andere Pferderassen wurde auch der Morgan durch die zunehmende Verbreitung moderner Transportmittel in seiner Existanz bedroht. Dank des Engagements des 1909 gegründeten Morgan Horse Clubs überlebte die Rasse jedoch und wird heute sowohl in den Vereinigten Staaten als auch in Kanada, Großbritannien, Australien, Spanien, Neuseeland, Deutschland, Italien und Schweden gezüchtet. Morgans sind sehr vielseitig einsetzbar und eignen sich sowohl als Freizeit- und Wanderreitpferde als auch für sportliche Aktivitäten, wie Dressur, Spring- und Jagdreiten. Sie sind außerdem gute Kutschpferde.

WISSENSWERTES

Ein Morgan namens Comanche, das Reitpferd von Hauptmann Myles Keogh, war der einzig Überlebende auf der Seite der Weißen in der Schlacht am Little Big Horn im Jahr 1876. Das Tier erreichte das hohe Alter von 29 Jahren.

OBEN
Der vielseitige Morgan geht unter dem Sattel genauso gut wie im Geschirr.

LINKS
Morgans können gut das Gewicht eines Erwachsenen tragen. Ihre Aktion ist gerade und elastisch.

Quarter Horse

Die Ursprünge des Quarter Horse liegen im 17. Jahrhundert in Nordamerika. Damals kreuzten die Siedler Neuenglands Nachkommen von Pferden, die mit den spanischen Eroberern auf den amerikanischen Kontinent gelangt waren, mit den von ihnen importierten Pferderassen. Dabei entstanden zähe, stämmige, vielseitig verwendbare Arbeitspferde, die sich auch als Reit- und Kutschpferde eigneten. Die neue Pferderasse wurde bald unentbehrlich – insbesondere für die Siedler, die weiter nach Westen zogen. Sie benötigten verläßliche und zugleich furchtlose Reittiere mit athletischem Körperbau, um ihre großen Rinderherden zu beaufsichtigen und zusammenzutreiben. Schon bald entwickelten diese Pferde einen untrüglichen Instinkt für die Herdentiere (*cow sense*), der ihnen half, die Bewegungen eines Bullen vorauszuahnen und blitzschnell darauf zu reagieren.

Mit wachsendem Enthusiasmus ließen die englischen Siedler diese Pferde auch an Rennen teilnehmen, die über die Distanz von einer Viertelmeile (*a quarter of a mile*) ausgetragen wurden – daher auch der Name „Quarter Horse".

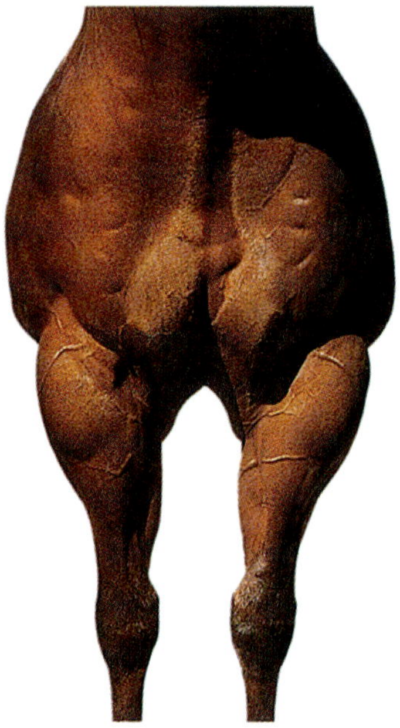

OBEN LINKS
Der Kopf des Quarter Horse ist kurz und breit und hat große, intelligente Augen, Ohren mit lebhaftem Spiel und ein kleines Maul.

OBEN RECHTS
Die Brust ist breit und tief; die ausgesprochen stark bemuskelten Vorderbeine stehen weit auseinander.

RECHTS
Die Rasse ist bekannt für ihren kurzen, kräftigen Rücken und ihre gute Brusttiefe. Die sehr muskulöse Hinterhand mit ihren starken, tief angesetzten Sprunggelenken und kurzen Röhrbeinen verleiht dem Pferd eine enorme Sprintfähigkeit.

RASSENMERKMALE

Stockmaß: 145–163 cm.

Farbe: Alle Grundfarben.

Exterieur: Kurzer, breiter Kopf mit kleinem Maul, großen, weit auseinanderliegenden, intelligenten Augen und mittellangen, aufmerksamen Ohren; ziemlich langer, biegsamer Hals; schräge Schulter und gutausgebildeter Widerrist; kompakter Rumpf mit breiter, tiefer Brust, guter Sattellage und langer, leicht abfallender Kruppe; gutgeformte Gliedmaßen mit kurzen Röhrbeinen, breiten, flachen, tiefsitzenden Sprunggelenken, muskulösen Ober- und Unterschenkeln und mittellangen Fesseln.

Das Quarter Horse entwickelte eine enorm kräftige Hinterhand, die es dem Pferd ermöglicht, aus dem Stand anzugaloppieren und auf kurzen Strecken hohe Geschwindigkeiten zu erreichen. Mit der Zeit setzten sich jedoch die Vollblüter im Rennsport durch, so daß das Interesse an Quarter-Horse-Rennen allmählich nachließ.

Später verlor das Quarter Horse aufgrund des technischen Fortschritts auch in der Landwirtschaft an Bedeutung. So wandelte es sich zum Freizeitpferd – ein Schicksal, das es mit vielen anderen Pferderassen dieser Welt teilt.

Heute wird das Quarter Horse bei Rodeos, Reitwettbewerben im Westernstil, aber auch wieder bei Kurzstreckenrennen eingesetzt. Letztere werden immer beliebter, finden inzwischen auf richtigen Rennbahnen statt und bringen den jeweiligen Siegern stattliche Summen ein.

WISSENSWERTES

Die American Quarter Horse Association wurde 1940 gegründet. Mit nahezu drei Millionen registrierten Pferden ist sie der größte Zuchtverband der Erde.

OBEN
Quarter Horses haben einen „cow sense", der ihnen ermöglicht, die Bewegungen eines Bullen vorauszusehen.

UNTEN LINKS
Das Quarter Horse ist das ideale Pferd für die traditionelle Western-Reitweise.

UNTEN RECHTS
Die Rasse wird wegen ihres sanften, angenehmen Charakters geschätzt und findet daher vielfältige Verwendung.

Saddlebred

RASSENMERKMALE

Stockmaß: Der Durchschnitt liegt bei 155 cm, bei einigen Pferden weit darüber.

Farbe: Meist Füchse, Braune, Schwarzbraune, Rappen oder Schimmel; darüber hinaus gibt es auch Isabellen und Schecken.

Exterieur: Wohlgeformter Kopf mit großen Augen, kleinen Ohren und weiten Nüstern; langer, gebogener Hals; schräge Schulter mit stark ausgeprägtem Widerrist; kurzer, kräftiger Rücken; muskulöse Hinterhand mit flacher Kruppe und hoch angesetztem Schweif; lange, schräge Fesseln, harte Hufe.

Das elegante American Saddlebred (einst bekannt als Kentucky Saddler) wurde im frühen 19. Jahrhundert im Süden der Vereinigten Staaten gezüchtet. Dort kreuzten die Plantagenbesitzer zahlreiche verschiedene Pferderassen miteinander, darunter auch Vollblut und Narragansett Pacer (ein schnelles Gangpferd von Rhode Island), um ihren Bedarf an hochwertigen Gebrauchspferden zu decken. Das Ergebnis war ein schönes, als Kutsch- und Reitpferd gleichermaßen geeignetes Tier, das sich durch einen für den Reiter besonders bequemen Gang auszeichnet. 1891 gründen führende Züchter die American Saddle Horse Breeders' Association, die ein entsprechendes Zuchtbuch einführte.

Das American Saddlebred besitzt ein äußerst liebenswertes Wesen, Intelligenz und gute Grundgangarten. Es kann sehr vielseitig, so z. B. auch zum Rinderhüten, eingesetzt werden und hat die Umstellung vom Arbeits- zum Freizeitpferd ohne besondere Schwierigkeiten überstanden. Heute sind Saddlebreds häufig bei Schauvorführungen zu sehen, wo sie

OBEN
Der feine Kopf des American Saddlebred zeugt von „Adel" und Intelligenz. Der Hals ist stets lang und elegant gewölbt.

LINKS
Die Oberlinie des Saddlebred ist sehr charakteristisch: Die Kruppe ist lang und flach, der Rücken kurz und der wohlgeformte Widerrist höher als bei den meisten anderen leichten Pferderassen.

LINKS
Die langen schrägen Fesseln verleihen dem Pferd den angenehm leichten, schwebenden Gang, für den die Rasse berühmt ist.

UNTEN
Saddlebreds sind nicht nur beliebte Reit-, sondern auch ausgezeichnete Fahrpferde. Die Stellung des Schweifs wird in Amerika durch einen operativen Eingriff künstlich verändert und durch Hochbinden so erhalten.

sowohl als Reit- als auch als Fahrpferde präsentiert werden.

Man unterscheidet zwischen „Drei"- und „Fünfgängern". Erstere werden vorgeführt im Schritt, Trab und leichten Galopp. Der Schritt ist federnd, der Trab stark betont und der leichte Galopp („Kanter") langsam, geschmeidig und rhythmisch. Fünfgänger beherrschen noch zwei weitere Gänge: den „slow gait" und den „rack". Der „slow gait" ist ein langsamer, versammelter Viertakt mit hoher Aktion, der „rack" ein schneller, spritziger Viertakt.

Um die Vorführungen der Saddlebreds noch spektakulärer zu gestalten, läßt man ihre Hufe unnatürlich lang wachsen, weil hierdurch die Gänge noch stärker akzentuiert werden. Manche Züchter des American Saddlebred sorgen sogar durch einen operativen Eingriff dafür, daß das Tier den Schweif unnatürlich hoch trägt.

Abseits von den Turnierplätzen, in seinem schönen, ursprünglichen Zustand, ist der American Saddlebred ein ausgezeichnetes Allround-Reitpferd – leicht zu trainieren, schnell, sehr ausdauernd und dazu noch springfreudig.

WISSENSWERTES

Die Hufe der Saddlebreds sind wohlgeformt. Man läßt sie jedoch unnatürlich lang wachsen und beschlägt sie mit Gewichteisen. So wirken die Gänge des Pferdes noch spektakulärer.

Missouri Foxtrotter

Das Missouri Fox Trotting Horse entstand bereits im frühen 19. Jahrhundert. Ein Stutbuch dieser Rasse gibt es aber erst seit 1948. Gezüchtet wurde der Missouri Foxtrotter von Siedlern, die von Kentucky, Tennessee und Virginia aus über den Mississippi westwärts zogen und sich auf dem Ozark-Plateau niederließen. Sie führten Pferde unterschiedlicher Rassen mit sich und kreuzten diese, weil sie ein für ihre neue Heimat geeignetes Reitpferd brauchten.

Gewünscht wurde ein ausdauerndes Tier. Ein solches Pferd war vor allem für diejenigen wichtig, die von Berufs wegen viel unterwegs waren, wie Ärzte, Sheriffs oder Viehzüchter. Das Ergebnis der Züchtung war ein Reittier mit einem besonderen, fast „schwebenden" Gang, dem sogenannten Foxtrott, bei dem der Reiter kaum Erschütterungen spürt. Der Foxtrott kommt dadurch zustande, daß das Pferd mit den Vorderbeinen

RASSENMERKMALE

Stockmaß: 145–160 cm.

Farbe: Alle Farben; am häufigsten jedoch Füchse in verschiedenen Schattierungen.

Exterieur: Intelligenter Kopf mit wohlgeformten Ohren, großen Augen und einem feinen Maul; anmutiger Hals; schräge, muskulöse Schulter; tiefer, kräftiger Rumpf mit tiefer, voller Brust und kurzem, kräftigem Rücken; starke, muskulöse Gliedmaßen; harte, wohlgeformte Hufe.

OBEN
Ein hübscher, intelligenter Kopf mit leuchtenden Augen und schön geformten Ohren ist typisch für den Missouri Foxtrotter.

RECHTS
Die Gesamterscheinung ist recht kompakt, denn der Rumpf des Pferdes ist tief und der Rücken kurz. Die schrägen Schultern sind typisch für ein gutes Reitpferd.

LINKS
Die für den Reiter außerordentlich angenehme „schwebende" Gangart des Foxtrotters kommt durch die ungewöhnliche, gleitende Bewegung der Hinterbeine zustande, durch die Erschütterungen beim Auftreten weitgehend vermieden werden.

WISSENSWERTES

Beim Foxtrott berühren die Hinterhufe die Spuren der Vorderhufe. Das Pferd sollte sich versammelt, lebhaft, rhythmisch und mit Anmut bewegen. Der Schweif ist leicht angehoben und bewegt sich im Rhythmus der Gangart auf und ab. Der „flat-foot walk" sollte ebenfalls lebhaft und stilvoll sein. Es ist ein Viertakt, bei dem die Hinterhand gut untersetzt. Der typische Kanter des Foxtrotters ist versammelt. Kopf und Schweif sind dabei leicht erhoben.

im Schritt geht, während es mit den Hinterbeinen trabt. Diese gleitende, für den Reiter sehr bequeme Gangart kann das Pferd über lange Strecken durchhalten, ohne zu ermüden.

Die Fähigkeit zum Foxtrott wird vererbt, kann aber durch Training weiter ausgebildet werden. Die Gesamtqualität des Foxtrotters wurde über die Jahre durch Einkreuzung von Saddlebred- und Tennessee-Walker-Blut noch verbessert, so daß sich die Rasse inzwischen durch einen kompakten, muskulösen Körperbau und große Trittsicherheit auszeichnet.

Wie andere Pferderassen ist der Missouri Foxtrotter heute ein Freizeitpferd. Er eignet sich besonders für Distanzritte, wird aber auch bei Schauwettbewerben geritten. Hierbei beurteilt man die Pferde in der Regel nach ihrem Foxtrott, ihrem „flat-foot walk" (einem Viertakt, bei dem die Hinterhand gut untersetzt), ihrem Kanter und ihrem Körperbau.

UNTEN LINKS
Der einst als Transportmittel gezüchtete Foxtrotter ist heute ein modernes Freizeitpferd mit großer Trittsicherheit.

UNTEN
Im Gegensatz zum Saddlebred und dem Tennessee Walker wird der Missouri Fox Trotter mit normalen Hufen vorgeführt. Gewichteisen oder ein künstlich hochgestellter Schweif sind unzulässig.

Tennessee Walker

LINKS
Der Tennessee Walker wird gewöhnlich mit einem trensenlosen Hackamore geritten, das lange Anzüge besitzt. Der Zügel wird dabei mit lockerer Hand und geknicktem Handgelenk gehalten.

UNTEN
Der Tennessee Walker hat das Vermögen des Standardbred und den Stil des Saddlebred geerbt.

Der Tennessee Walker geht zurück auf den Narragansett Pacer und wurde wie das Saddlebred und der Missouri Foxtrotter zu einem ausgesprochen angenehmen Reitpferd herangezüchtet. Das ursprünglich als Southern Plantation Walking Horse oder Tennessee Pacer bekannte Pferd verfügt über Gänge, die bei anderen Pferderassen nicht zu finden sind, und war bei den Plantagenbesitzern der Südstaaten früher äußerst beliebt.

Der Gründerhengst der Rasse war ein Standardbred namens Black Allen, der väterlicherseits von einer Traberlinie, mütterlicherseits aber vom Morgan Horse abstammte. Er kam 1903 nach Tennessee und wurde dort mit den Tennessee Pacern der damaligen Zeit gekreuzt. Bei den Nachkommen handelte es sich um Vorläufer des modernen Walking Horse, aus denen sich dann durch die Einkreuzung von Saddlebred qualitätvollere und feinere Pferde entwickelten. Am einflußreichsten war hierbei ein Saddlebred-Deckhengst namens Giovanni, der 1914 aus Kentucky eingeführt wurde. Der heutige Tennessee Walker, den man wohl als kräftigere Version des Saddlebred bezeich-

RASSENMERKMALE

Stockmaß: Durchschnittlich 154 cm.

Farbe: Alle; Rappen und andere Grundfarben sind am beliebtesten.

Exterieur: Intelligenter, aber ziemlich schlichter Kopf; starker, gebogener Hals; schräge Schulter; kräftiger Rumpf mit breiter Brust; starke Hinterhand; kräftige, harte Gliedmaßen.

nen kann, ist eine Mischung aus Vollblut, Standardbred, Morgan und Saddlebred.

Die Tennessee Walking Horse Breeders' Association wurde bereits 1935 in Lewisburg (Tennessee) gegründet, der Tennessee Walker aber erst 1947 als Rasse anerkannt.

Walking Horses sind gute, vielseitige Reitpferde, die sich wegen ihres freundlichen Wesens besonders für Anfänger eignen und sich auch als Showpferde großer Beliebtheit erfreuen.

LINKS
Die einzigartigen Gänge der Rasse sind ererbt. Junge Fohlen beherrschen sie schon ebenso mühelos wie ältere Pferde. Man verstärkt sie jedoch durch künstliche Hilfen, die an den Vorderbeinen der Pferde angebracht werden.

LINKS AUSSEN
Eine eindrucksvolle Trophäensammlung. Der Tennessee Walker ist auf amerikanischen Schauveranstaltungen stets eine beliebte Attraktion.

UNTEN
Überlange Vorderhufe sorgen bei Showpferden für eine übertriebene Körperhaltung. Der Reiter sitzt hinter der normalen Sattellage, dort, wo der Pferderücken am schwächsten ist.

WISSENSWERTES

Die für das Tennessee Walking Horse typischen Gänge – der „flat-foot walk", der „running walk" und der leichte Galopp – sind ererbt. Man kann sie bereits bei jungen Fohlen beobachten. Der „flat-foot walk" und der „running walk" sind lockere Viertakte mit hoher Knieaktion, aber unterschiedlicher Geschwindigkeit. Das Pferd nickt im Rhythmus seiner sich auf und ab bewegenden Hufe, und die Hinterbeine treten weit über. Der „flat-foot walk" sollte locker, schwungvoll und raumgreifend mit viel Schulterbewegung ausgeführt werden. Der leichte Galopp zeichnet sich durch eine charakteristische Schaukelbewegung aus.

Mustang

LINKS
Den hübschen Kopf und die lange, seidige Mähne hat dieser Mustang zweifellos von seinen spanischen Vorfahren geerbt.

RASSENMERKMALE
Stockmaß: 134–152 cm.
Farbe: Alle.
Exterieur: Große Variationsbreite. Die ursprünglich vorhandenen spanischen Pferde vermischten sich zunehmend mit den recht unterschiedlichen Pferden der Siedler, die entliefen oder freigelassen wurden und sich dann den Wildherden anschlossen. Die besten Mustangs sind stämmig gebaut und besitzen starke Gliedmaßen und harte Hufe.

Mustangs, die „Wildpferde" Nordamerikas, stammen von spanischen Pferden ab, die mit den Konquistadoren im 16. Jahrhundert in die Neue Welt kamen. Die nordamerikanischen Indianerstämme lernten Pferde erst kennen, als die Spanier von Mexiko aus nach Norden, in das heutige Texas vordrangen. Zunächst töteten und verspeisten sie die Tiere, die sie den Siedlern entwendeten. Dann erkannten die Indianer jedoch, wie nützlich Pferde sein konnten, und lernten mit ihnen umzugehen.

Bereits in der zweiten Hälfte des 17. Jahrhunderts gab es Indianerstämme, die bei ihren Angriffen auf die Neuankömmlinge spanische Pferde ritten. Das Verbreitungsgebiet des Pferdes dehnte sich stetig weiter nach Norden aus, als immer mehr Tiere durch Handel oder auch Diebstahl in den Besitz der Ureinwohner wechselten. Viele Pferde entliefen auch während bewaffneter Konflikte zwischen Indianern und Spaniern, andere Pferde wurden freigelassen oder brachen aus und liefen einfach ihren Besitzern davon.

Diese Tiere vermehrten sich aufgrund der für sie günstigen Umweltbedingungen so stark, daß bereits gegen Ende des 18. bzw. Anfang des 19. Jahrhunderts große Herden von „Wildpferden" über die Grassteppen des Mittleren Westens zogen. Manche schätzen, daß es damals etwa zwei Millionen wildlebende Pferde in Nordamerika gab.

Das friedliche Leben dieser sogenannten Mustangs war vorbei, als die Zivilisation weiter nach Westen vordrang. Viele Pferde wurden getötet, andere zusammengetrieben, als Zugtiere benutzt oder sogar zu Zuchtzwecken verwendet. Im 20. Jahr-

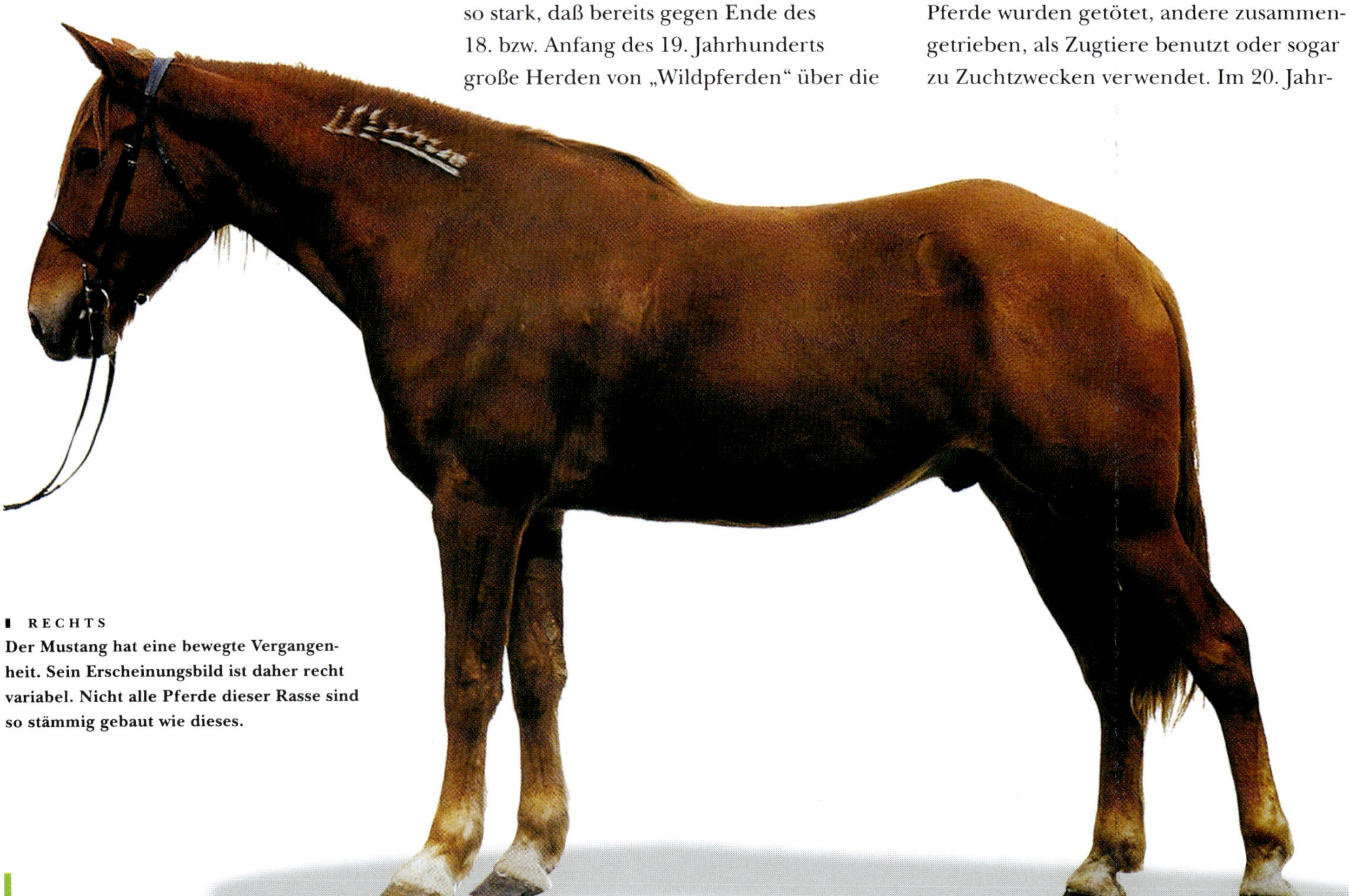

RECHTS
Der Mustang hat eine bewegte Vergangenheit. Sein Erscheinungsbild ist daher recht variabel. Nicht alle Pferde dieser Rasse sind so stämmig gebaut wie dieses.

LINKS
Durch das Leben in der Wildnis entstand ein zäher, widerstandsfähiger Pferdetyp.

WISSENSWERTES

Das Wort „Mustang" kommt wahrscheinlich vom spanischen *mesteno*, das wiederum von *mesta* abgeleitet wurde. Im Spanien des 13. Jahrhunderts waren *mestas* Schafzüchter, die sich zusammengetan hatten. *Mestenos* („Eigentum der *mesta*") waren entlaufene Schafe. Einige Etymologen glauben aber, daß Mustang von *mestengo* abgeleitet wurde, einer späteren Form von *mostrenco*. *Mostrencos* aber waren verirrte Schafe, die man öffentlich vorführte, damit sie von ihrem Besitzer zurückgeholt werden konnten. Nach dem Wildpferd-Experten J. Frank Dobie kannten die englischsprachigen Bewohner des amerikanischen Südwestens das Wort *mostrenco* jedoch nicht. Die Bezeichnung „Mustang" soll ihm zufolge erst im frühen 19. Jahrhundert entstanden sein.

hundert wurden unzählige Tiere abgeschlachtet, von der Fleischindustrie verwertet oder zu Hundefutter verarbeitet. Die öffentliche Empörung hierüber führte schließlich dazu, daß im Jahr 1971 in den USA ein Gesetz zum Schutz der wildlebenden Pferde erlassen wurde. Es gibt daher noch verschiedene Gegenden, in denen wilde Mustangs leben, ihre Zahl ist jedoch weitaus geringer als in früheren Zeiten.

Gezähmte Mustangs sind oft gute Reitpferde, die sich wegen ihrer Härte ausgezeichnet für Distanzritte eignen.

LINKS
Ein Mustang, der auch gesattelt schön aussieht. Die Mehrzahl der gezähmten Mustangs sind gute, vielseitig verwendbare Reitpferde.

RECHTS
Traditionell geschmückt erinnern diese Pferde an ihre enge Beziehung zu den nordamerikanischen Indianerstämmen. Diese hatten bald gelernt, die von den spanischen Eroberern eingeführten Pferde zu nutzen.

Ponys und Kleinpferde

Ein Pony ist im weitesten Sinn ein kleines Pferd, wobei „klein“ üblicherweise nicht höher als 148 cm am Widerrist bedeutet. Dennoch können nicht alle kleinen Pferde als Ponys bezeichnet werden. Araber z. B. sind häufig nicht größer als 150 cm, sind aber ihren Proportionen und Eigenschaften nach typische Pferde. Sicher ist auch ein sehr kleines Vollblut kein Pony, ebensowenig das ungewöhnlich kleine Kaspische „Pferd“, dessen Widerristhöhe selten über das sogenannte „Ponymaß“ hinausgeht.

Echte Ponys zeichnen sich durch typische Eigenschaften aus, zu denen die im Verhältnis zum Körperumfang recht kurzen Beine zählen. Die besten Beispiele für echte Ponys sind die erstaunlichen Berg- und Moorponys Englands und Irlands, die Jahrtausende überdauerten. Im Verhältnis zu ihrer Größe sind diese Tiere ungewöhnlich kräftig, außerdem zäh, trittfest und äußerst genügsam. Ponyfreunde sprechen häufig auch vom besonderen „Ponycharakter“, der ihre Lieblinge auszeichnet. Neben vielen liebenswerten Zügen haben die Tiere oft eine gewisse Portion Eigenwilligkeit und Sturheit, durch die sie sich von den Großpferden unterscheiden.

Exmoor-pony

Das Exmoorpony ist die älteste britische Berg- und Moorrasse und weltweit eine der ältesten Pferdezüchtungen. Dieses hübsche Pony bewohnte jahrhundertelang die wilden Moorlandschaften Südwestenglands im Westen von Somerset und im Norden von Devon. Ponys vom Exmoor-Typ waren sicherlich schon zur Zeit der Römer bekannt und wurden vielleicht sogar schon in der Bronzezeit als Zugpferde vor einfache Wagen gespannt. Namentlich erwähnt wurden sie und ihre Besitzer erstmals im Reichsgrundbuch Englands aus dem Jahr 1085.

In Folge ihres abgeschiedenen Lebensraums wurden Exmoorponys sehr wenig durch „fremdes Blut" im Sinn der Züchtung verbessert. Die harten Lebensbedingungen im Moor brachten ein außerordentlich kräftiges Pony hervor, das trotz seines kleinen Wuchses (Stockmaß bis etwa 125 cm) sogar einen erwachsenen Reiter tragen kann. 1921 wurde der Verband für Exmoorponys gegründet, um die Zucht des ursprünglichen Ponytyps zu sichern.

VORHERIGE SEITE GEGENÜBER
Exmoorponys.

VORHERIGE SEITE
Kopf eines Norwegischen Fjordpferdes.

Strenge Kontrollen sorgen dafür, daß kein Pony ohne die echten Kennzeichen des Exmoor-Typs als reinrassig zugelassen wird. Ponys, die die Registrierung erhalten, werden auf der Schulter mit dem eingebrannten Sternsymbol des Verbands

RASSENMERKMALE

Stockmaß: Hengste und Wallache bis 125 cm, Stuten etwas darunter.

Farbe: „Torfbraun", braun oder graubraun mit schwarzen Flecken. Keine weißen Abzeichen.

Exterieur: Klarer Kopf mit breiter Stirn, großen, vorstehenden Augen, breiten Nüstern und hochaufgesetzter Hals; schräge Schulter; starker Körper mit tiefer, breiter Brust, tragfähiger Rumpf und breiter, flacher Rücken; Klare, kurze Gliedmaßen und harte Hufe.

OBEN
Der attraktive Kopf des Exmoorponys, erkennbar an den großen Augen, den kleinen, beweglichen Ohren und dem intelligenten Ausdruck, trägt ganz die Züge eines echten Ponys.

RECHTS
Das Exmoorpony ist ein ausgesprochen schönes Tier: widerstandsfähig und stark, lebhaft, aufmerksam und mit ausgewogenem Erscheinungsbild, in dem sich seine ausgeglichene Natur widerspiegelt.

LINKS
Ein Exmoorponyfohlen in seiner natürlichen Umgebung. Diese Ponyrasse lebt seit Jahrhunderten in der Moorlandschaft und ist bestens an die unwirtliche Umgebung angepaßt.

gekennzeichnet. Darunter befindet sich die Herdennummer, und auf dem hinteren Oberschenkel wird die Nummer des Ponys in der jeweiligen Herde eingebrannt. Noch bevölkern „wilde“ Ponyherden das Moor, aber sie werden jedes Jahr zur Kontrolle zusammengetrieben. Aufgrund seines robusten Gebäudes und seiner Konstitution eignet sich das Exmoorpony vorzüglich als Reit- und Gespannpferd.

OBEN
Bei richtiger Behandlung und Ausbildung eignet sich das Exmoorpony trotz seiner kräftigen Statur gut als Reitpony für kleine Kinder.

WISSENSWERTES

Das Exmoorpony ist mühelos an seinem Mehlmaul und den großen, vorstehenden Augen erkennbar, die wegen ihres schweren Oberlids häufig auch als „Krötenaugen“ bezeichnet werden. Die Augenbrauen sind braungelb umrandet.

LINKS
Dank ihrer angeborenen Geschicklichkeit können Ponys dieser Rasse auch gut von älteren Kindern auf Turnieren vorgestellt werden.

Dartmoorpony

Im Gegensatz zu dem in der Nähe lebenden Exmoorpony vermischte sich das Dartmoorpony mit anderen Rassen während der Jahrhunderte in den hochgelegenen Heidelandschaften Devons, im Südwesten Englands. Dort werden diese Ponys schon 1012 erwähnt. Später machte sich der Einfluß der verschiedensten Pferderassen bemerkbar, die über die wichtige Handelsstraße zwischen Plymouth und Exeter zogen und ihre Spuren im einheimischen Bestand hinterließen. Sogar Araber und Berber, die die Kreuzritter mitbrachten, sollen ihren Weg ins Moor gefunden haben.

Das Klima und das rauhe Leben in dieser wilden Gegend lassen besonders hinsichtlich der Größe ein einheitliches Erscheinungsbild erwarten. Doch die Anforderungen des Bergbaus während der Industrialisierung leiteten eine neue Entwicklung ein: Das Dartmoorpony wurde mit dem viel kleineren Shetlandpony gekreuzt, um ein Pferd für die Arbeit „unter Tage" zu erhalten. Dies war sicher ein Rückschritt für das Dartmoorpony, das seine gerade aufkeimenden Reitpferdqualitäten einzubüßen begann. Um den Fehler auszumerzen, mußte neues Blut eingekreuzt werden, u. a. Welsh-Mountain-Pony oder Hackney.

Das erste Stutbuch für Dartmoorponys gibt es seit dem Jahr 1899. Die maximale Größe für Hengste wurde darin auf 142 cm und für Stuten auf 134 cm festgelegt. Erst 20 Jahre später wurde dieses Maß auf die

RASSENMERKMALE

Stockmaß: Nicht über 124 cm.

Farbe: Vorzugsweise Schwarzbraune, Schwarze oder Braune, alle Farben bis auf Schecken sind zulässig. Flächige weiße Abzeichen sind unerwünscht.

Exterieur: Kleiner, gut angesetzter Kopf mit kleinen Ohren; kräftiger, mittellanger, nicht zu schwerer Hals, Hengste mit mäßigem Kamm; kräftiger Rücken und starke Lenden; kräftige, muskulöse Oberschenkel, Kruppe mit vollem, hochangesetztem Schweif; feste, gut geformte Hufe.

LINKS
Wegen ihrer Kraft und ihres energischen Schritts eignen sich Dartmoorponys gut als Zugpferde.

WISSENSWERTES

Nach dem Zweiten Weltkrieg nahm die Zahl der echten Dartmoorponys beständig ab, und die Rasse drohte allmählich zu verschwinden. 1988 wurde das „Moorprogramm" der *Dartmoor Pony Society* eingerichtet, um Landwirten mit nicht registrierten Ponys die Möglichkeit zur Registrierung zu bieten und um ihnen die Zucht mit Rassehengsten zu ermöglichen. Ziel ist die Zucht reinrassiger Dartmoorponys – kräftig genug, um dem Leben im Moor zu trotzen und mit den echten, angeborenen Ponymerkmalen für die weitere Zucht. Geeignete Ponystuten werden zusammen mit einem Zuchthengst in großen, umzäunten Koppeln gehalten. Die weiblichen Nachkommen werden geprüft, und wenn sie der Norm entsprechen, in ein sogenanntes „Vorbuch" eingetragen. Diese Ponys werden dann vorschriftsmäßig wieder mit registrierten Hengsten gepaart, bis ihre geprüften Nachkommen in das Hauptstutbuch aufgenommen werden können.

RECHTS
Dartmoorponys sind ausgeglichen und eignen sich als Reittiere für Kinder.

GEGENÜBER OBEN
Der hübsche, gut angesetzte Kopf mit den kleinen Ohren zeigt alle erwünschten Ponymerkmale.

GEGENÜBER UNTEN
Die gelungensten Zuchtbeispiele vereinen Qualität und Robustheit.

UNTEN
Obwohl die Zahl und Qualität des Dartmoorponys nach dem Zweiten Weltkrieg abnahm, hat man Vorsorge getroffen, um einen Grundbestand an kräftigen, reinrassigen Ponys zu sichern.

jetzt geltende Größe von 124 cm herabgesetzt. Bei vielen Hengsten der Ausgangslinie herrschte Hackney-Blut vor. Dennoch war der einflußreichste Zuchthengst der Anfangszeit ohne Zweifel The Leat, ein Sohn des Vollblutarabers Dwarka (der 143 cm maß) und einer Dartmoor-Stute.

Mit 124 cm war The Leat ein überragendes Pony mit ausgezeichnetem Gebäude. Während seiner kurzen Zuchtkarriere wurden nur sehr wenige seiner Nachkommen registriert, doch stammen viele der besten heutigen Ponys von ihm ab.

Das Dartmoorpony ist ein kräftiges, gutes Reitpony mit flüssigen, flachen, freien Bewegungen. Wegen seiner robusten Natur, seiner Intelligenz und seines ausgeglichenen Temperaments eignet es sich gut für Kinder.

Welsh-Mountain-Pony

In der wilden Landschaft von Wales sind vier deutlich verschiedene Pferderassen beheimatet: zwei Ponyrassen, die als Sektion A und B im Stutbuch der *Welsh Pony and Cob Society* geführt werden und zwei Cob-Rassen, die als Sektion C und D bezeichnet werden.

Der Urahn aller walisischen Rassen ist das ausgesprochen schöne Welsh-Mountain-Pony der Sektion A, das seit vielen Jahrhunderten die rauhe Landschaft seiner Heimat durchstreift und weithin als eines der schönsten Ponys gilt. Die Entwicklung dieser Rasse liegt im dunkeln, reicht aber mindestens bis in römische Zeit zurück, als östliche Rassen mit den walisischen Ponys gekreuzt wurden.

Das moderne Welsh-Mountain-Pony ist mutig und temperamentvoll, dabei freundlich, so daß es gut als Reitpferd für Kinder geeignet ist. Außerdem bringt es hervorragende Leistungen im zunehmend beliebten Fahrsport. Die sehr robusten Welsh-Mountain-Ponys können naßkaltes Wetter ertragen und sind sehr genügsam. Sie wurden zur Verbesserung anderer Rassen, einschließlich der New-Forest-Ponys und zur Zucht des britischen oder deutschen Reitponys verwendet. Das Welsh-Mountain-Pony ist aber auch in vielen anderen Ländern außerhalb seiner walisischen Heimat beliebt, beispielsweise in den USA, Neuseeland und Australien.

RASSENMERKMALE

Stockmaß: Nicht höher als 122 cm.

Farbe: Überwiegend falb, aber auch „torfbraun", Füchse, Isabellen und andere einheitliche Färbungen sind zulässig.

Exterieur: Kleiner, trockener, sich zum Maul verjüngender Kopf mit lebhaften Augen, kleinen spitzen Ohren und auffallend weiten Nüstern; ausreichend langer Hals, lange schräge Schulter; muskulöser Rücken; Rumpf mit großer Brusttiefe, kräftige Lenden; gestreckte Kruppe mit schön getragenem Schweif; starkes Fundament mit langen, kräftigen Vorderbeinen, gut entwickelten Ellbogen, großen flachen Fesseln und wohlgeformten, harten Hufen.

OBEN
Der östliche Einfluß ist leicht am schönen Kopf mit seinen großen Augen, weiten Nüstern und dem konkaven Profil („Hechtkopf") zu erkennen.

LINKS
Der Sektion-B-Typ ist größer als das Welsh-Mountain-Pony, aber seine besten Vertreter weisen dieselben echten Ponymerkmale auf. Sie haben harmonische Bewegungen und sind leichttrittig.

UNTEN
Ponys der Sektion A wie dieses wurden zur Zucht der australischen Ponys verwendet, die zum Teil aus walisischem und arabischem Blut gekreuzt wurden.

WISSENSWERTES

Das Welsh-Pony der Sektion B ist größer als das Welsh-Mountain-Pony, obwohl es die echten Ponymerkmale besitzt. Araber, kleine Vollblüter und kleine Welsh-Cob-Hengste wurden mit Welsh-Mountain-Stuten gekreuzt, um dieses hochwertige Reitpferd zu erhalten, das bis zu 135 cm groß werden kann. Heute sind Welsh-Ponys überwiegend als Reitpferde für Kinder gefragt.

New-Forest-Pony

Wildpferde im New Forest in Südengland sind seit etwa 1000 Jahren belegt. Den genauen Ursprung des heutigen New-Forest-Ponys dagegen kennt man nicht, obwohl die Rasse sicher im Lauf der Jahrhunderte durch zahlreiche andere Rassen mitgeprägt wurde. Während des 18. Jahrhunderts wurde der Vollbluthengst Marske, ein Vorfahr des berühmten Rennpferds Eclipse, bei verschiedenen New-Forest-Stuten eingesetzt, und im 19. Jahrhundert führte ein Araberhengst, der Königin Victoria gehörte, die Stutenherde an. Außerdem wurde Hackney-Blut eingekreuzt. Während das zugeführte fremde Blut das Pony immer größer werden ließ, wirkte es sich auf die Bewahrung der echten Ponymerkmale eher schädlich aus. Um diese zu erhalten, wurden Rückzüchtungen mit Hengsten anderer einheimischer Rassen vorgenommen.

Die heutigen New-Forest-Ponys leben wie viele Exmoor- und Welsh-Mountain-Ponys freilaufend in der Herde in ihrem ursprünglichen Lebensraum. Das Leben im Wald ist oft hart und die Nahrung mager und von geringer Qualität. Doch brachte diese rauhe Umgebung ein kräftiges, trittsicheres Pony hervor. New-Forest-Ponys sind als ausgezeichnete Reit- und Kutschpferde nicht nur in ihrer Heimat beliebt, sondern auch auf dem europäischen Festland, in Nordamerika, Australien und Neuseeland.

RASSENMERKMALE

Stockmaß: 135–144 cm

Farbe: Alle außer Schecken.

Exterieur: Ziemlich großer Kopf auf relativ kurzem Hals; schräge Schulter; tiefer Rumpf; kräftige Oberschenkel; gerade Beine mit starken Knochen und harten Hufen.

WISSENSWERTES

Die Ponys gehören den Bürgern von New Forest, die sie jährlich für die Auswahl der zum Verkauf stehenden Tiere zusammentreiben. Die verbleibende Herde wird dann wieder in den Wald entlassen.

OBEN
Die besten New-Forest-Ponys sind kräftig und zeichnen sich durch eine gut ausgeprägte, schräge Schulter, eine kräftige Kruppe und ein starkes, robustes Fundament aus.

OBEN LINKS
Im Ausdruck des New-Forest-Ponys spiegelt sich seine ruhige, fügsame Art wider.

Welsh-Cob

Das Welsh-Cob-Pony (im Stutbuch der *Welsh Pony and Cob Society* als Sektion D eingetragen) stammt vom Welsh-Mountain-Pony ab und ist eigentlich nur dessen größere Variante. Es ist mindestens seit dem 12. Jahrhundert bekannt, als es aus der Kreuzung östlicher Pferdetypen, die die Kreuzritter mitbrachten, und einheimischer Ponys entstand. Es folgten Einkreuzungen mit dem Yorkshire Coach Horse, dem Norfolk Roadster und Arabern.

Das zähe, trittsichere, temperamentvolle, mutige und doch gefügige Welsh Cob

OBEN
Die Bewegungen sind taktrein, frei und energisch. Das ganze Vorderbein wird bei allen Gangarten aus der Schulter so weit wie möglich und mit gestreckten Fesseln nach vorne bewegt, was eine mächtige Hebelwirkung erzeugt.

RECHTS
Das Welsh-Cob Sektion D wird vom Zuchtverband als Verkörperung von Stärke und Ausdauer beschrieben.

RASSENMERKMALE

Stockmaß: Mindestens 134 cm, gewöhnlich 144–154 cm.

Farbe: Alle außer Schecken.

Exterieur: Schöner Ponykopf mit lebhaften Augen und hübschen, gut angesetzten Ohren; langer Hals; kräftige, schräge Schulter; breiter, muskulöser Rumpf; bemuskelte „Hosen"; kurzes, kräftiges Fundament mit langen, starken Vorderbeinen und muskulöser Hinterhand, großen, abgeflachten Gelenken und wohlgeformten Hufen.

WISSENSWERTES

Durch Kreuzung von Welsh-Mountain-Pony-Stuten mit kleinen Welsh-Cobs erzielten Züchter den Cob-Typ des walisischen Ponys, eine kleinere Version des Cobs und ein ausgezeichnetes Reit- und Kutschpferd. Es teilt alle Merkmale seines größeren Verwandten, wird aber nicht über 134 cm groß. Wie das Cob wurde es früher viel von Bergbauern eingesetzt. Nach dem Zweiten Weltkrieg stand es kurz vor dem Aussterben, aber inzwischen hat sich der Bestand erholt, und es genießt hohes Ansehen als Trekking-Pony, kleines Jagdpony und als Kutschpferd.

RECHTS
Das Welsh-Cob ist eine beliebte Attraktion bei Pferdeschauen, aber auch ein gutes Jagdpony und ein ausgezeichnetes Turnierpferd in allen Disziplinen.

wird traditionell für alle schweren Arbeiten auf den Bergbauernhöfen eingesetzt – auf dem Feld wie auch unterm Sattel. Früher war es auch bei der Armee ein begehrtes Zugpferd für Geschütze und andere schwere Ausrüstung.

Neben guten Grundgangarten und der großen Ausdauer ist das Welsh-Cob vor allem für seine spektakuläre Trabaktion berühmt, die es zweifellos vom Norfolk Roadster geerbt hat. Tatsächlich wurden Zuchttiere bis 1918, als die Hengstzulassung eingeführt wurde, über ihre entsprechende Trabaktion ausgewählt. So überrascht es auch wenig, daß die Rasse heute im Trabrennsport recht erfolgreich ist.

Für das Stockmaß der Cobs gibt es – einmalig für britische Berg- und Moorponys – keine Obergrenze. Die Tiere müssen allerdings echte Ponymerkmale aufweisen, zu denen der hübsche Kopf gehört. Bei der Kreuzung mit Vollblütern (besonders in der zweiten Generation) bringt das Welsh-Cob ausgezeichnete Turnierpferde hervor.

RECHTS
Der schöne Kopf, die ausgeprägte Brusttiefe und das starke Fundament bieten die Voraussetzungen für diese robuste Rasse.

Highland-Pony

RASSENMERKMALE

Stockmaß: 132–144 cm.

Farbe: Grautöne, Falben, Schwarze, Braune, vereinzelt „Torf-" und „Rotbraune" mit silberner Mähne und silbernem Schweif.

Exterieur: Hochgetragener, breiter Kopf, wache, freundliche Augen und große Nüstern; kräftiger, geschwungener Hals; gut ausgeprägte Schulter; gedrungenes Gebäude mit tiefer Brust, guter Sattellage und kräftiger Kruppe; Vor- und Hinterhand mit starken, gut entwickelten Ober- und Unterschenkeln, kurzer Röhre, harten Knochen und harten dunklen Hufen; seidiger Beinbehang, der in ausgeprägten Kötenbüscheln endet; Mähne und Schweif aus langem, seidigem Haar.

Das Highland-Pony gehört zu den stärksten und schwersten Berg- und Moorponys Großbritaniens. Es stammt aus dem schottischen Bergland und den der Westküste vorgelagerten Inseln, einer Region, in der sie schon seit über 1000 Jahren heimisch sind. Das moderne Highland-Pony entwickelte sich aus verschiedenen Kreuzungen besonders mit Arabern und Clydesdale und ist trittsicher, widerstandsfähig und langlebig. Die Fürsten von Atholl, seit Jahrhunderten einflußreiche Züchter von Highland-Ponys, brachten vermutlich schon im 16. Jahrhundert orientalisches Blut in die Rasse ein.

Bis vor kurzem teilte sich die Rasse in zwei Typen: einen stattlichen Festlandtyp, der bis zu 144 cm groß wird, und den leichteren, etwas kleineren Inseltyp. Obwohl die 1923 gegründete *Highland Pony Society* diese Unterscheidung nicht länger anerkennt, können die beiden Typen bis zu einem gewissen Grad noch immer unterschieden werden.

Das Highland-Pony ist ein starkes, robustes und vielseitig einsetzbares Pony, das früher als Troß-, Hirten-, Holzrück- und Zugpferd verwendet wurde. Auch bei Jägern war es beliebt, weil es in der Lage ist, einen bis 100 kg schweren erlegten Hirsch

▮ LINKS
Das Highland-Pony ist ein williger Arbeiter. Es wird auf schottischen Landsitzen noch immer zum Tragen von Lastkörben und Transport des erlegten Wilds verwendet.

ins Tal zu befördern. Heute wird es häufig als Trekking-Pony eingesetzt und eignet sich auch als gewöhnliches Reitpferd, das gut einen Erwachsenen tragen kann. Reinrassige Highland-Ponys trifft man immer wieder im Turniersport an, z. B. bei Trabrennen oder in der Dressur. Durch Kreuzung mit Vollblutpferden entstehen ausgezeichnete Jagdpferde, und manches erfolgreiche Military-Pferd hatte Highlandblut in seinen Adern.

WISSENSWERTES

Zu den hervorstechendsten Merkmalen der Highland-Ponys zählen ihre Farbe, besonders die verschiedenen Schimmelfarben, Falben, Isabellen und Füchse, wobei man annimmt, daß Falb die Ursprungsfarbe ist. Die meisten Ponys tragen wenigstens ein Merkmal des Urpferds, z. B. den Aalstrich und zebraartige Beinstreifen, die ein Beweis für das hohe Alter dieser Rasse sind.

▮ OBEN
Highland-Ponys sind berühmt für ihre schönen Fellfarben und ihr seidig glänzendes Haar in Mähne und Schweif.

▮ UNTEN
Vielseitigkeit gehört zu den wertvollsten Eigenschaften der Rasse, die bereitwillig Holz rückt, den Reiter zur Fuchsjagd trägt oder im Geschirr arbeitet.

▮ GEGENÜBER OBEN
Der Kopf des Highland-Ponys zeichnet sich durch einen breiten Nasenrücken, freundliche Augen, einen kurzen Augen-Maul-Abstand und einen guten Halsansatz auf der kräftigen Schulter aus.

▮ GEGENÜBER
Geprägt durch die rauhen natürlichen Lebensbedingungen ist die Rasse stark, widerstandsfähig, langlebig und leichtfuttrig. Sie ist auch im unwegsamsten Gelände ausgesprochen trittsicher.

Shetland-pony

Das Shetlandpony, das kleinste der britischen Rassen, ist nach der Inselgruppe benannt, die weit nordöstlich von Schottland etwa auf demselben Breitengrad wie Südgrönland liegt. Die Herkunft der Ponyrasse ist ungewiß, doch ist sie auf den Shetlandinseln schon seit mehreren hundert Jahren oder sogar noch länger zu Hause. Das kleine und doch außerordentlich starke „Shetty" zählt im Verhältnis zu seiner Größe zu den stärksten Pferderassen weltweit und ist mit seiner hohen Widerstandskraft auch bestens an die Launen des nordischen Inselklimas und das magere Futterangebot angepaßt. Die Bewegungen sind frei und geradlinig mit einem charakteristischen „Trippeln" – Folge des unwegsamen, felsigen oder heidebewachsenen Untergrunds, auf dem sie sich seit Jahrhunderten bewegen. Die Ponys dienen seit altersher als Reit- oder Packpferde, die vom Getreide bis zum Torf alles tragen und aus dem Leben der Inselbewohner nicht wegzudenken sind. Im 19. Jahrhundert waren sie aufgrund ihrer kleinen Statur und großen Stärke als Minenpferde im Kohlebergbau begehrt. Die Zucht blühte, doch legte man bis weit in die Mitte des 19. Jahrhunderts keinen Wert auf Selektion.

Auch fern von seinen heimischen Inseln ist das Shetlandpony ein beliebtes Reitpferd für Kinder. Es kann dickköpfig sein, ist aber intelligent und folgsam, wenn es richtig behandelt wird. Mit seiner forschen und wendigen Gangart eignet es sich besonders als Kutschpferd und wird gelegentlich sogar bei internationalen Turnieren eingesetzt.

RASSENMERKMALE

Stockmaß: Bis drei Jahre nicht über 102 cm, mit vier und mehr Jahren nicht über 107 cm. Widerristhöhe meist unter 100 cm.

Farbe: Alle, außer gefleckt.

Exterieur: Kleiner, gut angesetzter Kopf mit breiter Stirn, intelligente, kecke, dunkle Augen, kleine aufrechte Ohren, breites Maul mit großen Nüstern; kräftiger, tiefer Rumpf mit kurzem Rücken und muskulösen Lenden; breite Kruppe; starke Gliedmaßen mit guten, flachen Knochen und kurzer Röhre; harte, runde, wohlgeformte Hufe.

LINKS
Der üppige Haarwuchs an Mähne und Schweif schützt das Shetlandpony gut vor dem rauhen Klima seiner nördlichen Heimat.

LINKS
Der kurzbeinige und gedrungene „Shetty" ist berühmt für sein beträchtliches Tragvermögen im Verhältnis zu seiner Größe.

LINKS
Shetlandponys sind sehr eifrige Tiere, die sich auch bei den „Shetland Grand Nationals", einer Wohltätigkeitsveranstaltung, gerne bewundern lassen.

UNTEN
Im Frühling verliert das Shetlandpony sein dichtes Winterfell, das extreme Kälte und Nässe abweist.

OBEN
Shetlandponys können eigenwillig sein, doch wenn ein Kind mit ihnen umzugehen weiß, sind sie gute Reitpferde.

RECHTS
Das jahrhundertelange Leben in unwegsamem, felsigem Gelände machte die Ponys trittsicher und gehfreudig. Die schönen Hufe sind außerordentlich hart.

WISSENSWERTES

Im Winter wachsen dem Shetlandpony zusätzliche „Schutzhaare", die die Haut des Ponys selbst bei schlechtestem Wetter vollkommen trocken und warm halten. Mähne und Schweif sind üppig.

Dales-Pony

Das Dales-Pony stammt aus den Flußtälern des oberen Dales am Ostrand des Penninegebirges in Nordengland. Mit dem benachbarten, etwas kleineren Fell-Pony, das am Westrand des Penninegebirges beheimatet ist, teilt es dieselben Vorfahren. Die Dales-Ponys sollen von Friesenpferden abstammen, die zur Zeit der Römer nach Nordengland eingeführt wurden – daher könnte auch die überwiegend schwarze Farbe der Dales-Ponys stammen. In jüngerer Vergangenheit sollen verschiedene Kreuzungen, u. a. mit Norfolk Trotter, vorgenommen worden sein. Im 19. Jahrhundert wurde etwas Welsh-Cob- und Clydesdale-Blut eingekreuzt. Trotz dieser Versuche behielt das Dales-Pony seinen ursprünglichen Charakter, was sich vor allem im hübschen Kopf mit den kleinen, beweglichen Ohren zeigt.

Das Dales-Pony ist wegen seiner guten Gänge und seiner im Verhältnis zur Größe außerordentlichen Stärke bekannt. Früher spielte es eine wichtige Rolle im Bleibergbau, wo es sowohl unter wie über Tage eingesetzt wurde. Außerdem fand es in der Armee Verwendung. Das Dales-Pony ist aufgrund seiner Ausdauer, seines Muts und seines sanften Wesens in Verbindung mit großer Stärke und Schnelligkeit ein erstklassiges Reit- und Trabrennpferd. Es hat Springvermögen, ist intelligent, einfühlsam und ruhig und kann leicht einen Erwachsenen tragen.

RASSENMERKMALE

Stockmaß: Nicht über 144 cm.

Farbe: Überwiegend Schwarze, „Torfbraune", Braune, gelegentlich Schimmel.

Exterieur: Kleiner, hübscher Kopf mit breiter Stirn, strahlenden Augen und kleinen, aufrechten Ohren; ausgeprägte Schulter; kräftiger, tiefer Rumpf mit kurzem Rücken und starken Lenden; gut entwickelte Kruppe, starke Gliedmaßen mit kurzer, gerader Röhre, elastische Gelenke und schöne, breite, sehr harte Hufe; feiner, seidiger Kötenbehang.

WISSENSWERTES

Dales-Ponys haben eine angeborene Trittsicherheit. Ihre Vorfahren sollen von den Römern zum Bau des Hadrianwalls im unwirtlichen Gelände zwischen der Mündung des Tyne und dem Marschland des Solway Firth in Nordengland eingesetzt worden sein.

OBEN
Dales-Ponys leben seit Jahrhunderten am Fuß des Penninegebirges und entlang der schottischen Grenze. Sie stammen zum Teil von den schottischen Gallowaypferden ab, obwohl die dunkle Farbe der Dales wahrscheinlich friesischen Ursprungs ist.

LINKS
Die Rasse ist für ihr starkes Fundament, ihre kräftigen Knochen und ausgezeichneten Hufe berühmt.

Fell-Pony

Wie sein Verwandter, das Dales-Pony, soll das Fell-Pony von den Friesen abstammen, die mit den Römern nach Nordengland kamen. Im Lauf der Jahrhunderte wurde es sicher durch das inzwischen ausgestorbene Gallowaypferd beeinflußt. Schließlich spielten auch die in der Gegend heimischen Viehdiebe, die ein starkes, schnelles und trittsicheres Pferd für ihre Raubzüge benötigten, bei seiner Entwicklung eine Rolle.

RASSENMERKMALE

Stockmaß: Nicht über 142 cm.

Farbe: Schwarze, Braune, „Torfbraune" und Falben, weiße Abzeichen unerwünscht, wenn auch ein Stern oder ein halbweißer Fuß erlaubt sind.

Exterieur: Kleiner, gutangesetzter Kopf mit breiter Stirn, strahlende, vorstehende Augen, kleine hübsche Ohren, große Nüstern, feiner Hals, ausgeprägte Schulter; gute Rumpftiefe, muskulöse Lenden, kräftige Kruppe mit gutangesetztem Schweif; starke Beine und wohlgeformte Hufe aus charakteristischem, bläulichem Horn.

Das Fell-Pony ist etwas kleiner und leichter als das Dales-Pony, obwohl die offizielle Unterscheidung der beiden Rassen erst seit 1916 besteht, als die *Dales Pony Improvement Society* und die *Fell Pony Society* geschaffen wurden. Dennoch ist das Fell-Pony ungemein stark und wurde wie das Dales-Pony als Packpferd eingesetzt. Während des 18. Jahrhunderts wurde es mit Packkörben beladen, die bis zu 100 kg wogen und Blei, Kohle und Eisenerz enthielten. Manche trugen in Packtier-Verbänden Rohstoffe wie Wolle bis nach London.

Das Fell-Pony zeichnet sich durch seinen schnellen und lebhaften Schritt sowie sein ruhiges Traben aus. Seit es nicht mehr als Pack-, Hirten- oder landwirtschaftliches Arbeitspferd benötigt wird, erfreut es sich zunehmender Beliebtheit als Freizeitpferd. Es eignet sich bestens für Geländeritte, unter dem Sattel wie vor dem Wagen, und kann auch beim Dressurreiten bestehen.

OBEN
Das Fell-Pony stammt von der Westseite des Penninegebirges. Es ist etwas kleiner als sein naher Verwandter, das Dales-Pony, aber ebenso widerstandsfähig und gehfreudig.

UNTEN
Fell-Ponys sind ausgezeichnete Reitpferde. Diese bei einer Pferdeleistungsschau aufgenommenen Ponys nahmen am Springturnier, am Fahrwettbewerb und im Schauprogramm teil.

WISSENSWERTES

Prinz Phillip bei einem Turnier mit den königlichen Fell-Ponys. Mit ihrem lebhaften Trab und ihrer großen Ausdauer eignen sie sich gut für Distanzritte, hier über eine Strecke von 16 Meilen.

Reitpony

Im Prinzip ist jedes Pony, das geritten werden kann, ein „Reitpony". Dennoch entwickelte man in England und anderen europäischen Ländern zu Turnierzwecken ein Reitpony, das ganz bestimmte Merkmale aufweist. Es handelt sich um ein edles, leistungsfähiges Sportpferd im Ponymaß, und daher überrascht es nicht, daß für seine Zucht gerne kleine Vollblüter verwendet werden. Besonders Welsh- und Dartmoorponys kreuzt man mit Arabern und Vollblütern, um sporttaugliche Ponys mit erstklassigem Exterieur zu entwickeln. Auch wenn die besten Vertreter wie Miniaturvollblüter aussehen, haben sie ihr echtes Ponyerbe nicht verloren.

Da das Reitpony laut Definition ein Jugendreitpferd ist, muß es umgänglich und für Kinder leicht handzuhaben sein; da es aber gleichzeitig ein Turnierpony ist, soll es Eleganz, Rittigkeit und die raumgreifenden Gänge eines Vollblüters besitzen. Die perfekte Kombination dieser Elemente unter Bewahrung des echten Ponycharakters stellt für alle Reitpony-Züchter eine Herausforderung dar.

UNTEN
Das Reitpony sieht häufig wie ein Miniatur-Vollblut aus, sollte aber echten Ponycharakter besitzen. Ein langer Hals und eine gut gewinkelte Schulter gestatten raumgreifende Gänge.

RASSENMERKMALE

Stockmaß: Einteilung in Großbritannien nach Turnier-Klassen – bis 124 cm, 124–134 cm und 134–144 cm.

Farbe: Alle Farben.

Exterieur: Schöner, edler Kopf mit großen Augen und kleinen Ohren; relativ langer Hals; gut gewinkelte, schräge Schulter mit deutlichem Widerrist; mittellanger Rücken mit genügend Brusttiefe; gutbemuskelte Kruppe mit korrekt angesetztem Schweif; harte Beine mit ausgeprägten Gelenken, kurzer Röhre; kein Kötenbehang.

WISSENSWERTES

Bei Show-Veranstaltungen gibt es neben den Größenklassen in Großbritannien auch Klassen für Damensattel, Paare und noch nie prämierte Ponys. Die Ponys werden nach Aktion, Exterieur und Auftreten bewertet, müssen aber nicht springen.

Kaspisches Pony

In einer abgelegenen Gebirgsregion im Iran, nicht weit vom Kaspischen Meer, entdeckte man 1965 etwa 35 Miniaturpferde, nicht größer als Shetlandponys, aber mit den äußeren Merkmalen eines Kleinpferdes. Nach eingehenden wissenschaftlichen Untersuchungen stellte sich aber heraus, daß dieses Kleinpferd Besonderheiten aufwies, die anderen Pferden fehlten: zwei zusätzliche, vollausgebildete Backenzähne im Oberkiefer, von anderen Pferden abweichend geformte Schulterblätter und eine andere Anordnung der Scheitelknochen im Schädel.

Das als Kaspisches Pony bezeichnete Leinpferd soll ein direkter Nachfahre prähistorischer Pferde sein, die vor etwa 5000 Jahren in dieser Gegend lebten. Grabungen mit Knochenfunden deuten darauf hin, daß damals im Iran eine sehr ähnliche Pferderasse lebte. Auf einem Siegel ist König Darius mit einem Gespann dargestellt, das von Pferden des Kaspischen Ponytyps gezogen wird, und andere Kunstgegenstände aus jener Zeit zeigen ähnliche kleine Pferde. Man vermutet sogar, daß das Kaspische Pony ein weitläufiger Vorfahre des Arabers ist.

Nachdem das seit Jahrhunderten verlorengeglaubte Kaspische Pony wiederentdeckt war, begann man ein sorgfältiges Zuchtprogramm, um das Bestehen der Rasse für die Zukunft zu sichern. Sie findet sich heute in vielen europäischen Ländern sowie in Australien, Neuseeland und den USA.

Das Kaspische Pony zeichnet sich durch große Widerstandsfähigkeit aus, es ist sehr schnell und ausdauernd und von freundlichem Wesen. Sein Knochenbau ist robust, und seine Hufe sind so hart, daß sie keine Eisen benötigen. Es eignet sich gut als Reitpferd und hat trotz seiner geringen Größe erstaunliches Springvermögen.

RASSENMERKMALE

Stockmaß: 102–122 cm.

Farbe: „Torfbraune", Falben und Füchse, gelegentlich weiße Abzeichen an Kopf und Beinen.

Exterieur: Kurzer Kopf mit großen Augen, gewölbter Stirn, tiefangesetzten Nüstern und sehr kurzen Ohren; leichtes Genick; schräge Schulter; schlanker Rumpf mit geradem Rücken und hochangesetztem Schweif; zierliche Beine, aber mit dichten, starken Knochen, geringer bis fehlender Kötenbehang; harte Hufe.

OBEN
Die Haut am kurzen, edlen Kopf des Kaspischen Ponys ist sehr zart. Die Ohren sind oft nicht länger als 10 cm.

UNTEN
Aufgrund seiner Größe zählt die Rasse zu den Ponys, wenn sie auch sonst die Merkmale eines Miniaturpferdes trägt.

WISSENSWERTES

Trotz seiner geringen Größe hat das Kaspische Pony eine angeborene, anmutige Aktion und kann in den Grundgangarten mit jedem Pferd mithalten. Selbst junge Fohlen haben ausgesprochen weit ausgreifende Gänge.

Connemarapony

Das Connemarapony ist elegant, widerstandsfähig, intelligent, außerordentlich beweglich und springfreudig – unbestritten das beste Turnierpony der Welt. Es ist die einzige irische Pferderasse und erhielt seinen Namen nach einem felsigen Landstrich an der Westküste Irlands, wo die Ponys seit alters her leben.

Wie dieses vollkommenste aller Ponys entstand, ist ungewiß. Eine Theorie besagt, daß es von Berbern und spanischen Pferden abstammt, die schon im 6. vorchristlichen Jahrhundert mit der keltischen Eroberungswelle nach Irland kamen. Diese Pferde vermischten sich dann mit der einheimischen Rasse. Auch in den folgenden Jahrhunderten wurden wahrscheinlich infolge der Handelsbeziehungen zwischen Irland und der Iberischen Halbinsel zahlreiche Pferde nach Irland eingeführt. Zweifellos trägt die Rasse bis heute spanische und orientalische Merkmale. Die Vermutung, daß Connemaraponys von Pferden aus der spanischen Armada abstammen, die bei der Zerstörung der spanischen Schiffe 1588 an Land schwammen, wird heute von den meisten Experten ins Reich der Legende verwiesen.

LINKS
Der edle Kopf eines Connemaraponys. Die meisten Tiere sind Schimmel.

Es ist bekannt, daß Landbesitzer in der Mitte des 19. Jahrhunderts Araberhengste nach Irland einführten, doch weiß man nicht, ob oder welchen Einfluß sie auf das Connemarapony hatten. Etwas später wurde jedoch mit großer Sicherheit Welsh-

RASSENMERKMALE

Stockmaß: Nicht über 144 cm.

Farbe: Überwiegend Schimmel, aber auch Braune, Falben, Rappen, manchmal Füchse und „Roans" (Fell stark mit Weiß durchsetzt, „Stichelhaar").

Exterieur: Kurzer, oft leicht abgeflachter Kopf mit breiter Stirn, dunklen Augen und kleinen Ohren; langer Hals; gut gewinkelte Schulter; tiefer, kompakter Rumpf; kräftige Kruppe mit hochangesetztem Schweif, kräftige Beine mit kurzer Röhre und ausgeprägten Gelenken; gesunde Hufe.

RECHTS
Wegen seines herausragenden Gebäudes – besonders der gutgewinkelten Schulter – ist das Connemarapony ein ausgezeichnetes Reitpferd: stark, leichtfüßig und mit guten Grundgangarten.

WISSENSWERTES

Little Model war eines von vielen Connemara-Halbblutponys, die zu sehr erfolgreichen Turnierponys wurden. Als Sohn eines Vollbluts und einer Connemara-Stute wurde Little Model ursprünglich als Zirkuspferd ausgebildet. Die britische Dressurreiterin V.D.S. Williams verbrachte viel Zeit damit, ihm seine verschiedenen „Kunststücke" abzugewöhnen, um ihn dann auf den Grand Prix vorzubereiten. Mit ihm nahm sie 1960 an den Olympischen Spielen teil, wo sie den elften Platz belegte. Im darauffolgenden Jahr wurde sie Dritte bei den Europameisterschaften, England erhielt damit seine erste Medaille im Dressurreiten. Leider vertrug Little Model keine weiten Transporte, so daß er danach nur noch in seiner Heimat Erfolge feierte.

Pony-Blut eingekreuzt, und das hatte Folgen: einer der Welsh-Hengste, Prinz Llewellyn, brachte mit einer einheimischen Stute den Hengst Dynamite hervor, von dem wiederum der Hengst Cannon Ball (geboren 1904) abstammt, der als erster Hengst im Stutbuch von Connemara geführt wird. Andere Versuche, die Rasse zu „verbessern", wurden mit Vollblütern, Hackneys und Clydesdales unternommen.

Schließlich wurde 1923 die erste *Connemara Pony Breeders' Society* in Galway gegründet. Der Verband setzte sich mit Unterstützung des Landwirtschaftsministeriums zum Ziel, die Rasse von innen heraus zu verbessern; die besten Stuten und eine gleiche Anzahl ebenso hochwertiger Hengste wurden als Grundstock für die konsolidierte Zucht gewählt. Das Ergebnis ist ein erstklassiges Pony mit eindeutigen Merkmalen – mutig, aber einfühlsam –, das sich in vielen Pferdesportarten hervortut, insbesondere im Springen, in der Military, in der Dressur und bei Trabrennen.

OBEN
Connemaraponys in ihrer natürlichen Umgebung im Westen Irlands.

UNTEN
Nach wie vor mit einer „Ponystärke": Seetangtransport in Galway.

OBEN
Als Reitpony kann das Connemarapony nicht verbessert werden. Es ist temperamentvoll und mutig, dabei einfühlsam und freundlich und eignet sich daher für Kinder und Erwachsene gleichermaßen.

UNTEN
Der Stirnschopf und die enorm dichte Mähne bieten dem Isländer während der langen nordischen Winter ein wenig Schutz vor Schnee und Kälte.

GANZ UNTEN
Mit seinem stämmigen Körper, seinen kräftigen Beinen und harten Hufen ist der Isländer ausgezeichnet geeignet für seine rauhe Umgebung.

Isländer

Der kleine Isländer ist vermutlich eines der reinrassigsten Pferde überhaupt. Seine Vorfahren, kleine stämmige Pferde aus Westnorwegen und Nordengland, wurden im 9. Jahrhundert von Siedlern auf die Insel gebracht, wo sie sich ausgezeichnet an das rauhe Klima gewöhnten.

Später aus dem Orient importierte Pferde wirkten sich ungünstig auf die isländische Pferdezucht aus, so daß weitere Pferde-Importe 930 n. Chr. vom Althing (dem isländischen Parlament) durch Gesetz verboten wurden. Der Isländer war somit seit über tausend Jahren keinen fremden Einflüssen mehr ausgesetzt und hat sich infolgedessen

seit den Zeiten der Wikinger kaum noch verändert.

Isländische Pferde sind außerordentlich zäh und widerstandsfähig gegenüber schlechten Wetterbedingungen. Sie können gut schwimmen, denn bis zum Anfang dieses Jahrhunderts führten keinerlei Brücken über Islands zahlreiche Flüsse, und sie verfügen über große Trittsicherheit. Trotz ihrer geringen Größe – sie erreichen gerade ein Stockmaß von 135 cm – werden sie von den Isländern nie als Ponys bezeichnet.

Im Herbst, wenn die Schafe zusammengetrieben werden, kann man erwachsene Männer auf ihren Isländern recht ge-

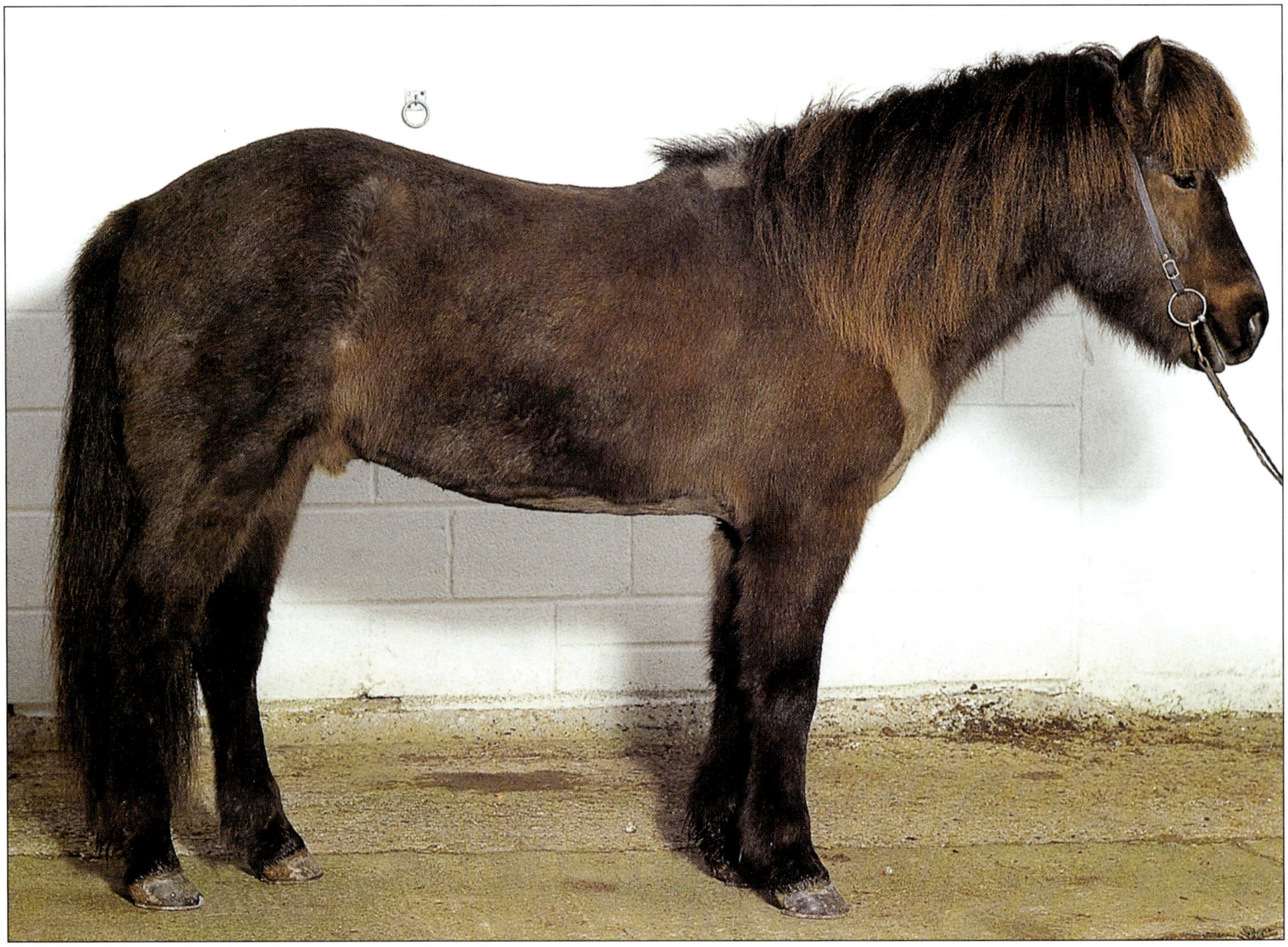

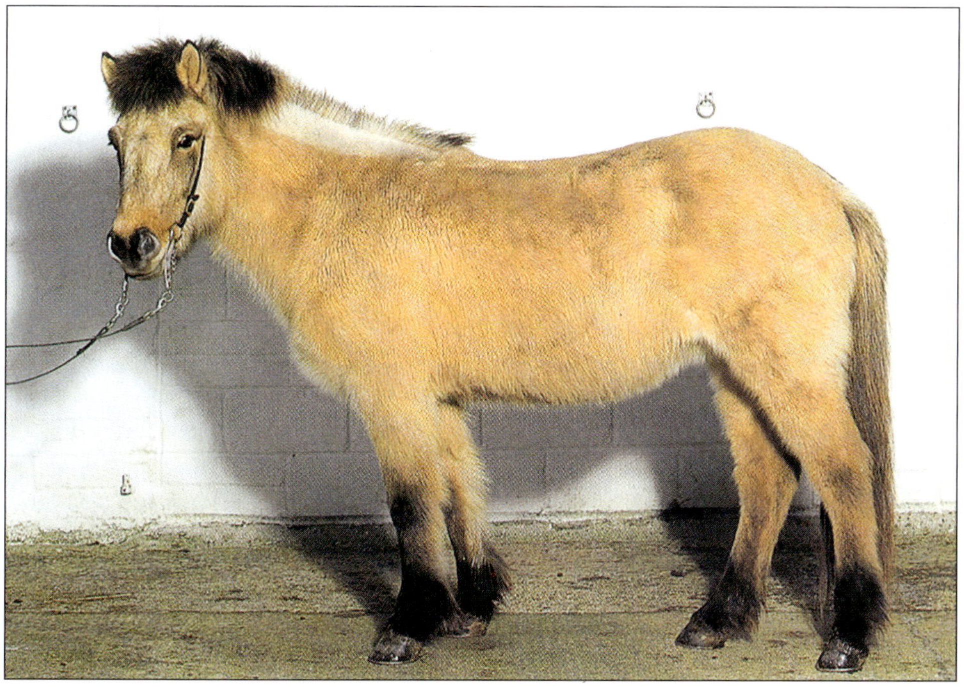

LINKS
Isländer haben sich seit den Zeiten der Wikinger kaum verändert. Man findet sie in einer großen Farbenvielfalt.

RASSENMERKMALE

Stockmaß: 125–135 cm.

Farbe: Alle Farben.

Exterieur: Ziemlich schwerer Kopf; kurzer, gut angesetzter Hals; kompakter Körper mit kurzem Rücken und guter Brusttiefe; schräge, muskulöse, starke Kruppe; kräftige Gliedmaßen mit kurzen Röhrbeinen und starken Sprunggelenken; harte, wohlgeformte Hufe.

schwind, mühelos und sicher über bergiges Gelände reiten sehen. Man läßt die Pferde oft frei, da sie wegen ihres guten Richtungssinns allein nach Hause zurückkehren können, während die zusammengetriebenen Schafe eingepfercht und ihren Besitzern zugeordnet werden. Es gibt auch Berichte über Pferde, die in andere Landesteile verkauft wurden und dann in einer wochenlangen Wanderung wieder zu ihrem alten Stall zurückkehrten.

Obwohl schon immer eine gewisse Selektion stattfand, dauerte es bis zum Jahr 1879, bis ein richtiges Zuchtprogramm für Isländer in die Tat umgesetzt wurde. Eines der wichtigsten Zuchtziele ist heute die gute Qualität der Gänge. Isländer beherrschen nämlich fünf verschiedene Gangarten: den Fetgangur (Schritt), den Brökk (ein Trab, der auf schwierigem Gelände benutzt wird), den Stökk (ein leichter Galopp), den Skeid (ein Paßgang, um kurze Strecken mit hoher Geschwindigkeit zurückzulegen) und den Tölt (ein Viertakt, mit dem auf unebenem Gelände hohe Geschwindigkeiten erreicht werden können).

WISSENSWERTES

Hengstkämpfe, bei denen der natürliche Kampfinstinkt der Tiere ausgenutzt wurde, waren in früheren Zeiten auf Island eine beliebte Unterhaltung. Die Isländer ließen jeweils zwei eigens ausgebildete Hengste gegeneinander antreten und reizten sie dann zusätzlich mit Stachelstöcken – ein gefährliches Vergnügen, bei dem häufig jemand verletzt oder sogar getötet wurde.

UNTEN
Trotz ihrer geringen Körpergröße sind Isländer enorm kräftig und schnell. Sie werden daher auch außerhalb ihrer Heimat als vielseitig einsetzbare Reitpferde geschätzt.

Fjordpferd

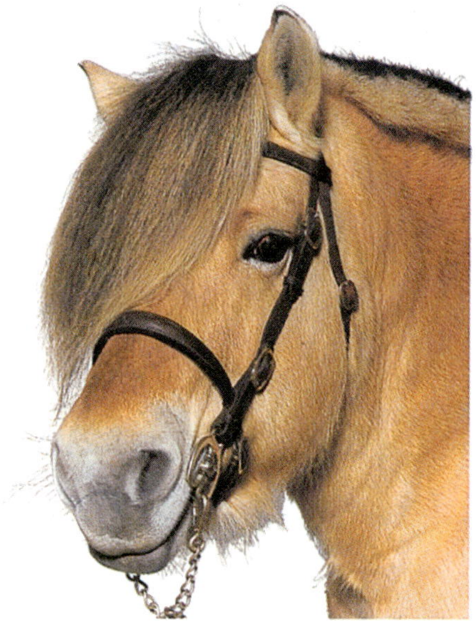

RASSENMERKMALE

Stockmaß: 135–145 cm.

Farbe: Falbe in verschiedenen Schattierungen mit schwarzem Aalstrich; Abzeichen werden nicht gern gesehen.

Exterieur: Ponykopf mit breiter Stirn und kleinen Ohren; muskulöser Nacken; starker, tiefer Rumpf; eher tief angesetzter Schweif; kurze, kräftige Beine mit kurzer Röhre und ausgeprägten Gelenken; harte, robuste Hufe.

Die Heimat des Fjordpferds, das auch Norweger genannt wird, ist Skandinavien. Hier ist es vermutlich schon seit vorgeschichtlicher Zeit zu Hause. Auf den ersten Blick ähnelt es dem Przewalski-Pferd (dem asiatischen Wildpferd), doch ist sein Kopf leichter und weniger „primitiv". Schon die Wikinger bildeten Pferde ab, die große Ähnlichkeit mit dem heutigen Fjordpferd hatten und kämpfend dargestellt wurden. Pferdekämpfe, die auch in Island ein beliebter Zeitvertreib waren, wurden entweder als Sport oder Bewährungsprobe oder als Mischung aus beidem durchgeführt.

Durch den jahrhunderte- wenn nicht jahrtausendelangen Aufenthalt im Gebirge entwickelte sich ein kräftiges, muskulöses Kleinpferd mit kurzen, starken Beinen, gesunden Gelenken und harten, robusten Hufen. Über Jahrhunderte war das Fjordpferd mit seiner angeborenen Trittsicherheit, Stärke, Widerstandskraft und großer Ausdauer eine wertvolle Hilfe in der Landwirtschaft. Das Fjordpferd eignet sich aber auch vorzüglich als Packpferd im Gebirge, da es strengen Witterungseinflüssen trotzt und sich unerschrocken in unwegsamem Gelände bewegt.

Heute trifft man das Fjordpferd in vielen Ländern außerhalb Skandinaviens, z. B. in Deutschland, Dänemark und England an. Es eignet sich als Reit- und als Kutschpferd.

LINKS
Obwohl Fjordpferde in den Bergen zu Hause sind, passen sie sich leicht an andere Umgebungen an und werden in vielen Ländern wegen ihres hübschen Äußeren und ihrer Leistungsbereitschaft geschätzt.

GEGENÜBER OBEN
Das Fjordpferd hat einen typischen Ponykopf mit kleinen Ohren, großen, weit auseinanderstehenden Augen und ein kleines Maul, das häufig heller als das restliche Fellkleid ist.

GEGENÜBER
Der gedrungene Körperbau deutet auf Robustheit und Stärke hin. Mit der guten Brusttiefe, einem stark bemuskelten Nacken und kräftigen Beinen eignet sich der „Norweger" besonders für Arbeiten, die aufgrund des Geländes nicht maschinell ausgeführt werden können.

LINKS
Die auffallende silbrige und schwarze Farbe von Mähne und Schweif kommt nur beim Fjordpferd vor.

RECHTS
Fjordpferde sind ausgezeichnete Gespannpferde. Sie haben eine freundliche, gehorsame Art, sind aber bewegungsfreudig und wie alle Bergponys sehr trittsicher.

WISSENSWERTES

Das Fjordpferd ist durch die ungewöhnliche Farbe seiner Mähne und seines Schweifs gekennzeichnet. Beide bestehen im Innern aus schwarzen und außen aus silbernen Haaren. Die Mähne wird meist zur Stehmähne gestutzt, wobei die inneren schwarzen Haare über die hellen Außenhaare hinausstehen.

Haflinger

Der hübsche Haflinger erhielt seinen Namen nach der südtiroler Ortschaft Hafling. In dieser Region wurde er vor Jahrhunderten zum ersten Mal gezüchtet. Seine Vorfahren waren einheimische Gebirgspferde und Ponys, die man mit Araberblut hochgezüchtet hatte. Fast alle heutigen Haflinger sind die Nachkommen des in Österreich gezüchteten Hengstes Folie, Sohn des Halbblutarabers El Bedavi XXII., der ein Urenkel des Araberhengstes El Bedavi war.

Mit der Zeit führte Inzucht zu einem sehr ausgeprägten Kleinpferdetyp: kurzbeinig, aber kräftig, immer fuchsfarben, robust und trittsicher, wie ein Gebirgspferd sein muß.

Mit seiner fügsamen Natur eignet sich der Haflinger vorzüglich als vielseitiges Reit- und Zugpferd. Vor der Mechanisierung war er als landwirtschaftliches Nutzpferd und als Packpferd begehrt. Heute dienen viele Haflinger als Reitpferde. Die Rasse wurde in viele Länder exportiert und ist besonders in Deutschland und in der Schweiz beliebt.

Die Tiere erreichen ein bemerkenswert hohes Alter.

RASSENMERKMALE

Stockmaß: Um 140 cm.

Farbe: Hell- bis kastanienbraun mit „blonder" Mähne.

Exterieur: Intelligenter Kopf mit großen Augen und kleinen Ohren; eher steile Schulter; kräftiger, tiefer Rumpf mit muskulösen Lenden; mächtige Kruppe; starke Gliedmaßen und hervorragende Hufe.

LINKS
Die „Ungarische Post" im Haflingerstil! Die Rasse vereint Kraft mit einer sehr lebhaften Gangart und kann durch Training zahlreiche Dressurlektionen erlernen.

UNTEN LINKS
Haflinger sind echte „Allrounder", die sowohl vor dem Wagen als auch unterm Sattel willig arbeiten. Dieses stattliche Gespann wurde in der Schweiz fotografiert.

UNTEN
Das gutmütige Temperament des Haflingers ist an seinem hübschen Kopf mit den großen, freundlichen Augen und dem wachen Ausdruck zu erkennen.

WISSENSWERTES

Im Stutbuch geführte Haflinger bekommen das traditionelle Brandzeichen, ein Edelweiß mit einem „H" in der Blütenmitte.

Sorraia-Pony

Heute überlebt das urwüchsige Sorraia-Pony, das früher zur Feldarbeit und als Reitpferd genutzt wurde, in kleinen, verwilderten Herden. Seine Heimat ist die Region zwischen den Flüssen Sor und Raia in Portugal, Nebenflüssen des Sorraia, der von Süden in das Tagus-Delta mündet.

Man nimmt an, daß das Sorraia-Pony vom asiatischen Wildpferd und dem Tarpan abstammt. Besonders letzterem sieht es mit seinem kleinen Wuchs und dem großen Kopf erstaunlich ähnlich. Das überwiegend graubraune Fell des Sorraia-Ponys ist ebenfalls typisch für diesen urtümlichen Pferdetyp.

Das Sorraia-Pony besitzt nicht den vorteilhaftesten Körperbau. Dennoch ist es äußerst zäh, kommt mit karger Futterqualität zurecht und erträgt klimatische Extreme. Die Schulter ist gewöhnlich steil, die Kruppe eher schwach. Das Pony hat ziemlich lange, feingliedrige Beine mit wohlgeformten harten Hufen.

LINKS
Die dominierende Farbe des kleinen, halbwilden, portugiesischen Sorraia-Ponys ist graubraun. Die Rasse ist sehr alt und ausgesprochen widerstandsfähig.

UNTEN
Wuchs und Erscheinungsbild des Sorraia-Ponys gleichen dem urwüchsigen Tarpan. Durch vereinzelte, selektive Zucht soll die ursprüngliche Gestalt erhalten bleiben.

RASSENMERKMALE

Stockmaß: 122–133 cm.

Farbe: Überwiegend graubraun, manchmal falb mit schwarzem Aalstrich und häufig Zebrastreifen an den Beinen, gelegentlich auch am Rumpf.

Exterieur: Großer, primitiv erscheinender Kopf mit leichter Ramsnase; steile Schulter, schwache Kruppe mit tief angesetztem Schweif, lange, feingliedrige Beine.

WISSENSWERTES

Das Sorraia-Pony soll mit dem Garrano, einem nordportugiesischen Pony, verwandt sein. Aufgrund arabischer Einkreuzungen ist das Garrano trotz seiner geringen Größe dem Sorraia-Pony überlegen. Es ist von Natur aus widerstandsfähig und wird in der Landwirtschaft eingesetzt.

Pony of the Americas

Gefleckte Ponys werden seit den 1950er Jahren gezüchtet. Der erste Zuchthengst, Black Hand, war der Sohn eines Shetlandpony-Hengstes und einer Appaloosa-Stute und entsprach einem Miniatur-Appaloosa.

Das gefleckte Pony erfreute sich schnell zunehmender Beliebtheit und ist inzwischen in den USA und Kanada ein beliebtes, vielseitig eingesetztes Reitpony mit eigenem Zuchtverband und Stutbuch.

Das Pony of the Americas wird nicht größer als 134 cm und muß Appaloosa-Farbe haben. Es sollte gut proportioniert, kräftig, edel und vornehm sein – ungefähr die Miniaturausgabe aus einer Kreuzung aus Quarter Horse und Araber. Die Gänge sollten flüssig, korrekt und raumgreifend sein. Das Pony of the Americas ist vielseitig. Es wird bei Western-Schauveranstaltungen ebenso eingesetzt wie bei Reit- oder Fahrturnieren. Wegen seines freundlichen Wesens eignet es sich gut als Kinderpony.

OBEN
Der Kopf des Ponys ist fein, mit freundlichen Augen, die sein sanftes, freundliches Wesen verraten.

UNTEN
Vom Äußeren her erinnert das Pony of the Americas an ein veredeltes Quarter Horse.

WISSENSWERTES

Leslie Boomhower aus Mason City, Iowa, kreuzte als erste Shetlandponys mit Appaloosas und begründete so die Zucht für das Pony of the Americas.

RASSENMERKMALE

Stockmaß: 114–134 cm.

Farbe: Appaloosa-Zeichnung – Tiger, Snowflake, Blanket, Marble, Frost.

Exterieur: Korrekter, manchmal abgeflachter Kopf mit großen, freundlichen, hervorstehenden Augen und mittelgroßen Ohren; leicht geschwungener Hals; tiefe, gewinkelte Schulter mit deutlichem Widerrist; tragfähiger, stark bemuskelter Rumpf, gute Sattellage, lange, abgeschlagene Kruppe; starkes Fundament mit guten, fehlerfreien Gelenken und breiten, wohlgeformten Hufen.

Amerikanisches Shetlandpony

Zum ersten Mal wurden Shetlandponys in den 80er Jahren des letzten Jahrhunderts nach Amerika exportiert. Sie wurden schnell beliebt, und schon 1890, als der *American Shetland Pony Club* gegründet wurde, gab es mehr als 200 eingetragene amerikanische Züchter – unter anderem den berühmten Bill Cody, genannt „Buffalo Bill".

Heute gibt es unzählige amerikanische Shetlandponys, die aber mit den ursprünglichen „Shetties" keine große Ähnlichkeit mehr haben.

Das Amerikanische Shetlandpony ist das Ergebnis von Kreuzungen zwischen reinen Shetlandponys, Hackney Ponys, etwas Araber und etwas Vollblut. Es ist edler als das echte Shetlandpony, hat einen etwas längeren und schlankeren Rumpf und längere, grazilere Beine. Auch der Kopf hat seine echten Ponymerkmale eingebüßt. Wegen seiner hohen, extravaganten Haltung, die den Einfluß des Hackneys zeigt, ist das Amerikanische Shetlandpony ein beliebtes Gespannpferd.

RASSENMERKMALE

Stockmaß: 105 cm und darunter.

Farbe: Alle Farben.

Exterieur: Relativ langer Kopf mit geradem oder abgeflachtem Profil; langer, anmutiger Hals mit ausgeprägtem Widerrist; ausgeprägte Schulter; kurzer Rumpf mit kräftiger Kruppe; relativ lange Beine.

LINKS
Das Amerikanische Shetlandpony wird gewöhnlich etwa 5 cm größer als das echte Shetlandpony. Die Farbverteilung ist dieselbe wie bei der ursprünglich schottischen Rasse.

OBEN
Aufgrund von Hackney-, Araber- und Vollblut-Einkreuzungen hat das Amerikanische Shetlandpony in unterschiedlich starker Ausprägung den echten Ponycharakter seiner britischen Vorfahren verloren.

WISSENSWERTES

Shetlandponys eignen sich mit ihrer raumgreifenden Aktion, die durch Einkreuzung von Hackney-Blut erzielt werden konnte, gut für Gespanne. Wie bei allen amerikanischen Pferden mit besonderen Gängen förderte man bei der Zucht überlange Gliedmaßen. Die Ponys nehmen bei Turnieren in allen Klassen teil.

Pferde- und Ponytypen

Im Lauf der Geschichte tauchten immer wieder Pferde und Ponys mit ungewöhnlichen Farben und Fellzeichnungen auf und wurden unabhängig von ihrer Rasse auch hoch gehandelt. Seit geraumer Zeit ist für die häufigsten dieser Farbtypen in einigen Ländern die Registrierung oder Eintragung ins Stutbuch möglich – tatsächlich werden manche sogar als eigene „Rasse“ geführt. Eine Rasse beschreibt Pferde, die über eine bestimmte Dauer selektiv gezüchtet wurden und daraufhin bestimmte Merkmale entwickelten. Pferde, die derselben Rasse angehören, sind mit ihren Stammbäumen im Stutbuch vermerkt. Mit „Typ“ beschreibt man ein Pferd, das für einen bestimmten Zweck, z. B. als Jagdpferd, gezüchtet wurde. Jede Züchtung in diese Richtung kann (und wird) ein Pferd hervorbringen, das sich zur Jagd eignet, auch wenn Jagdpferde deshalb nicht als eigene Rasse gelten. Im Vergleich zu den bestehenden Rassen mit festgelegten Merkmalen gibt es verhältnismäßig wenig Pferde- und Ponytypen. In der Welt des Pferdesports spielen manche von ihnen aber dennoch eine wichtige Rolle.

Palomino

Immer wieder in der Geschichte wurden Pferde mit goldfarbenem Fell verehrt. Sie schmücken Kunstwerke aus Asien, Japan und aus europäischen Ländern, die oft viele Jahrhunderte alt sind. Auch in Homers *Ilias* und in der norwegischen Sage werden sie erwähnt. Königin Isabella von Spanien, die die Seereisen des Columbus finanzierte, förderte auch die Zucht goldfarbener Pferde, daher nennt man die Tiere auch „Isabellen". Über den Ursprung des Namens „Palomino" herrscht Unsicherheit, aber wahrscheinlich geht er auf Juan de Palomino zurück, der von Cortès ein goldfarbenes Pferd geschenkt bekam. Andere Theorien besagen, daß er von dem Wort *paloma*, spanisch für Taube, stammt. Da Palominos in verschiedenen Rassen auftreten, bezieht sich die Typbezeichnung nur auf die Farbe und nicht auf eine bestimmte Rasse.

RASSENMERKMALE

Stockmaß: Nach den Richtlinien der Palomino Horse Breeders of America (PHBA) sind Pferde zwischen 142 und 173 cm zulässig.

Farbe: Goldfarbenes Fell. Die Haut ist gewöhnlich grau, dunkel, braun oder scheckig, ohne durchschimmerndes Rosa oder Flecken, mit Ausnahme des Gesichts und der Beine. Schwarze, braungrüne und braune Augen. Weiße Mähne und weißer Schweif mit maximal 15 Prozent dunklen oder fuchsfarbenen Haaren. Aalstrich und Beinstreifen unzulässig.

Exterieur: Edler Kopf, Wuchs und edles Gebäude; die Pferde müssen den Anforderungen ihrer jeweiligen Rasse entsprechen und sich sowohl für Westernreiten wie für die klassische Reitweise eignen. Sie dürfen weder Pony- noch Kaltblutmerkmale aufweisen.

▮ VORHERIGE SEITE LINKS
Ein Pinto mit Tobiano-Muster.

▮ VORHERIGE SEITE
Typische Palomino-Farbe.

▮ OBEN
Palominos haben immer eine weiße Mähne und einen weißen Schweif. Für die Eintragung ins offizielle Register sollte der Kopf dem eines Reitpferds ähneln und keine Pony- oder Kaltblutmerkmale aufweisen.

▮ LINKS
Dieses Quarter Horse ist ein Musterbeispiel für die Anforderungen des PHBA an die Fellfarbe, die „dem Ton einer frisch geprägten Goldmünze" entsprechen soll.

RECHTS
Palominos wie dieses englische Pferd findet man weltweit. Sie müssen keiner bestimmten Rasse angehören, um zur Registrierung zugelassen zu werden.

UNTEN RECHTS
Goldfarbene Pferde wurden in allen Teilen der Welt schon immer hoch gehandelt. Diese beiden wurden in Frankreich fotografiert.

WISSENSWERTES

Palominos treten in zahlreichen Rassen auf. In den USA findet man sie beim Morgan Horse, Quarter Horse, Saddlebred und Tennessee Walker und in Großbritanien unter den Welsh-Ponys und -Cobs.

Auch wenn Palominos überall zu finden sind, verbindet man sie doch überwiegend mit der Neuen Welt, wo sie von den spanischen Eroberern eingeführt wurden. Der Ursprung ihrer Farbe ist unbekannt, soll aber von Araberpferden abstammen, obwohl kein Vollblut-Araber diese Farbe trägt. Erstaunlich – vielfach aber auch enttäuschend – ist die Tatsache, daß Palominos ihre Farbe nicht unbedingt an ihre Fohlen weitervererben. Besonders die Vererbung der Fellfarbe ist bei Pferden ein hochkompliziertes genetisches Problem, da viele dominante und rezessive Gene im Spiel sind. Einfach ausgedrückt, besteht bei der Kreuzung von zwei Palominos nur zu 50 Prozent die Chance, wieder ein Palomino-Fohlen zu erhalten. Mit der Wahrscheinlichkeit von 25 Prozent ist das Fohlen ein Fuchs oder ein Pseudo-Albino, ein sogenannter Cremello. Bei der Kreuzung eines Palomino mit einem Fuchs liegen die Chancen für einen Palomino wieder nur bei 50 Prozent, und dessen Farbe kann so wenig ausgeprägt sein, daß sie von den meisten Palomino-Verbänden nicht anerkannt wird. Die Kreuzung mit allen anderen Farben reduziert die Möglichkeit für ein palominofarbenes Fohlen zusätzlich.

Trotz dieser Unsicherheiten haben Palominos ihre ursprüngliche Attraktivität nicht verloren. Als leistungsfähige Reitpferde trifft man sie in vielen Ländern auf Turnieren an – schließlich entscheidet die Statur über den sportlichen Erfolg und nicht die Farbe.

Appaloosa

Das gefleckte Fell des amerikanischen Appaloosa läßt sich bis zu den Pferden der spanischen Eroberer zurückverfolgen. Besonders die Nez-Percé-Indianer, die im Grenzgebiet der heutigen Bundesstaaten Idaho, Oregon und Washington lebten, schätzten die gefleckten Pferde. Der Name Appaloosa leitet sich von Palouse ab, einer Region am Fluß Palouse.

Die Nez Percé sollen der erste Indianerstamm gewesen sein, der systematisch Pferde züchtete. Als der Stamm in der zweiten Hälfte des letzten Jahrhunderts von der US-Armee vernichtend geschlagen wurde, entkamen nur wenige seiner Tiere dem Gemetzel. Mit ihren Nachfahren baute man erst 1920 wieder eine geregelte Appaloosa-Zucht auf. 1938 wurde in Oregon der *Appaloosa Horse Club* gegründet, der das Ziel hatte, nach dem Ursprung des Appaloosa-Pferdes zu forschen, die Rasse zu erhalten, zu verbessern und zu vereinheitlichen und ein Register für anerkannte Tiere einzurichten.

Die sehr erfolgreiche Wiederaufnahme der Appaloosa-Zucht führte dazu, daß die Tiere heute bei allen Westernreitturnieren, beim Distanzreiten, bei Springturnieren und im Jagdreiten vertreten sind. Auch wenn Appaloosas überwiegend in den USA vorkommen, findet man sie inzwischen auch in vielen anderen Ländern.

LINKS
Die auffällige Zeichnung der amerikanischen Appaloosas stammt ursprünglich von den spanischen Pferden der Eroberer.

UNTEN LINKS
Das Appaloosa ist ein kompaktes, gut bemuskeltes Pferd. Die dünne Mähne und der dünne Schweif sind charakteristisch für die Rasse.

RASSENMERKMALE

Stockmaß: Etwa 144–154 cm.

Farbe: Geflecktes Fell, besonders um die Nüstern und im Genitalbereich gesprenkelte Haut.

Exterieur: Der Appaloosa ist ein kompaktes Pferd mit gut geformtem Hals, kurzem, starkem Rücken, sehr kräftiger Hinterhand und äußerst harten Hufen.

LINKS
Pferd und Reiter in ihrem traditionellen Schmuck erinnern an die Zeit, als gefleckte Pferde überwiegend von den Nez-Percé-Indianern geritten wurden.

LINKS AUSSEN
Gefleckte Pferde sind auch außerhalb der USA beliebt. So findet der Appaloosa z. B. in England eine wachsende Anhängerschar – dieses Pferd wurde auf der Royal Windsor Horse Show fotografiert.

Es gibt fünf verschiedene Fellzeichnungen: *Tiger* – Farbe über den Lenden und der Hinterhand mit dunklen, runden oder ovalen Flecken; *Snowflake* – dunkle Punkte auf weißem Fell, gewöhnlich am stärksten auf der Hinterhand; *Blanket* – flächig-weiße Hinterhand ohne dunkle Flecken; *Marble* – am ganzen Körper gefleckt; *Frost* – weiße Flecken auf dunklem Fell.

Weitere Unterscheidungsmerkmale sind die weiße Sklera des Auges sowie hell und dunkel gestreifte Hufe. Mähne und Schweif sind eher dünn. Es bestehen auch Unterschiede zwischen dem Appaloosa in Amerika und dem in Europa.

WISSENSWERTES

Um ins 1983 gegründete Walkaloosa-Register (in USA Pferde mit Gangart zwischen Schritt und Trab) eingetragen zu werden, muß ein Pferd eines der drei folgenden Kriterien erfüllen: Beide Elternteile müssen registrierte Walkaloosas sein, oder bei Appaloosa-Farbe muß das Pferd mindestens eine andere Mittelgangart als Trab beherrschen, oder einer der Elternteile muß nachprüfbar Appaloosa (Farbe) und der andere Paso, Foxtrotter oder Tennessee Walker sein. Die typische Farbe des Walkaloosas entspricht der des Appaloosas, einschließlich der weißen Sklera des Auges. *Tiger-*, *Blanket-* und *Snowflake*-Schecken sind am häufigsten, aber auch andere Farben sind zulässig. Walkaloosa wie auch Appaloosa sind für ihr freundliches, einfühlsames Wesen bekannt und eignen sich hervorragend als Freizeit und Wanderreitpferde.

LINKS
Wegen seiner kräftigen Beine und ausgezeichneten Hufe eignet sich der Appaloosa besonders für Distanzritte.

Paint

RASSENMERKMALE

Da verschiedene Pferderassen als Paints registriert werden können, gibt es bezüglich der Größe und des Exterieurs entsprechende Unterschiede. Dennoch haben alle amerikanischen Paints eine für den Typ charakteristische Prägung: Sie eignen sich generell vom Knochen- wie Körperbau ausgezeichnet für die Rancharbeit, sind vielseitig einsetzbar und kräftig.

Überall auf der Welt gibt es Pferde mit mehrfarbigem Fell (auch Schecken genannt), aber man verbindet sie besonders mit den nordamerikanischen Indianern.

In Amerika kann ein geschecktes Pferd entweder als Paint Horse oder Pinto registriert werden, wenn es bestimmte Kriterien erfüllt. Die *American Paint Horse Association (APHA)* wurde 1962 gegründet, damit Pferde mit einem Fleckenkleid und mit einem bestimmten typeigenen Exterieur registriert werden können. Um ins Register aufgenommen zu werden, müssen die Tiere von registrierten Paints, Quarter Horses oder Vollblütern abstammen und farbliche Mindestkriterien erfüllen. So muß ein überwiegend dunkles Pferd ein angeborenes, deutlich weißes Farbmal tragen und ein helles Pferd ein deutlich dunkles Farbmal. Das Farbmal muß eine bestimmte Größe haben und der darunterliegenden Hautfarbe entsprechen (hell auf hell, dunkel auf dunkel). Die Farbkontraste müssen bei der Geburt eines Fohlens und bei der Registrierung sichtbar sein.

Die APHA führt zwei Register, das Gewöhnliche und das Zuchtregister. Zur Aufnahme in das Gewöhnliche Register muß ein Fohlen wenigstens einen Fleck von 5 cm Durchmesser tragen. Kann dieses Kriterium nicht erfüllt werden (z. B. bei

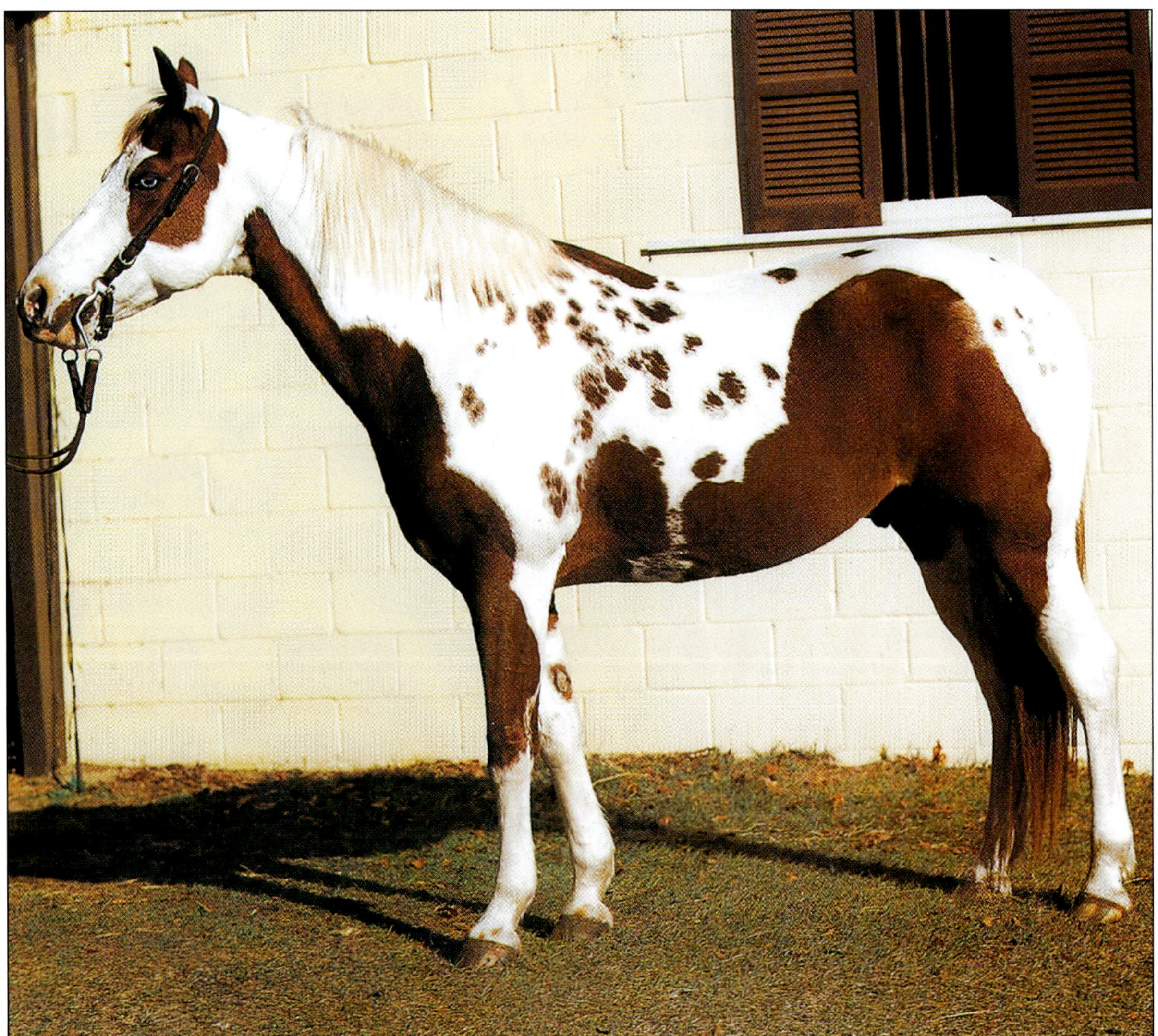

OBEN LINKS
Dieses Paint Horse hat ein Tobiano-Muster: dunkle Flanken, ein „Schild“ auf Hals und Brust und weiße Beine.

LINKS
Gestalt und Gebäude des Paint Horse sind charakteristisch für den Zuchttyp: gutes, kräftiges und vielseitig einsetzbares Reitpferd.

UNTEN
Die Farbgebung (Overo, Tobiano, Tovero) ist für Paint Horses und Pintos identisch (dieses Pferd ist ein Tobiano). Sie entscheidet aber nur bei Pintos über die Zulassung in eines der Typen-Register.

einem einfarbigen Fohlen von gescheckten Eltern), kann dieses Fohlen in das Zuchtregister aufgenommen werden, da dessen Nachwuchs wiederum gescheckt sein könnte. Das Farbenspektrum des Paintfells umfaßt alle bekannten Schattierungen. Die Muster reichen von Farbig mit minimalem Weißanteil bis zu Weiß mit minimalem Farbanteil. Je nach Lage des Scheckmusters unterscheidet man zwei Hauptrichtungen: Overo und Tobiano.

Overo-Pferde zeichnen sich dadurch aus, daß das weiße Fell selten den Rücken zwischen Widerrist und Schweif überquert, gewöhnlich ein Bein, häufiger aber alle Beine dunkel sind und daß das weiße Muster unregelmäßig, verstreut oder fleckig auftritt (genannt „calico"). Die Kopfzeichnung fehlt meistens; der Schweif ist gewöhnlich einfarbig.

Tobiano-Pferde dagegen haben folgende Merkmale: Eine oder beide Flanken sind dunkel; die vier Beine sind gewöhnlich weiß, wenigstens unterhalb der Fesseln und der Knie; die Muster sind regelmäßig und deutlich oval oder rund und erstrecken sich über Hals und Brust, so daß der Eindruck eines Brustschildes entsteht; der Kopf ist einfarbig oder mit Blesse, Strich, Stern oder Schnippe; der Schweif ist gewöhnlich zweifarbig.

Pferde mit Overo- und Tobiano-Muster heißen Tovero.

UNTEN
Paints wurden immer als Westernpferde betrachtet. Das linke Pferd ist ein Overo mit fehlender Kopfzeichnung.

WISSENSWERTES

Die *Pinto Horse Association of America* wurde 1947 gegründet, damit Pferde und Ponys mit demselben Overo- und Tobiano-Muster wie Paint Horses registriert werden konnten. Pintos gibt es vom Pony bis zum stattlichen Großpferd: Sie werden je nach Zuchtziel in vier verschiedene Typen eingeteilt: Stock, Hunter, Pleasure und Saddle.

Stock-Typ: Überwiegend aus der Rasse des Quarter Horse; doppelt, als Paint und Pinto, registrierte Pferde fallen häufig unter diese Kategorie. Das Exterieur entspricht meistens dem Westernpferd. Für das Westernpony gelten ähnliche Zuchtkriterien.

Hunter-Typ: Überwiegend Vollblut und „Jokey Club", nur wenige Paint Horses fallen unter diese Kategorie. Das Exterieur entspricht gewöhnlich dem englischen Reitpferd. Ponys ähneln der Kreuzung aus Vollblut mit Connemarapony.

Pleasure-Typ: Überwiegend Züchtungen aus Araber und Morgan. Ponys ähneln in Haltung und Exterieur dem Araber, Morgan oder Welsh-Pony.

Saddle-Typ: Überwiegend Saddlebred- oder Tennessee-Walker-Züchtungen, die Pferde zeigen dieselbe hohe Kopfhaltung und Eleganz. Ponys entsprechen in Wesen und Exterieur dem Amerikanischen Shetlandpony und dem Hackney.

Um als Scheckentyp zugelassen zu werden, muß ein Pinto deutliche weiße Abzeichen am Rumpf, nicht aber an Kopf und Beinen aufweisen. Die Muster müssen groß genug sein, wobei eine dunkle Wange oder Haube oder ein gefleckter Kopf bei weißem Rumpf als typisches Pinto-Muster gilt. Ein weißes Pferd mit braunen Flecken an Kopf und Rumpf zählt ebenso als Pinto wie ein dunkles Pferd mit einem weißen Fleck am Rumpf. Dennoch entscheidet die Größe der Farbfläche, ihre Lage, das Blut der Eltern, Geschlecht und Alter darüber, ob ein Pferd ins Farb- oder Zuchtregister eingetragen wird.

Knabstruper

Gefleckte Pferde sind seit dem Altertum bekannt und geschätzt. Sie schmückten chinesische Kunstwerke und waren mit einer eigenen Linie bei den Norikern (einer altösterreichischen, leichten Zugpferdrasse) und den spanischen Pferden vertreten, die weltweit einen großen Einfluß auf die Zucht der modernen Pferderassen hatten. Der einstmals berühmte dänische Knabstruper stammt von spanischen Pferden aus der Zeit der Napoleonischen Kriege ab. Damals wurde eine gefleckte Stute namens Flaebehoppen von einem Metzger namens Flaebe (daher der Name) gekauft. Sie war eine ausgesprochen schnelle und ausdauernde Stute, so daß ihr nächster Besitzer, Richter Lunn, sie mit Frederiksborgern kreuzte und damit die Linie der dänischen Tigerschecken gründete.

Diese nach Lunns Landsitz Knabstrup benannte Linie war sehr viel weniger stattlich als der Frederiksborger, aber widerstandsfähig und gesund. Wegen der attraktiven Fellzeichnung wurden sie bald beliebte Zirkuspferde. Nachfolgende Rückkreuzungen zum Frederiksborger verminderten die Zahl der vollblütigen Knabstruper, obwohl einzelne Exemplare dieser Rasse immer noch vorkommen.

WISSENSWERTES

Die erstaunliche Begabung der Rasse als Zirkuspferd zeigte sich auch in Amerika, als man einen großen Königs- oder Bengaltiger im Manegenrund auf einem Knabstruper reiten ließ. Für den Fall, daß der Tiger ins Rutschen geraten und sich festkrallen sollte, trug das Pferd eine Schutzdecke!

RASSENMERKMALE

Stockmaß: 154–163 cm.

Farbe: Tigerschecke mit Tupfen auf Kopf, Rumpf und Beinen.

Exterieur: Unterschiedlich, aber bei den besten Tieren korrekte Gesamterscheinung mit einem freundlichen, intelligenten Kopf. Mähne und Schweif sind gewöhnlich dünn wie bei den meisten gefleckten Pferden.

OBEN LINKS
Die fleckige Hautfarbe der Lippen und des Mauls, typisch für alle gefleckten Pferde, erkennt man gut an diesem Knabstruper.

LINKS
Das charakteristische weiße Fell mit den dunklen Punkten in Verbindung mit dem intelligenten, freundlichen Wesen machten den Knabstruper zu einem beliebten Zirkuspferd.

Geflecktes Pony

Seit Jahrhunderten leben „Spotted Ponies" besonders in Englands Westen und in Wales. Die Tiere sollen mit den Römern ins Land gekommen sein, aber ein Teil der heutigen Gefleckten Ponys haben auch spanische Vorfahren. Dennoch wurde erst vor relativ kurzer Zeit ein Zuchtverband für diese ungewöhnlichen Pferde gegründet. Nach Einrichtung des ersten britischen Registers für gefleckte Pferde und Ponys 1947 teilte sich der Gründungsverband schon 1976 in die *British Spotted Pony Society*, unter deren Dach Ponys bis zu einem Stockmaß von 144 cm registriert werden und die *British Appaloosa Society* für größere Tiere.

Für die Eintragung müssen Ponys mehrere der folgenden Merkmale besitzen: weiße Sklera der Augen; schwarz-weiß gefleckte Haut, am sichtbarsten rund um das Maul, um die Augen und in den Ohren; gestreifte Hufe. Wenn einfarbige Ponys nachweislich gefleckten Nachwuchs haben, können sie in einem getrennten Register geführt werden, sollten aber auch die typischen Merkmale besitzen. Schekken und deren Nachwuchs werden nicht zugelassen.

Gefleckte Ponys sind vom Typ kleine Reit- oder Cob-Ponys, sollten sich aber alle durch ihren Knochenbau, ihr Wesen und ihre lebhafte Gangart als echte Ponys ausweisen. Sie eignen sich unter dem Sattel wie im Gespann als Turnierpferde und erfreuen sich bei Reit- und Voltigierturnier wachsender Beliebtheit. Gefleckte Ponys dieses Typs gibt es inzwischen in Australien, Nordamerika und in verschiedenen europäischen Ländern wie Frankreich, Deutschland und Holland. Tatsächlich war die Nachfrage aus Übersee so groß, daß der Zuchtverband Vorführ- und Zuchthengstprämien einführte, um Züchtern den Anreiz zu bieten, ihre besten Stuten und Hengste zu behalten.

RASSENMERKMALE

Stockmaß: Nicht über 144 cm.

Farbe: Tigerschecken (Flecken jeder Farbe auf weißem oder hellem Hintergrund); schwach tigerscheckig (weißes Fell mit wenigen Punkten); *Snowflake* (weiße Flecken auf dunklem Fellgrund); *Blanket* (weiße Fläche mit oder ohne Flecken über Kruppe und Hinterhand, alle Grundfarben).

Exterieur: Korrekter Ponykopf mit auseinanderstehenden, großen, hervorstehenden Augen, kleinen, hübschen und wohlgestellten Ohren, deutliche, offene Nüstern und leichtes Genick; langer Hals, bei Hengsten mit sichtbarem Kamm; kräftige, schräge Schulter mit deutlichem Widerrist; starker, muskulöser Rumpf mit guter Brusttiefe; lange, gut bemuskelte Kruppe mit gutangesetztem Schweif (Reitponys mit etwas feinerer Hinterhand); korrekte Gliedmaßen mit langen, starken Vorderbeinen, ausgeprägten Gelenken, tiefer Fesselung, kurzer Röhre; wohlgeformte, harte Hufe.

WISSENSWERTES

Wie bei allen Farben bestimmen die Gene den Zuchterfolg bei den „Getigerten". Manche Fohlen, sogenannte „Fader", verlieren ihre Flecken mit dem Älterwerden. Dieses „Verblassen" wird durch ein eigenes dominantes Gen verursacht und betrifft selten Fellflecken, die sich deutlich vom restlichen Fell absetzen. Da sich die Fellfarbe eines Fohlens oft auch anderweitig ändern kann, sollte bei jungen Tieren keine Aussage über die spätere Fellfarbe getroffen werden.

OBEN LINKS
Das Gefleckte Pony hat große, ausdrucksstarke Augen, hübsche, bewegliche Ohren und offene Nüstern, typisch für alle echten guten Ponys.

LINKS
Das vielseitige und starke Gefleckte Pony eignet sich gut als Reitpferd und bewährt sich auch im Viererzug.

Hunter

Wie der Name besagt, ist der Hunter ein Jagdpferd. Da es einen Typ und keine Rasse darstellt, gibt es kein „Strickmuster" für einen Hunter. Dennoch werden die besten Hunter nachweislich in Irland, England und in gewissem Umfang in den USA gezüchtet.

Abhängig vom Gelände, in dem Jagden geritten werden, stellen die Reiter unterschiedliche Anforderungen an den Pferdetyp – ein großes, wertvolles Vollblut kann sich bestens zum Galoppieren und Springen auf Gras eignen, aber auf schwerem Ackerboden oder in unwegsamem, hügeligem Gelände weniger vorteilhaft sein, da hier Mut und Geschwindigkeit weniger wichtig als Ausdauer und Trittsicherheit sind. Unabhängig vom geforderten Pferdetyp muß ein Hunter das korrekte Exterieur für die Strapazen der Jagd besitzen. Er muß ausgeglichen sein und über gute Rittigkeit verfügen. Außerdem sollte er lebhaft und furchtlos, aber auch gehorsam und beherrschbar sein. Er muß die Geschwindigkeit der Hundemeute halten können, genügend Ausdauer für lange, kräftezehrende Ritte (zur Jagdzeit auch zweimal pro Woche) haben und je nach Geländestreke auch springen können.

Der Irische Hunter ist oft eine Kreuzung aus Vollblut und Irish Draught, wohingegen die besten Englischen Hunter mit einem Schuß heimischen Ponybluts und ebenfalls Vollblut veredelt werden. Für Hunter besteht keine vorgeschriebene Größe. Bei Turnieren werden Hunter in England und Irland nach dem Gewicht eingeteilt, das sie tragen können.

WISSENSWERTES

In England zählt ein Pferd, das bis zu 80 kg tragen kann, bei Turnieren als Leichtgewicht; ein Mittelgewicht kann 80–89 kg tragen und ein Schwergewicht über 89 kg. Die Pferde werden nach Exterieur, Art der Bewegung, Kondition, Rittigkeit und Gehorsam beurteilt. Es gibt auch eine Klasse für die Damenjagd (Damensattel) und kleine Jagdpferde (144–154 cm). In den Jagd-Klassen müssen die Pferde einen Spring-Parcours mit naturnahen Hindernissen bewältigen.

OBEN LINKS
Bei Zuchtschauen achten die Preisrichter besonders auf ein möglichst perfektes Exterieur. Das Pferd muß außerdem gehorsam und gut zu reiten sein.

LINKS
Die Brusttiefe ist eine wichtige Voraussetzung für die Ausdehnung der Lungen. Eine gut gewinkelte Schulter ermöglicht freie Bewegungen. Welches Gewicht ein Pferd tragen kann, wird über die Statur und den Knochenumfang ermittelt, der am Röhrbein gemessen wird.

RASSENMERKMALE

Stockmaß: Über 144 cm.

Farbe: Alle.

Exterieur: Gutangesetzter Kopf und langer Hals; gut gewinkelte Schulter; starker, eher kurzer Rücken, gute Sattellage und Brusttiefe; starke Lenden; sehr kräftige Kruppe; starke Gliedmaßen mit kräftigen Gelenken und großen, wohlgeformten Hufen.

Polopferd

Das Polospiel soll schon vor 2500 Jahren in Persien gepflegt worden sein. Danach spielte man es in Indien, im Fernen Osten und in Tibet, und erst im 19. Jahrhundert erreichte es die westliche Welt – zuerst England, dann Nord- und Südamerika. Eigentlich ist jedes Pferd, auf dem Polo gespielt wird, ein Polopferd, aber dennoch hat sich ein bestimmter Polotyp entwickelt. Viele der besten Polopferde werden in Argentinien gezüchtet.

Dort wurden aus einheimischen Criollos und Welsh-Mountain-Ponys geeignete Tiere gezüchtet, so daß sich der Sport mit Beginn des 20. Jahrhunderts gut etabliert hatte. Lange Zeit waren die Polopferde eigentlich Ponys, aber nachdem 1919 die Größenbegrenzung von 144 cm für Polopferde aufgehoben wurde, kreuzten die Argentinier etwas englisches Vollblut ein. Das Ergebnis waren größere und schnellere Tiere.

Das Polopferd muß schnell antreten können, benötigt aber nicht den Raumgriff eines Rennpferds. Wichtiger ist eine weiche Aktion, die es dem Spieler ermöglicht, leichter den Ball zu treffen, und die Fähigkeit, schnell zu beschleunigen, zu bremsen und zu wenden. Mut, Ausdauer und eine angeborene Leistungsbereitschaft kennzeichnen das Polopferd.

FOLGENDE SEITE
Stuten und Fohlen auf der Weide in Kentucky.

LINKS
Typisches argentinisches Polopferd mit intelligentem Blick. Die Mähne wird kurz geschoren, damit sich darin nicht der Schläger des Spielers verfängt.

RASSENMERKMALE

Stockmaß: Ungefähr 155 cm.

Farbe: Alle.

Exterieur: Unterschiedlich. Hauptbedingungen sind ein recht langer, gutbemuskelter Hals; gut gewinkelte Schulter mit deutlichem Widerrist; kräftiger Rumpf mit guter Brusttiefe und kurzem Rücken; „abgedrehte“, muskulöse Kruppe; harte Beine mit kurzer Röhre, ausgeprägten Gelenken und wohlgeformten Hufen.

RECHTS
Im angelsächsischen Raum spricht man immer noch von „Poloponys“, auch wenn die Größe der Pferde das Ponymaß weit übersteigt.

WISSENSWERTES

Zwischen den Weltkriegen lebten wohl die besten Polospieler in Indien, wo das Spiel besonders beliebt war. Rudyard Kipling (1865–1936) verlieh dem dortigen Spiel in seiner Erzählung „Die Malteserkatze“ Unsterblichkeit, in der das Match zwischen den Regimentern aus der Sicht der teilnehmenden Pferde beschrieben wird. Ein abgehalfterter, extrem wendiger Schimmel, die „Katze“, weiß mehr über das Spiel als die meisten Menschen.

Pferde- und Ponypflege

Pferdekauf

Jeder, der regelmäßig eine bestimmte Sportart ausübt, wird früher oder später seine eigene Ausrüstung besitzen wollen. Ob das ein Tennisschläger, ein Degen, ein Paar Ski oder ein Segelboot ist, immer wird das Leben mit dem eigenen Besitz in mindestens zweierlei Hinsicht leichter: Erstens ist die Ausrüstung immer zur Hand, wenn man sie benötigt, und zweitens, was noch viel wichtiger ist, steigert man sich fast immer, da man sich mit dem Wissen um die eigenen Fähigkeiten und Beschränkungen für den Kauf gerade dieser Ausrüstung entschieden hat. Reiter haben aber im Vergleich zu anderen Sportlern eine zusätzliche Schwierigkeit: Ihr „Sportgerät“, das Pferd, ist ein lebendiges Wesen mit eigenem Verstand, eigenem Willen und eigener Persönlichkeit. Es ist teuer in der Anschaffung und teuer in der Haltung. Die Wahl des richtigen Pferdes ist oft nicht einfach; die falsche Wahl kann katastrophale Folgen haben. Der zukünftige Pferdebesitzer sollte deshalb mit Vorsicht an den Kauf herangehen.

Wahl des richtigen Pferdes

▮ VORHERIGE SEITE GEGENÜBER
Das Dartmoorpony eignet sich für Kinder.

▮ VORHERIGE SEITE
Der Karbardiner eignet sich besonders für Ausdauerritte.

▮ LINKS
Der Besitz des richtigen Pferdes kann Freude und Anerkennung bringen – für Pferd und Besitzer.

Vor dem Pferdekauf sollten Sie Ihre Reitfähigkeiten ehrlich einschätzen und dabei berücksichtigen, daß die meisten Menschen Ihr Können überschätzen. Begabte und erfahrene Reiter können aus jedem Pferd, auch dem schwierigsten, das Beste herausholen. Sie können junge Pferde schulen und ausbilden, schlecht erzogene, ältere Pferde verbessern und sicherstellen, daß ein gutes Turnierpferd sich auf vorteilhafteste Weise präsentiert. Diese Fähigkeiten fehlen dem unerfahrenen Reiter, der gerade die Grundzüge der Reitkunst beherrscht, und er sollte sein Pferd entsprechend wählen. Der Neuling benötigt ein gutgeschultes, guterzogenes Pferd mit freundlichem Wesen, ein Pferd, das sich um seinen Reiter kümmert. Der Begriff „Schulmeister“ beschreibt diesen Inbegriff eines guten Pferdes gut.

Für die meisten Käufer spielt der Kaufpreis die wichtigste Rolle. Er hängt von verschiedenen Faktoren ab: vom Typ, der Größe und dem Äußeren des Pferdes oder Ponys; vom Alter; vom Temperament und Gehorsam; von (bekannten oder möglichen) Turnierfähigkeiten und von der Ausbildung.

Gewöhnlich ist ein nicht zugerittenes, zwei- bis dreijähriges Pferd preiswerter als ein vier- bis fünfjähriges, das schon geschult ist; danach wird ein Pferd bis zum 10. Lebensjahr immer wertvoller. Ab den „Teens“ verliert es wieder an Wert.

Unabhängig vom Preis richtet sich die Wahl des Pferdes oder Ponys sehr nach Ihrer Größe und Ihrem Gewicht, nach Ihren Fähigkeiten, nach der Unterkunftsmöglichkeit (Stall/Weide), nach der Zeit, die Sie dem Pferd widmen können und danach, was Sie mit Ihrem Pferd vorhaben. Beispielsweise lohnt sich der Kauf eines unruhigen Hochleistungspferds nicht, wenn Sie nervös sind und gemütliche Ausritte im Sinn haben; ebenso werden Sie mit einem Vollblut-Araber keinen Spitzenplatz im Springreiten erzielen. Die Größe hängt sehr von Ihrer eigenen ab – Langbeinige fühlen sich bestimmt auf einem großen Pferd wohler und umgekehrt, und gewöhnlich reitet es sich am einfachsten, wenn das Pferd weder zu groß noch zu klein ist.

Temperament und Gehorsam sind ebenfalls wichtige Gesichtspunkte. Ängstliche Reiter sollten ein ruhiges (aber nicht faules) Pferd wählen, wenn sie nicht ganz vom Reiten abgeschreckt werden wollen,

▮ RECHTS
Die Mehrheit der besonders als Sportpferd gezüchteten Warmblüter eignet sich zum Springreiten. Dieses Pferd ist ein Holsteiner.

▮ UNTEN
Die größeren englischen Ponys wie dieses Highland eignen sich als Jugend- und Erwachsenenpferd. Ihre Haltung ist außerdem preiswert.

UNTEN
Wenn Sie gemütliche Spazierritte planen, sollten Sie kein zu temperamentvolles Pferd wählen.

RECHTS
Für Distanzritte sollten Sie ein Pferd mit Ausdauer wählen. Araber und Halbblut-Araber eignen sich besonders für die Fortgeschritteneren in diesem Sport.

UNTEN
Erfahrene Reiter können junge Pferde schulen, aber Anfänger sollten auf einem erfahreneren Pferd reiten lernen.

wogegen mutigere Reiter einen temperamentvolleren Ritt schätzen und genießen werden.

Falls Sie nicht an Wettbewerben teilnehmen wollen, die sich auf eine bestimmte Pferderasse beschränken, können Sie unter zahlreichen Rassen und Typen wählen. Vergessen Sie jedoch niemals, was Sie mit dem Pferd beabsichtigen: Für Distanzritte muß ein Tier Ausdauer besitzen, für die Vielseitigkeit Ausdauer und Schnelligkeit, und für die Dressur muß es ausgezeichnete Bewegungen haben. Obwohl Hengste in der letztgenannten Disziplin häufig sich selbst übertreffen und auch zunehmend in anderen Wettkämpfen beobachtet werden können, erfordern sie mehr als Wallache und Stuten die Hand eines Profis und eignen sich nicht für den Anfänger. Stuten können launischer sein und mehr Aufmerksamkeit erfordern als Wallache, obwohl eine gute Turnierstute ganz ausgezeichnet sein kann. Sie wird jedoch während der Sommermonate regelmäßig rossig, was problematisch werden kann.

Wenn Sie gute Stall- und Weidemöglichkeiten haben, können Sie problemlos jedes Pferd halten. Fehlt ein Stall, sind Sie beim Kauf etwas eingeschränkt, besonders wenn Sie in einer Gegend mit kalten und nassen Wintern und/oder sehr heißen Sommern wohnen. Ein englisches Pony kann das ganze Jahr gut im Freien verbringen, solange es im Winter, falls nötig, zugefüttert wird. Ein dünnhäutiges Vollblut hingegen benötigt mindestens für die Nacht einen schützenden Unterstand.

Wenn Ihr Pferd für Wettkämpfe oder die Jagd in Spitzenform sein soll, kommen Sie ohne einen Stall nicht aus.

Als nächstes sollten Sie überlegen, wieviel Zeit Sie Ihrem Pferd widmen können. Wenn Sie ganztags arbeiten und während der Woche wenig Zeit zum Reiten haben, lassen Sie Ihr Pferd am besten tagsüber auf der Weide.

Falls Sie keine Teilnahme an anstrengenden Wettkämpfen planen, spielt das Alter des Tiers keine große Rolle. Ältere Tiere haben wahrscheinlich schon mehr geleistet und daher verschlissenere Beine und Körper, aber gute, gewöhnliche Reitpferde und Ponys sind häufig in ihren späten „Teens“ oder Anfang 20. Ein junges Pferd kann natürlich noch viele Jahre genutzt werden und läßt sich leichter für einen guten Preis weiterverkaufen. Dennoch eignen sich Jungpferde nicht für Anfänger, da sie dann keine ordentliche Schulung erhalten.

Wo wird gekauft?

LINKS Viele Pferde werden privat verkauft. Versuchen Sie, soviel wie möglich über das Pferd zu erfahren.

Es gibt unzählige Möglichkeiten, ein Pferd zu kaufen, z. B. bei Auktionen, vom Pferdehändler, über private und kommerzielle Anzeigen in Fachzeitschriften oder der Tagespresse und von der Reitschule, bei der Sie Ihren Unterricht erhielten.

Anfängern wird gewöhnlich vom Auktionskauf abgeraten. Die Schwierigkeit dabei ist sicherlich nicht der schlechte Ruf mancher Verkäufer, sondern vielmehr, daß alle Geschäfte sehr schnell abgewickelt werden und dem Käufer häufig kaum Zeit bleibt, ein Pferd zu reiten. Diese Art des Kaufens verlangt das geübte Auge eines Profis, denn es obliegt dem Käufer, etwaige Mängel aufzuspüren. Wenn z. B. ein zum Verkauf angebotenes Pferd einen deutlichen körperlichen Defekt aufweist, liegt die Beweislast beim Käufer, und solche Mängel können nur innerhalb von 14 Tagen geltend gemacht werden. Andererseits muß das Pferd seiner Beschreibung entsprechen, d. h. ein Turnierspringpferd muß springen können. Sollte sich das Gegenteil herausstellen, kann der Käufer das Pferd zurückgeben, und der Verkäufer ist regreßpflichtig.

Da Pferdehändler Geschäftsleute sind, die um ihren Ruf fürchten müssen, verkaufen sie selten schlechte Pferde. Ihre ortsansässige Reitschule kann Ihnen sicher einen Pferdehändler nennen. Der Vorteil beim Kauf über einen Pferdehändler ist die sicherlich größere Auswahl an Pferden. Sie sollten auch reichlich Gelegenheit haben, den Umgang mit den Pferden zu beobachten und die Pferde selbst zu reiten. Manche Händler bieten sogar an, das Pferd erst einmal zur Probe mit nach Hause zu nehmen oder, wenn Sie gleichzeitig ein Pferd verkaufen wollen, die Preise zu verrechnen.

Der Kauf über eine private Anzeige in der Fach- oder Tagespresse erscheint bei der großen Zahl der Anzeigen oft der einfachste, wenn auch nicht der sicherste Weg zu einem eigenen Pferd. Hier gilt die Regel *caveat emptor* (Käufer sei vorsichtig), eine Warnung, die selbst bei „Garantien“ ernstgenommen werden sollte. Viele Pferde und Ponys werden rechtlich gesehen einwandfrei verkauft, andere weniger. Die Vorzüge lassen sich immer leicht anpreisen, die Nachteile werden einfach weggelassen. Nur weil ein Pferd gut zu Stall und Reiter ist, muß es noch lange nicht pflegeleicht oder verkehrstauglich sein.

Der beste Springer kann sich weigern, eine Box oder einen Hänger zu betreten. Das perfekte Pferd kann, sobald Sie mit ihm zu Hause angelangt sind, regelmäßig aus seiner Koppel ausbrechen, sich nicht fangen lassen oder seinen Stall, seine Decken und/oder seine Bandagen anknabbern. Häufig kommt es weniger darauf an, was in der Anzeige steht, als darauf, was verschwiegen wird.

Falls Sie eine ausgewiesene Reitschule besuchen, sollte man Ihnen beim Pferde- oder Ponykauf behilflich sein können, und vielleicht findet sich sogar ein stalleigenes Tier, das Ihnen gefällt. Das hat den Vorteil, daß Ihr Reitlehrer Ihre Fähigkeiten und Einschränkungen als Reiter gut beurteilen kann.

LINKS Den Auktionskauf überläßt man am besten Profis, da alles sehr schnell abläuft.

Probereiten

▮ UNTEN
Beim Probereiten sollten Sie das Pferd in allen Gängen reiten und, wenn Sie wollen, springen.

Wenn Sie von einem Pferd erfahren, das Ihren Ansprüchen genügen könnte, sollten Sie es sich zunächst ansehen und reiten. Lassen Sie sich immer von einem erfahreneren Reiter und Fachmann begleiten, der Ratgeber und Zeuge für den Kauf sein kann. Es lohnt sich.

Erklären Sie dem Verkäufer genau, was Sie mit dem Pferd beabsichtigen, und fragen Sie gezielt danach, ob das Pferd sich gut im Stall, bei der Fellpflege, beim Hufschmied, im Verkehr usw. verhält und ob es sich gut fangen läßt. Lassen Sie das Pferd ins Freie führen, und achten Sie darauf, wie es sich verhält, wenn seine Decke entfernt und sein Zaumzeug angelegt wird. Welcher Zaum wird verwendet? Werfen Sie einen Blick in den Stall und auf die Stalltür, ob Tret- oder Beißspuren vorhanden sind. Falls es sich um den üblichen Stall des Pferdes handeln sollte, weisen solche Zeichen auf eine Verhaltensstörung hin. Untersuchen Sie das Äußere des Pferdes von allen Seiten, bevor Sie es sich im Schritt und Trab vorführen lassen. Achten Sie darauf, daß das Pferd in lockerer Zügelführung auf Sie zu und von Ihnen weg trabt (eine harte Zügelführung kann eine fehlerhafte Bewegung vertuschen). Bevor Sie selbst das Pferd reiten, sollten Sie beobachten, wie es unter der Führung einer bekannten Person (dem Verkäufer) in allen drei Grundgangarten geritten wird. Bitten Sie dann Ihren erfahrenen Begleiter, das Pferd zu reiten.

Wenn der Verkäufer gewisse Befehle unterließ, z. B. das Pferd auf einer bestimmten Hand im leichten Galopp anschlagen zu lassen, könnte hier eine Schwachstelle liegen, auf die Ihr Begleiter (auch wenn Sie selbst es nicht bemerkt haben sollten) näher eingehen sollte. Danach sollten endlich Sie das Pferd reiten. Fühlt es sich gut an: nicht zu groß, nicht zu breit, nicht zu schmal? Stimmt die Zügellänge? Lassen Sie das Pferd in den Grundgängen gehen, springen Sie, nehmen Sie es auf die Straße, um seine Verkehrstüchtigkeit zu testen, und versuchen Sie, ein Gefühl für das Pferd zu entwickeln.

Es ist nicht leicht, in relativ kurzer Zeit zu entscheiden, ob Sie dieses Pferd auch langfristig behalten wollen. Deshalb sollten Sie es nach Möglichkeit versuchsweise für etwa eine Woche bei sich zu Hause halten können. Sie können dann sein Wesen kennenlernen, es unter entspannteren Bedingungen reiten und auch mehr über sein Verhalten lernen: Benimmt es sich gut im Stall und in der Gesellschaft von anderen Pferden, wird es sich von anderen Pferden fernhalten, wie reagiert es auf die Gesellschaft von Hunden und auf Trubel (nicht nur im Verkehr) usw. Wie gut es sich auch reiten läßt – Sie sollten es auf jeden Fall auch mögen.

Falls Sie sich für eine „Probewoche" entscheiden, sollten alle Beteiligten einverstanden sein und die Bedingungen schriftlich festgehalten werden – Sie sind verantwortlich für Futter, die Kosten für den Tierarzt usw. und haftbar.

Für Pferde, die bei einer Auktion erstanden werden, gibt es eine Garantie oder Garantien. Diese werden vor oder während des Kaufs abgegeben, z. B. Aussagen wie „garantiert gesund". Privat verkaufte Pferde haben selten Garantie, aber wenn Sie darum bitten und eine abschlägige Antwort erhalten, sollten Sie mißtrauisch werden (andererseits ist bei der heutigen Prozeßflut vielleicht auch nur der Verkäufer sehr vorsichtig). Im Zweifel sollten Sie Ihren Berater oder notfalls einen Anwalt fragen.

Wenn Sie das Pferd Ihrer Träume gefunden haben und sich zum Kauf entschließen, sollten Sie es unter dem Vorbehalt der tierärztlichen Gesundheitsprüfung kaufen und die Untersuchung von Ihrem eigenen Tierarzt (niemals vom Tierarzt des bisherigen Besitzers) vornehmen lassen.

Die tierärztliche Untersuchung

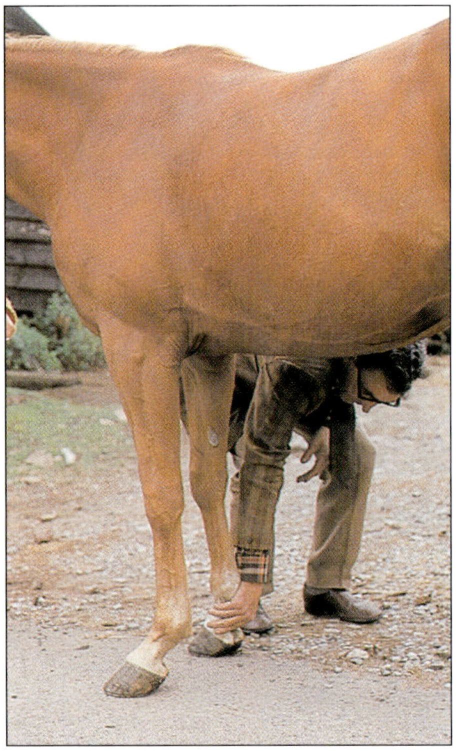

Wenn Ihr Tierarzt das Pferd untersucht, das Sie kaufen wollen, sollten Sie möglichst dabei sein, um mit ihm über Ihr Vorhaben zu sprechen.

Die Untersuchung beginnt mit der Inspektion nach Augenschein, bei der der Tierarzt viel über den Allgemeinzustand des Pferdes erfährt, dem er sich nähert: Seine Haltung kann Lahmheit verraten, der Zustand seines Stalls kann auf Verhaltensstörungen hinweisen (z. B. ständiges Im-Kreis-gehen), sofern der Verkäufer es nicht zum Verkauf in einen anderen Stall gestellt hat, seine Kopfhaltung kann Gleichgewichtsstörungen oder eine Sehschwäche anzeigen, und die Reaktion des Pferdes auf seinen Pfleger kann sein Temperament verraten.

Der Tierarzt stellt dann den Allgemeinzustand des Pferdes fest, indem er auf Absonderungen aus Nüstern und Augen achtet, den Zustand der Haut untersucht, Verletzungen oder entzündete Gelenke und Bänder vermerkt. Außerdem untersucht er die Augen und das Herz.

Dann wird das Pferd auf eine ebene Fläche im Freien geführt, wo der Tierarzt eine eingehende Abschätzung der äußeren Gestalt vornimmt. Es folgt eine Tastuntersuchung des gesamten Pferdes: des Kopfes, einschließlich Maul und Zähnen, des Halses, der Rippen, des Brustbeins, Rückens, Leibs und der Gliedmaßen. Nachdem das Pferd in Ruhe untersucht wurde, muß es sich an der Hand im Schritt und Trab vom Tierarzt entfernen und auf ihn zugehen, um mögliches Lahmen festzustellen. Weitere Tests für Bewegungsmängel sind das Wenden im engen Kreis, das Rückwärtsführen weniger Schritte und das Longieren im Trab auf hartem Untergrund.

An den Beinen können besonders beim Verdacht auf Lahmheit „Beugeproben“ und Strecktests durchgeführt werden. Diese Tests sind aber umstritten, da sie bei genügender Krafteinwirkung auch selbst Lahmheit auslösen können.

ZUSATZUNTERSUCHUNGEN

Für einen Aufpreis können zahlreiche weitere Tests durchgeführt werden. Mit Hilfe von Blutuntersuchungen werden entzündungshemmende Medikamte zur Bekämpfung von Lahmheit aufgespürt, und beim Verdacht auf Krankheit (wie Hufrolle) kann geröntgt werden. Stuten können auf besonderen Wunsch auch rektal untersucht werden.

OBEN LINKS
Zur tierärztlichen Untersuchung gehört das Abtasten des gesamten Pferdes.

LINKS
Der Tierarzt untersucht Herz und Atmung in Ruhe und nach Belastung.

LINKS
Das Äußere des Pferds wird im Freien vor dem Stall eingehend untersucht.

UNTEN
Während der Untersuchung wird das Pferd unter dem Sattel warmgeritten und dann galoppiert. Eine starke Belastung deckt manchmal Zeichen einer früheren Lahmheit auf.

Um Herz und Lungen des Pferdes zu untersuchen, wird es gesattelt und nach einer Aufwärmphase im Schritt, dann im Trab und Galopp geritten. Der Tierarzt vermerkt, ob das Pferd beim Auflegen des Sattels und beim Besteigen im Rücken nachgibt. Dies ist bei manchen Pferden üblich, bei anderen ein Zeichen für Rückenprobleme. Nach dem Ritt werden Lungen und Herz auf ungewöhnliche Geräusche und Unregelmäßigkeiten abgehört. Nachdem sich das Pferd abgekühlt und eine halbe Stunde ausgeruht hat, läßt man es nochmals an der Longe traben. Leidet es unter Muskel- oder Gelenkproblemen, die verschwinden, wenn das Pferd warmgelaufen ist, kommen sie jetzt nach der Ruhephase zum Vorschein. Früheres Lahmen kann ebenfalls nach kurzer, starker Belastung wieder auftreten. Nach einer möglichen weiteren Herz-Lungen-Untersuchung stellt der Tierarzt sein Zertifikat aus.

Das Zertifikat beinhaltet die genaue Beschreibung des Pferdes, den Bericht des Tierarztes und seine Meinung zur Kauftauglichkeit bezüglich der beabsichtigten Nutzung. Man sollte aber nicht vergessen, daß das Zertifikat keine Garantie ist, sondern nur die Einschätzung eines Fachmanns. Das Zertifikat bestätigt, daß das Pferd zur Zeit der Untersuchung frei von bestimmten Krankheiten ist, kann aber nicht bedeuten, daß das Pferd immer gesund sein wird – schließlich sind Tierärzte keine Hellseher. Außerdem kann das Zertifikat nicht für das Fehlen von Untugenden wie Knabbern oder Reiben garantieren. Wenn Sie dies durch eine schriftliche Garantie ausschließen wollen, müssen Sie sich an den Verkäufer wenden.

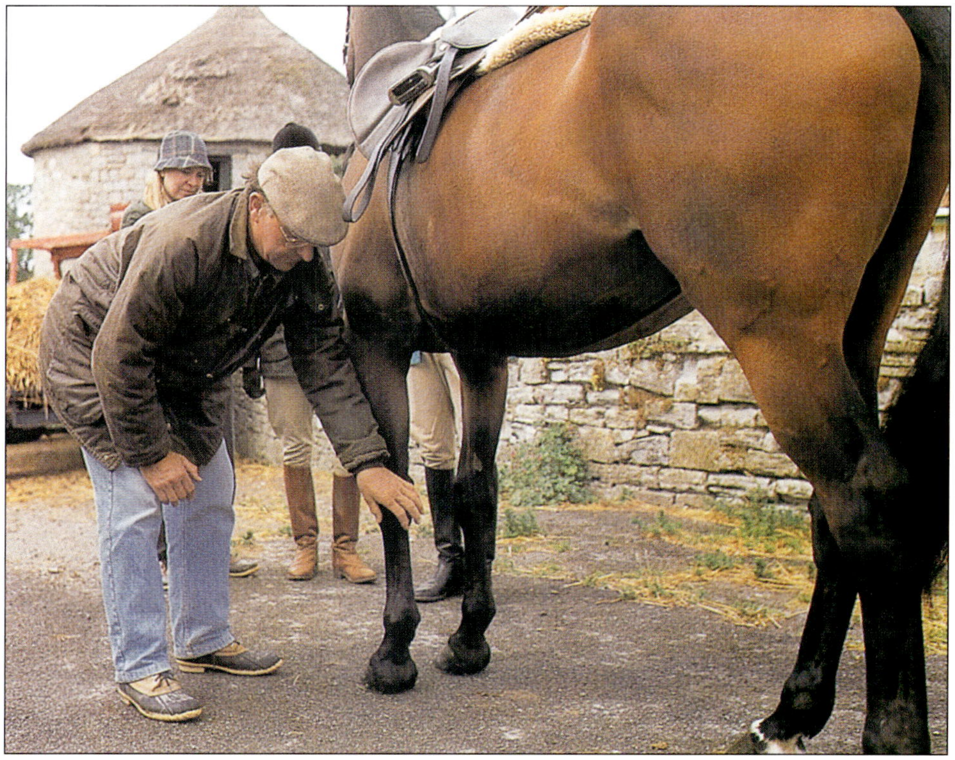

FEED ROOM

Pferdehaltung

Der Besitz eines Pferdes ist mit viel Verantwortung verbunden und sollte nicht auf die leichte Schulter genommen werden. Natürlich sollte man eigene Pferdehaltung nur erwägen, wenn man die Grundkenntnisse der Pferdepflege beherrscht. Dazu zählen Kenntnisse im Füttern, der Pflege, der allgemeinen Stallhaltung und in Erster Hilfe. Alle Pferde und Ponys benötigen eine sichere Unterkunft und tägliche Aufmerksamkeit – sie können nicht am Sonntagnachmittag „beiseite gelegt" werden und bis zum nächsten Wochenende warten. Anders als kleine Haustiere, die mit ihren Besitzern die Wohnung teilen, benötigen Pferde viel Platz und Pflege, was Zeit und Geld kostet. Pferde können je nach Rasse oder Typ entweder auf der Weide oder im Stall oder in einer Mischung aus beidem gehalten werden. Der Besitzer benötigt deshalb Weideland, einen Stall, ein wetterfestes Lager für Futter, Streu und Geräte und genügend Platz, um Sattel und andere Ausrüstungsgegenstände aufzubewahren.

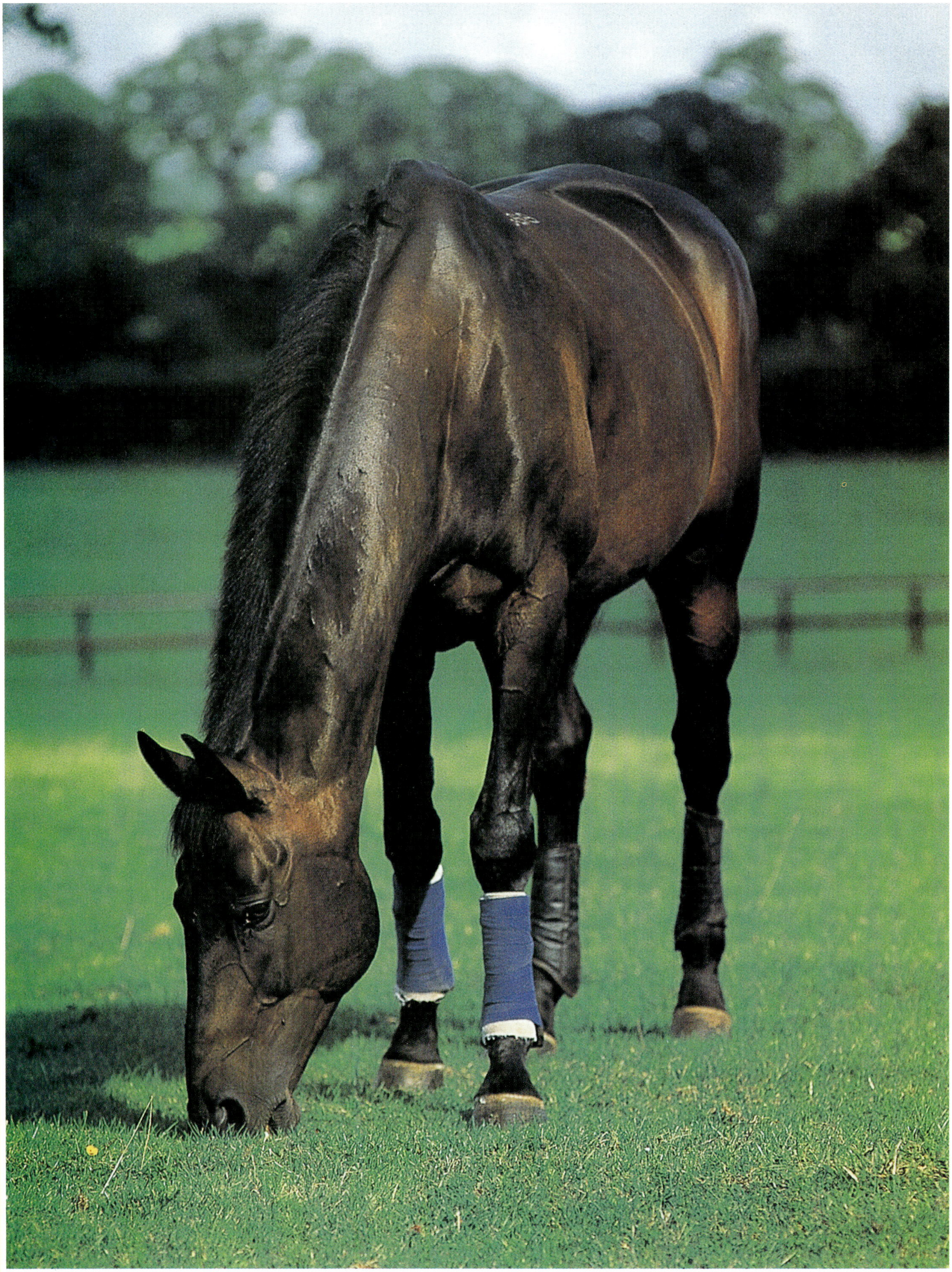

WEIDEHALTUNG

Pferde sind von Natur aus ziehende Weidetiere, daher ist es artgerechter, sie in einer Koppel als im Stall zu halten. Dennoch ist eine umzäunte Koppel, gleich welcher Größe, eine unnatürliche Umgebung für ein Pferd. Deshalb sind bestimmte Sicherheitsmaßnahmen zum Schutz und zur Sicherheit des Pferdes erforderlich.

VORHERIGE SEITE GEGENÜBER Stallpferde brauchen ständige Betreuung und Aufmerksamkeit.
VORHERIGE SEITE Die meisten kleinen Ponys sind robust und können das ganze Jahr im Freien leben.
GEGENÜBER Gesunde Pferde, die einen Teil des Tages auf der Weide verbringen, sollten zum Schutz vor Verletzungen Bandagen oder Gamaschen tragen.
OBEN Zuchtstuten auf einer gut umzäunten Koppel.

Weidezäune

Alle Flächen, die als Pferdeweide dienen sollen, müssen fest und sicher eingezäunt sein. Da Pferde gerne umherstreifen, entwischen sie durch jeden Spalt, der sich auftut. Gleichzeitig verletzen sie sich aber auch an allem, was sich dazu anbietet – besonders Stallpferde sind bekannt für ihre vielen Unfälle.

Zweifellos ist der beste Weidezaun noch immer der aus Holzpfosten und Latten. Dieser Zaun ist robust, haltbar und sieht dazu sehr schön aus. Die Holzpfosten, die eine Kantenlänge von mindestens 10 cm haben sollten, müssen tief in den Boden geschlagen werden, da Pferde sich gerne am Zaun reiben, besonders wenn sie ihr Fell wechseln. Die Pfosten für einen 1,20 m hohen Zaun sollten mindestens 2 m lang und am oberen Ende abgeschrägt sein. Der Zaun sollte aus gutem Holz gebaut und mit ungiftigem Holzschutzmittel gegen das Wetter und gegen Verbiß geschützt werden. Die oberste Latte sollte mit den Pfosten abschließen und wie alle Latten an der Innenseite der Pfosten befestigt sein. So kann das Pferd sich nicht am Pfosten stoßen, wenn es gegen den Zaun rennt oder die Latten durch Lehnen oder Reiben vom Pfosten lösen.

LINKS
Stabile Steinwälle sind eine gute Einfriedung, wenn sie so hoch sind, daß ein Pferd sie nicht überspringen kann.

UNTEN LINKS
Wenn die Latten am Pfosteninnern angebracht werden, kann das Pferd sie beim Reiben seines Fells nicht lösen.

SICHERHEITS-LISTE

- Überprüfen Sie regelmäßig Ihre Weidezäune.
- Reparieren Sie beschädigte Zaunabschnitte sofort.
- Sorgen Sie immer für straff gespannte Drahtzäune.
- Ziehen Sie den untersten Draht etwa 45 cm über dem Erdboden.
- Schließen Sie Löcher in der Hecke mit einem guten Zaun, nie mit losem Draht.
- Verwenden Sie niemals Schweine- oder Schafszaun.
- Verwenden Sie niemals Jägerzaun mit angespitzten Pfosten.
- Umzäunen Sie mögliche Gefahrenbereiche wie trügerischen Untergrund oder Gräben.
- Achten Sie darauf, daß ein elektrischer Zaun für Menschen und Pferde sichtbar ist, indem Sie ihn in bestimmten Abständen mit Plastikbändern markieren.
- Vermeiden Sie Pfosten aus Metall oder Beton, da sich Pferde beim Aufprall stärker verletzen können als an Holzpfosten.

GEGENÜBER OBEN
Ein stabiler Holzzaun ist die perfekte Umzäunung für eine Koppel und sieht schön aus.

UNTEN RECHTS
Verrostetes Metall, Stacheldraht und Betonpfeiler können für Pferde tödlich sein. Heruntergekommene Zaunabschnitte wie hier sollten erneuert werden.

LINKS
Ein elektrischer Zaun kann sehr nützlich sein, wenn man eine Koppel in kleinere Parzellen unterteilen möchte. Pferde gewöhnen sich schnell daran.

UNTEN
Eine abgerundete Umzäunung ohne rechtwinklige Ecken ist für Pferde am sichersten.

Eine hohe, dichte Hecke ohne giftige Sträucher und Gehölze eignet sich ebenfalls als Einfriedung. Da Buche und Hasel von Pferden verschmäht werden, eignen sie sich besonders gut. Im Gegensatz zu einem Zaun bietet die Hecke Schutz vor schlechtem Wetter. Sie muß jedoch regelmäßig geschnitten werden, um ihre Funktion zu erhalten – tauchen Löcher auf, müssen sie mit einem Zaun unpassierbar gemacht werden.

Der beste Weidezaun ist wahrscheinlich eine Mischung: eine gute, dichte Hecke unmittelbar hinter einem Zaun aus Holz.

Eine billigere, weniger schöne, aber ebenso sichere Alternative ist ein Zaun aus **Maschendraht**. Er sollte kleine, Vförmige Öffnungen haben und so beschaffen sein, daß ein Pferdehuf nicht darin hängenbleibt. Ein Maschendrahtzaun muß professionell errichtet werden, damit er sich nicht absenkt. Außerdem dehnt er sich durch Anlehnen leicht aus.

Ein **einfacher Drahtzaun** eignet sich nur als Weidezaun, wenn er stabil gebaut ist. Vier oder fünf Drähte sollten an dicken Holzpfosten befestigt und an den Eckpfosten mit einer Spannvorrichtung versehen werden. Als Alternative kann der oberste Draht durch eine für das Pferd besser sichtbare Holzlatte ersetzt werden. Die einzelnen Drähte sollten im Abstand von 30 cm gezogen werden. Dabei ist es wichtig, daß der Abstand vom untersten Draht zum Boden rund 45 cm beträgt. Ist der Abstand kleiner, kann das Bein des Pferdes sich im Zaun verfangen, ist er größer, streckt das Pferd vielleicht seinen Kopf hindurch. Einfacher Draht

eignet sich besser als Stacheldraht. Falls dennoch Stacheldraht gewählt werden sollte, muß er unbedingt straff gespannt sein – loser Stacheldraht kann Pferde, die sich darin verfangen, schrecklich verletzen. Pferde, die sich an den Stacheln reiben, können Schnittwunden davontragen.

Ein **elektrischer Zaun** kann dann eingesetzt werden, wenn eine Fläche vorübergehend nicht beweidet und von der übrigen Weide abgetrennt werden soll.

Ausreichend hohe und stabile **Steinwälle** eignen sich ebenfalls gut zur Einfriedung einer Weide. Sie bieten wie eine Hecke etwas Schutz vor dem Wetter und sollten wie alle Zäune mindestens 1,2 m hoch sein, damit sie nicht übersprungen werden.

Moderne **Kunststoffzäune** in verschiedenen Farben sehen vielleicht nicht so natürlich aus wie Holz, haben aber gewisse Vorzüge: Sie werden von Pferden nicht angeknabbert, sind witterungsbeständig und verursachen beim Aufprall keine Verletzungen. Ein Kunststoffzaun sollte wie Draht stramm zwischen dicken Holzpfosten gespannt werden.

Gleich für welchen Zaun Sie sich entscheiden, eine Pferdekoppel sollte keinen rechten Winkel und keine scharfen Ecken haben. Abgerundete Einfriedungen führen seltener zu Verletzungen, wenn Pferde auf der Koppel galoppieren und plötzlich bremsen müssen (und dabei vielleicht ihre Beine verletzen) oder gar mit dem Zaun zusammenstoßen. Rechtwinklige Ecken können auch zur Falle für scheue Pferde werden, die durch aggressive Artgenossen buchstäblich „in die Ecke gedrängt" werden.

Tore

Der leichte Zugang zur Weide ist sehr wichtig. Tore müssen deshalb nicht nur breit genug für Pferde, sondern auch für größere Geräte (z. B. einen Traktor oder eine Egge) sein, die hin und wieder zur Pflege der Weide benötigt werden. Aus Sicherheitsgründen ist es besser, wenn Tore nicht an stark befahrenen Straßen liegen. Holz- oder Eisentore eignen sich gut für eine Pferdekoppel, sollten aber wie alle anderen Tore auch Querbalken zur Verstärkung tragen.

Am besten läßt man das Tor von einem Fachmann montieren, damit es nicht herunterhängt, am Boden schleift oder zu sehr schwingt. Tore müssen leicht zu öffnen sein, denn sonst könnte sich Ihr Pferd an Ihnen vorbei hinausdrücken, während Sie noch versuchen, das Tor zu öffnen. Am sichersten ist ein Tor, das sich nach innen auf die Koppel öffnet. Ein hölzernes Gatter sollte schwer und solide sein und wie der Zaun mit Holzschutzmittel behandelt werden.

SICHERHEITS-LISTE

- Überprüfen Sie regelmäßig alle Tore.
- Ersetzen/Reparieren Sie umgehend abgenutzte Scharniere oder Riegel.
- Sichern Sie Ihre Tore gut, indem Sie an beiden Enden Ketten und Vorhängeschlösser anbringen.
- Befestigen Sie Tore niemals mit einer Schnur oder einem Seil.
- Vermeiden Sie Tore unter 1,8 m Höhe, da Pferde sich sonst beim Passieren leicht anstoßen (besonders die Hüften).
- Vermeiden Sie Tore, die direkt auf eine stark befahrene Straße führen – es ist gefährlich, ein Pferd direkt in den Verkehr zu führen, und erleichtert den Diebstahl.
- Verwenden Sie niemals Leichtmetalltore, sie biegen sich und brechen zu einfach.
- Vermeiden Sie rostige Metalltore, sie könnten die Pferde verletzen.
- Verziehen Sie das Tor nicht durch Überklettern.
- Vermeiden Sie es, die Pferde am Tor zu füttern. Der Boden wird sonst im Winter schnell matschig.

UNTEN
Torpfosten müssen einiges aushalten. Tore sollten zur Sicherheit an beiden Enden mit einer Kette und einem Vorhängeschloß versehen werden.

GANZ UNTEN
Dieses beschädigte Tor ist vollkommen ungeeignet für eine Weide. Rostiges Metall kann ernste Verletzungen verursachen, und leichte Streben ermutigen Pferde zur Flucht.

Galvanisierte Metalltore müssen regelmäßig nachgestrichen werden. Die Torpfosten sollten sehr stabil sein und mindestens 90 cm tief mit Mörtel im Boden verankert werden. Das Tor braucht starke Scharniere und einen Riegel, der „pferdesicher", d. h. nicht mit dem Maul, aber leicht mit einer Hand zu öffnen ist. Haken und andere abstehende Befestigungen, an denen das Pferd sich verletzen könnte, sollten vermieden werden.

Nicht selten werden Pferde gestohlen, weshalb alle Tore gut gesichert sein sollten. Eine schwere Kette mit Vorhängeschloß genügt meistens, sollte aber an beiden Enden des Tors angebracht werden, damit das Tor nicht ausgehängt werden kann. Tore, über die geklettert wird, leiern leicht aus. Steigen Sie deshalb möglichst nicht darüber.

Bei nassem Wetter wird der Boden im Torbereich leicht matschig, wenn die Tiere täglich auf die Weide und in den Stall geführt werden oder nur darauf warten, daß man sie füttert. Tore sollten deshalb, wenn möglich, in gut entwässerten Bereichen und nicht in einem „Schlammloch" liegen.

Unterstände

In der Wildnis suchen Pferde natürliche Unterstände wie Bäume, Böschungen oder Felsen auf, um sich vor starkem Wind, Regen, Hitze oder vor der Belästigung durch Fliegen zu schützen. Entsprechende Schutzräume müssen aber auch für Pferde, die in einer abgegrenzten Koppel leben, errichtet werden. Die meisten domestizierten Pferde bevorzugen instinktiv den Schutz einer hohen, dichten Hecke oder eines Baumes, bevor sie sich für einen engen, von Menschen gebauten Unterstand entscheiden. Doch nicht alle Koppeln haben Hecken und Bäume, so daß ein Unterstand aus Holz oft die einzige Alternative ist.

Pferde leben am liebsten in Herden. Ein Unterstand sollte deshalb groß genug sein, um der ganzen Weidegemeinschaft ohne Raufereien und Gedränge Schutz zu bieten. Falls der Unterstand nicht auf trockenem Boden errichtet werden kann, sollte der Boden in und um die Hütte herum befestigt werden, z. B. mit Beton. Der Unterstand muß solide gebaut und mit Holzschutzmittel behandelt sein. Die Rückwand ist am besten der Hauptwindrichtung zugekehrt, das Dach zum besseren Abfluß von Regenwasser nach hinten geneigt, mit genügend „Kopfraum", um Verletzungen zu vermeiden. Unterstände mit offener Front sind am sichersten, da sie einem von Artgenossen in die Enge getriebenen Pferd genügend Platz zur Flucht lassen. Haken und andere Einrichtungen wie Futtertröge, Heuständer u. ä. müssen stabil und zum Schutz vor Verletzungen in ausreichender Höhe angebracht sein. Sie sollten regelmäßig überprüft und, wie der Unterstand auch, wenn nötig, repariert werden. Manche kleineren Unterstände sind mit einer halben Türe versehen, die ihn in einen Stall verwandeln. Dies kann besonders dann nützlich sein, wenn kein anderer Stall vorhanden ist, aber das Pferd oder Pony gelegentlich im Stall gehalten werden soll. Diese Unterstände eignen sich aber auch als Quarantäne-Box, falls ein Pferd an einer ansteckenden Krankheit leidet.

Weniger teuer als ein Unterstand kann ein einfacher, in den Holzzaun integrierter Windschutz aus Holz sein. Er sollte etwa 2 m hoch sein und möglichst aus einer einfachen Wand oder einer zweiseitigen Konstruktion in einer Ecke der Koppel bestehen.

OBEN
Ein gutgeplanter Unterstand aus Holz mit einem hohen, leicht geneigten Dach und stabilen Trittbrettern.

LINKS
Dieser kleine Unterstand mit dem engen Zugang eignet sich nur für ein Pferd. Wenn zusätzlich ein Tor angebracht wird, könnte er im Notfall als Stall genutzt werden.

Giftige Kräuter, Sträucher und Bäume

UNTEN LINKS
Pferde halten sich gerne im Schutz großer Bäume wie dieser Eiche auf. Größere Mengen Eicheln wirken giftig: Eicheln sollten deshalb entfernt werden.

Viele Pflanzen haben eine giftige Wirkung auf Pferde und Ponys. Manche, wie z. B. **Butterblumen**, müssen dafür in großen Mengen frisch gefressen werden, sind aber nicht schmackhaft. Die hochgiftige Eibe dagegen wird von Pferden gerne gefressen. Bereits 500 g haben eine tödlich Wirkung. Das gesamte Grünland sollte deshalb vor seiner Nutzung als Pferdeweide eingehend auf giftige Pflanzen untersucht werden. Gleich, wie sorgfältig Sie Ihre Weide pflegen, können aber jederzeit giftige Samen aus den umliegenden Flächen eingetragen werden – führen Sie deshalb regelmäßige Kontrollen durch.

Zu den gefährlichsten Pflanzen überhaupt zählt das Greiskraut, leicht erkennbar an seiner Größe und den leuchtendgelben

SICHERHEITS-LISTE

- Informieren Sie sich über Giftpflanzen.
- Überprüfen Sie Grünland und Hecken auf giftige Pflanzen, bevor Sie Ihre Tiere auf eine neue Koppel führen.
- Graben Sie giftige Pflanzen aus, und verbrennen Sie sie.
- Umzäunen Sie alle giftigen Bäume, die nicht entfernt werden können, und achten Sie darauf, daß die Tiere sie nicht erreichen.
- Machen Sie regelmäßige Kontrollgänge über Ihre Koppeln und entlang der Hecken – Giftpflanzen können aus der Umgebung einwandern.
- Lassen Sie niemals ausgegrabene Giftpflanzen auf der Koppel liegen – viele Pflanzen, besonders Greiskraut, sind welk und getrocknet für Pferde viel schmackhafter.
- Pflegen Sie Ihr Weideland: Eine gute, geschlossene Grasdecke verhindert die Keimung von Giftpflanzen.
- Achten Sie besonders nach Wind auf herabgefallene Äste oder Zweige von nahe stehenden giftigen Bäumen.
- Falls die Koppel in der Nähe von Gärten liegt, sollten Sie Grünabfälle, die auf Ihrer Koppel landen, auf Giftpflanzen kontrollieren.
- Pferde sollten nach dem Einsatz von chemischen Unkrautvernichtungsmitteln die Koppel mehrere Wochen und bis nach einem heftigen Regen nicht betreten.

Blüten. Greiskraut enthält leberschädigende Alkaloide, die sich anreichern: Werden kleine Mengen über einen längeren Zeitraum gefressen, wirken sie genauso tödlich wie eine große Menge in kurzer Zeit. Gegen die tödliche Wirkung gibt es keine bestimmte Behandlungsmöglichkeit.

Greiskraut kann mit Unkrautvernichtungsmittel bekämpft werden. Am besten sprüht man zwischen Ende April und Ende Mai, wenn die jungen Pflanzen gut im Saft stehen und noch keine Blüten tragen. Greiskraut kann aber auch mit

IM UHRZEIGERSINN VON RECHTS
Greiskraut, Eibe, Lorbeer, Rhododendron und Liguster sind für Pferde alle sehr giftig. Greiskraut muß vernichtet, Büsche und Bäume müssen entfernt oder eingezäunt werden, damit Pferde sie nicht erreichen.

einiger Mühe ausgegraben werden. Dabei sollten alle Wurzeln aus dem Boden entfernt und die Blüten verbrannt werden. Versuchen Sie erst gar nicht, die blühenden Pflanzen zurückzuschneiden, um die Samenproduktion zu verhindern, denn meistens wächst das Greiskraut dadurch im folgenden Jahr nur noch stärker. Wenn eine Koppel wirklich sehr mit Greiskraut durchsetzt ist, wird sie am besten umgebrochen und neu eingesät. Auf einer gut gepflegten Weide mit dichtem Graswuchs wird Greiskraut kaum eine Chance haben, und seine Samen werden nicht aufgehen.

Fingerhut ist wie Greiskraut frisch weniger schmackhaft als im getrockneten Heu. Bereits 100 g haben auf Pferde eine tödliche Wirkung. Krämpfe und Atemnot sind deutliche Anzeichen für eine Fingerhut-Vergiftung, die innerhalb von wenigen Stunden für ein Pferd tödlich endet. **Schierling** hat eine ähnlich unheilvolle Wirkung, obwohl nur größere Mengen (2,5 bis 5 kg) tödlich wirken. Außerdem sind alle **Nachtschattengewächse** und **Eisenhut** giftig. **Schachtelhalm** ist in Feuchtwiesen weit verbreitet und ist im Heu in größeren Mengen sehr gefährlich. Auf der Weide wird er von Pferden gewöhnlich ebensowenig gefressen wie die Herbstzeitlose.

Büsche und Bäume, die unbedingt vermieden werden sollten, sind **Rhododendron** (löst schon in kleinen Mengen eine tödliche Atemlähmung aus), **Oleander**, **Goldregen** (besonderes die Samen), **Buchsbaum**, **Liguster** und **Lorbeer**. Alle Teile der **Eibe**, Nadeln oder Holz, sind in kleinen Mengen tödlich – Gegenmittel sind nicht bekannt. **Färberdistel** enthält ein Gift, das sich im Körper langsam anreichert, bis dem Pferd nicht mehr geholfen werden kann, und auch das Gift in **Adlerfarn** hat eine kumulative Wirkung: Es hemmt das Wachstum, führt zu Koordinationsverlust und allgemeiner Schwäche. Vorsicht ist auch bei Eichen auf oder neben der Weide geboten. Die Bäume tragen jedes Jahr unterschiedlich viele **Eicheln**, die in größeren Mengen für die Tiere schädlich werden können. Sie sollten aufgeharkt und entfernt werden.

Für Pferde giftige Kräuter, Sträucher und Bäume:

Adlerfarn, Butterblume, Färberdistel, Fingerhut, Flachs, Johanniskraut, Lupinen, Nachtschattengewächse, Schachtelhalm, Herbstzeitlose, Schierling, Buchsbaum, Lorbeer, Oleander, Liguster, Rhododendron

Kreuzdorn, Goldregen, Magnolie, Eibe

Eicheln

Wasser

Auf der Weide gehaltene Pferde und Ponys benötigen stets frisches Wasser. Ein natürliches Fließgewässer wie ein Bach oder Fluß wäre ideal, wenn auch heute die Gefahr durch Verschmutzung besteht. Falls das Gewässer sauber ist, kann man Pferden und Ponys bedenkenlos den Zutritt gewähren, wenn die Sohle aus Kies besteht (ist sie aus Sand, könnte das Pferd beim Trinken Sand schlucken).

Der Zugang zur Tränke sollte sauber, ziemlich flach und sicher sein. Steile Ufer eignen sich nicht, da das Pferd hinunterrutschen würde, bis schließlich das Ufer abbräche. Wenn der Bach schmal ist, könnte dadurch das Wasser gestaut werden. Jeder Zaun, der den Wasserlauf durchquert, muß regelmäßig überprüft werden, damit das Pferd die Weide nicht über den „Wasserweg" verläßt. Bäche, die im Sommer keine Strömung haben, eignen sich nicht. Pferde sollten keinen Zugang zu verschmutzten Flüssen, stehenden Gewässern oder Sümpfen haben.

Die Alternative zu einem Fließgewässer ist ein bereitgestellter Behälter. Ein für diesen Zweck errichteter, galvanisierter Trog, der mit Leitungswasser gespeist und durch einen Kugelschwimmer reguliert wird, eignet sich gut, obgleich die Leitungen im Winter immer einfrieren können. Dieses Problem kann behoben werden, wenn die Zuleitung in ausreichender Tiefe im Boden verläuft und der oberirdische Leitungsteil gut verschalt ist. Außerdem sollte der Kugelschwimmer für das Pferd unerreichbar sein.

Falls kein Leitungswasser zur Verfügung steht, kann die Tränke mit dem Schlauch oder auch mit dem Eimer gefüllt werden. Ein solcher Trog muß jede Woche geleert und mit frischem Wasser gefüllt werden. Es können auch kleinere Behälter wie alte Waschbecken, Plastikwannen oder Eimer verwendet werden, ihr Wasser muß aber entsprechend häufiger gewechselt werden. Kleinere Plastikbehälter haben den Vorteil, daß sie sich leicht reinigen lassen und nicht immer am selben Fleck auf der Weide stehen müssen, was den Boden um die Tränke schont. Pferdetränken werden am besten parallel zum Zaun aufgestellt. Da Pferde häufig trinken, sollte der Boden um die Tränke hart sein und vielleicht mit Beton oder hartem Material aufgefüllt werden.

LINKS
Ein natürliches, unverschmutztes Fließgewässer ist die beste Tränke.

UNTEN
Als Alternative eignet sich eine Zinkwanne.

UNTEN LINKS
Die Tränke muß immer voll und sauber sein.

SICHERHEITS-LISTE

- Prüfen Sie täglich das Wasser in der Tränke.
- Leeren und reinigen Sie regelmäßig alle Wasserbehälter.
- Denken Sie bei großer Kälte daran, das Eis in der Tränke zu entfernen.
- Umzäunen Sie Bereiche mit stehendem Wasser.
- Richten Sie die Tränke niemals in einer Ecke ein, da ein Pferd sonst durch seine Artgenossen eingekesselt werden kann.
- Stellen Sie die Tränke nie unter Laubbäume oder an eine Hecke.
- Richten Sie die Tränke nicht mitten auf der Weide ein, da sie dort leicht zur Stolperfalle wird.
- Stellen Sie die Tränke so auf, daß die Rückseite mit dem Zaun abschließt, das beugt Verletzungen vor.
- Lassen Sie keinen Spalt zwischen Tränke und Zaun, da das Pferd ein Bein darin einklemmen könnte.
- Vermeiden Sie alte Badewannen mit scharfen Kanten oder gefährlichen Vorsprüngen.

UNTEN
Zur Kontrolle von Würmern und Unkräutern läßt man Grünland von Kühen und Pferden beweiden.

UNTEN LINKS
Pferdemist sollte sich auf der Weide nicht anhäufen. Wenn er nicht regelmäßig entfernt werden kann, sollte er mit einer Egge verzogen werden.

Weidepflege

Eine Weide muß gut gepflegt werden, wenn sie dem starken Verbiß und der ständigen Beanspruchung durch die Pferdehufe standhalten soll. Schlechtes Weideland wird schnell „pferdemüde", d. h. es bilden sich nackte Bodenstellen und Inseln mit ungenießbaren Kräutern wie Brennesseln, Ampfer und Disteln; außerdem „verschlammt" die Weide ohne eine dichte Grasnarbe leicht bei Regen. Und selbst gutes Weideland verliert bei mangelnder Pflege an Qualität.

Die ideale Weide wurde mit einer speziellen Saatmischung für die spätere Pferdehaltung angelegt. Sie enthält rund 50 % Deutsches Weidelgras, 25 % Rotschwingel und 25 % einer Mischung aus Kammgras, Rispengras und etwas Weißklee. Für die Heuernte sollte auch etwas Wiesenlieschgras in der Mischung enthalten sein.

Deutsches Weidelgras gedeiht fast überall, obwohl seine Wuchskraft auf mageren, leichten Böden ohne Düngung innerhalb weniger Jahre nachläßt. Die Mischung sollte mindestens zwei Weidelgrastypen enthalten. Rotschwingel eignet sich besonders für stark beanspruchte Böden (es wird häufig auf Sportplätzen verwendet) und sollte auch mit zwei Typen vertreten sein.

Wiesenrispengras wächst auf trockenen, sandigen Böden, während das gewöhnliche Rispengras, das Pferde besonders mögen, eher auf feuchten, nährstoffreichen Böden gedeiht. Sein dichter, niedriger Wuchs verhindert die Keimung von Unkräutern und giftigen Pflanzen. Klee ist besonders nützlich, weil seine Wurzeln stickstoffbildende Knöllchenbakterien enthalten, so daß dadurch der Bedarf an Kunstdünger gesenkt werden kann. Allerdings sollte es wilder Klee und keine Zuchtform sein.

Selbst mit der richtigen Saatmischung wird die Qualität der Weide durch zahlreiche andere Faktoren beeinflußt. Dazu gehören der Bodentyp, Niederschläge, Wind und Höhenlage. Vor der Aussaat sollte eine Bodenanalyse vorgenommen werden. Saure Böden benötigen z. B. eine Kalkung (die Pferde sollten die Weide erst wieder betreten, wenn der Kalk durch Regen in den Boden eingewaschen wurde).

Die beste Weide bildet sich auf wasserdurchlässigem Boden aus. Die Installation eines unterirdischen Entwässerungssystems ist teuer, lohnt sich aber bei Böden, die unproduktiv und matschig werden, wenn das Wasser nicht abfließt. Ein vorhandenes Entwässerungssystem muß unterhalten werden. Gräben sollten deshalb regelmäßig kontrolliert und Blockaden entfernt werden, die den Abfluß des Wassers verhindern (falls das Wasser aus Ihren Gräben nicht abfließt, könnten Gräben in der Umgebung beteiligt sein). Kontrollieren Sie die Rohre, die in die Gräben entwässern, und reparieren Sie sie bei Bedarf.

Um die Ansteckung mit Würmern zu vermindern, sollte Pferdemist regelmäßig entfernt werden. Ist die Weide dafür zu groß, sollte der Pferdemist möglichst bei warmer, trockener Witterung regelmäßig mit einer Egge locker über der Weide verteilt werden, damit die Wurmlarven in der Sonne absterben. Würmer können aber auch durch die gleichzeitige Beweidung mit Kühen eingedämmt werden, da ihre Larven im Kuhdarm absterben. Kühe und Schafe halten außerdem die Weide in Ordnung, da sie die härteren Kräuter fressen. Schafe schädigen feuchten Untergrund weniger als Kühe.

Abgestorbene Pflanzenteile können durch Eggen im Frühjahr beseitigt werden und Platz für frischen Bewuchs schaffen. Außerdem sollte vor jeder Düngergabe geeggt werden. Walzen festigt den Boden und hilft, zertretene Bereiche einzuebnen. Unkräuter werden ebenfalls am besten im Frühjahr mit Erscheinen der ersten Sprosse bekämpft. Hartnäckige Unkräuter gräbt man am besten mit der Wurzel aus und verbrennt sie vor der Samenreife.

Weideland sollte von Zeit zu Zeit ruhen. Falls Sie keine andere Weide zur Verfügung haben, sollte die bestehende Weide in zwei bis drei Koppeln unterteilt werden. Eine Koppel kann ruhen, die zweite als Pferdeweide und die dritte, wenn möglich, als Rinder- oder Schafweide genutzt werden.

STALLHALTUNG

Ob ein Pferd die meiste Zeit im Stall, in kombinierter Stall-Weide-Haltung oder nur gelegentlich im Stall verbringt, immer ist ein gutgeplanter Stall für die Gesundheit und Sicherheit des Pferdes von großer Bedeutung.

GEGENÜBER **Jede Stalltüre sollte an der Außenseite mit einem pferdesicheren Riegel versehen sein.**

OBEN **Grober Beton eignet sich gut als Belag für einen vielbenutzten Reitstall-Hof.**

Pferde-ställe

Die Lage und der Bau von Pferdeställen muß gut durchdacht sein, gleich, ob es sich dabei um einen Einzelstall oder eine größere Anlage handelt. Der Bau sollte kalte Nord- und Ostwinde möglichst abhalten und auf trockenem Untergrund stehen. Auch andere Faktoren müssen berücksichtigt werden, sei es die Versorgung mit Wasser und Strom oder die Zufahrt. Zur Abschreckung von Dieben sollten Ställe möglichst auch in der Nähe des Wohnhauses gebaut werden.

Meist bestehen Ställe aus einzelnen, nebeneinander errichteten Boxen. Sie können aus Holz, Betonplatten oder Ziegelsteinen errichtet sein und ein Dach aus Holz (mit wasserdichter Dachpappe), Ziegeln, Schieferplatten oder Plastikbauteilen tragen. Metall sollte nicht als Stalldeckung verwendet werden, da es im Sommer die Hitze und im Winter die Kälte leitet; außerdem könnten Pferde sich daran verletzen.

Die Stallbox muß groß genug sein, daß ein Pferd sich darin bequem und ohne sich zu verletzen bewegen, wälzen, hinlegen und aufrichten kann. Ein Pferd mit einem Stockmaß von 165 cm und mehr benötigt eine Mindeststallgröße von 3,5 x 4 m; ein Pferd unter 165 cm einen Stall von 3,5 x 3,5 m und ein 145 cm großes Pony einen Stall von 3 x 3,5 m. Ein Stall von 2,5 x 2,5 m reicht für ein kleines Pony.

UNTEN

Gut belüftete Stallboxen in einer Scheune sind besonders in sehr heißen oder kalten Gegenden eine gute Alternative zu Einzelställen. Nachteilig sind das höhere Infektions- und Brandrisiko.

Das Dach sollte geneigt und mit einer funktionierenden Regenrinne versehen sein. Eine ausreichende Höhe ist wichtig, damit das Pferd oder Pony sich nicht den Kopf stößt. Bei einem Satteldach sollten die Traufen mindestens 2,25 m und der Dachfirst 3,7 bis 4,5 m hoch sein. Die tiefste Stelle eines Pultdaches sollte 3 m betragen. Der Stallboden sollte für einen besseren Abfluß von vorne nach hinten leicht abschüssig sein und eine harte, rutschfeste Oberfläche haben. Am häufigsten wird aufgerauhter Beton verwendet, der für besseren Halt mit einer speziellen Gummimatte bedeckt werden kann. Am besten verzichtet man auf ein Abflußloch, da es leicht mit Einstreumaterial verstopft oder das Pferd zum Stolpern bringt.

Aus Sicherheitsgründen muß die Stalltür mindestens 1,2 m breit und 2,1 m hoch sein. Sie sollte horizontal zweigeteilt sein und sich nach außen öffnen. Die obere Türhälfte sollte sicher an der Außenwand befestigt werden können, damit das Pferd genügend Frischluft erhält und ungehindert ins Freie blicken kann. Nur selten herrscht so schlechtes Wetter, daß beide Türhälften geschlossen werden müssen. Die Oberkante der unteren Türhälfte muß

GEGENÜBER OBEN
Eine gutgebaute Stallreihe aus Ziegelsteinen. Der Dachvorsprung bietet bei schlechtem Wetter zusätzlichen Schutz.

GEGENÜBER MITTE
Deutlich sichtbar sind die Schutzstreifen an den Oberkanten der Türen und die Fußriegel.

UNTEN
Das Innere eines Stallkomplexes. Diese Art Stall, bei der Pflegemittel und Ausrüstung schnell greifbar sind, ist beliebt, kann aber für Pferde langweilig sein.

UNTEN
Ein umgebauter Container eignet sich schlecht als Stall und kann sogar gefährlich sein. Das Metall ist im Winter kalt und im Sommer heiß. Das Pferd könnte sich leicht an der Klapptüre verletzen.

SICHERHEITSTIPS

- Rüsten Sie den Stall mit genügend Feuerlöschern aus (Wasser und Schaum; Schlauch; mit Sand gefüllte Eimer) – die örtliche Feuerwehr unterrichtet über geeignete Maßnahmen. Feuerlöscher regelmäßig überprüfen lassen.
- Überprüfen Sie, ob alle Stromkabel in Metallführungen verlegt wurden.
- In der Reichweite von Pferden sollten sich keine Gegenstände befinden.
- Wasserdichte Schalter außerhalb der Reichweite von Pferden montieren lassen.
- Beschränken Sie die Stalleinrichtung auf das Minimum: zwei Ringe, zum Anbinden und für einen Heuballen; Wassereimer, Krippe.
- Wände regelmäßig auf herausstehende Nägel, Schrauben, Holzsplitter usw. überprüfen.
- Regelmäßig Riegel und Scharniere kontrollieren und ölen.
- Fenster mit Schutzgittern versehen.
- Abflüsse freihalten.
- Den Abfluß im Reitstall-Hof mit einem starken Gitter abdecken.

mit einer fest verankerten Metalleiste versehen sein, damit das Pferd nicht am Türholz nagt, und zwei Riegel besitzen – oben einen pferdesicheren Schieber und unten einen Fußriegel.

Im Stall gehaltene Pferde benötigen ständig Frischluft, weshalb eine gute Ventilation sehr wichtig ist. Dies wird gewöhnlich durch die geöffnete obere Türhälfte und ein hohes Dach gewährleistet, sollte aber keinesfalls mit Zugluft verwechselt werden. Aus diesem Grund sind Fenster, die den Stall belüften und erhellen, auch auf derselben Seite wie die Tür angebracht. Es sollte aber darauf geachtet werden, daß ein Fenster nicht durch die geöffnete obere Stalltüre versperrt und abgedunkelt wird, wie es bei manchen Ställen vorkommt. Die Fenster sollten mit Gitterstäben versehen sein. Zusätzliche Frischluft kann über einen Dachventilator oder Lüftungsbretter unter der Traufe in den Stall gelangen, zusätzliches Licht durch ein weiteres Fenster gegenüber der Tür. Falls es auch der Belüftung dienen soll, muß es höher liegen, als das Pferd mit seinem Kopf reicht, damit kein Durchzug entsteht.

Stallboxen innerhalb eines großen Gebäudes (z. B. in einer alten Scheune oder einem dafür errichten Bau) sind in manchen Ländern recht beliebt und eignen sich besonders in Gegenden mit extremen Temperaturunterschieden. Wenn diese Stallgebäude korrekt errichtet sind, sind sie im Winter warm und im Sommer angenehm kühl. Wichtig ist dann vor allem eine gute Belüftung, da die Ansteckungsgefahr für Krankheiten in diesen Ställen viel größer ist. Das Eingangstor und der zentrale Gang müssen breit genug sein, um zwei Pferden nebeneinander Platz zu bieten – Schiebetüren eignen sich oft am besten, da sie auch geöffnet nicht den Gang versperren. Die Abflußrinnen müssen immer freigehalten werden.

Als weitere Möglichkeit der Stallhaltung können einige Pferde aber auch freilaufend in einer großen Scheune oder einem anderen überdachten Raum gehalten werden. Das spart Arbeit, da die Pferde auf einer dicken Einstreu leben; außerdem bewegen sie sich gerne frei in der Gesellschaft von Artgenossen. Man sollte aber darauf achten, daß die Pferde sich vertragen, da sie sich sonst treten und beißen.

UNTEN
Da Weizenstroh weniger schmackhaft ist als Hafer- oder Gerstenstroh, eignet es sich für Pferde am besten.

UNTEN LINKS
Eine dicke Stroheinlage, die an den Wänden gut hochgezogen ist, bietet dem Pferd eine sichere, bequeme Matratze.

Die Einstreu

Eine dicke Einstreu lädt das Pferd zum Liegen ein, so daß Beine und Hufe nicht unnötig belastet werden; sie vermindert die Verletzungsgefahr wie z. B. aufgeschlagene Fesselgelenke, wenn das Pferd sich hinlegt, oder Verletzungen an Beinen und Hufen, die infolge zu langen Stehens auf hartem Boden auftreten können; sie erlaubt dem Pferd, sich bequem und ohne Gefahr zu wälzen; sie vermindert die Rutschgefahr und ermutigt die Pferde zum Urinieren (besonders männliche Tiere harnen nicht gerne auf nackten Boden); die Einstreu wärmt und schützt darüber hinaus vor Zugluft und hält das Pferd und seine Decke sauber.

Es gibt verschiedene Möglichkeiten der Einstreu, im einzelnen:

Seit alters her ist **Stroh** am weitesten verbreitet – und am wirtschaftlichsten – da es unbestritten die wärmste, bequemste und wasserdurchlässigste Einstreu ist. Stroh ist außerdem mit Ausnahme von nassen Jahren meistens leicht erhältlich. Für Pferde eignet sich Weizenstroh am besten, da es weniger schmackhaft als Gersten- oder Haferstroh ist und auch keine Grannen enthält, die Augen oder Haut des Pferdes reizen könnten.

Stroh hat gegenüber anderen Einstreumaterialien den Vorteil, daß es leicht entsorgt werden kann: Man kann es z. B. als Nährboden für Pilzkulturen verkaufen. Der größte Nachteil von Stroh besteht darin, daß es staubt und Pilzsporen enthalten kann, die bei empfindlichen Pferden Allergien auslösen und zu Atemwegsbeschwerden führen können. Die mangelnde Versorgung mit Sauerstoff wiederum kann die Leistung eines Pferdes beeinträchtigen. Husten ist oft das erste Zeichen, das auf derartige Probleme hindeutet.

Kleine Strohballen sind manchmal nicht leicht zu bekommen, besonders

▮ UNTEN
Hochwertige Holzspäne sind eine gebräuchliche Alternative zu Stroh, wärmen aber weniger und sind schwieriger zu entsorgen.

wenn man in einer Gegend mit geringer Pferdehaltung lebt, wo keine große Nachfrage besteht. Dennoch kauft man das Stroh am besten in kleinen, leichter handhabbaren Ballen. Die großen, bis zu einer halben Tonne schweren Rundballen sind schwer zu befördern und bereiten leicht Schwierigkeiten bei der Lagerung, besonders wenn man nur wenige Pferde hält. Für einen durchschnittlichen Stall benötigt man etwa vier kleine Ballen für eine gute, dicke Matratze und mindestens einen halben Ballen täglich für die frische Einstreu, je nachdem, wieviel Zeit das Pferd im Stall verbringt.

Neben Stroh werden zunehmend **Holzspäne** als Einstreu verwendet. Bei sachgemäßer Nutzung sind sie eine saubere und hygienische Einstreu, die nicht vom Pferd gefressen wird. Holzspäne enthalten keine Sporen und können, wenn sie vom Hersteller entstaubt wurden, auch eine gute Alternative für Pferde mit Atemwegsbeschwerden sein. Sie werden in stabile Plastiksäcke verpackt und können deshalb auch im Freien gelagert werden, vorausgesetzt, die Verpackung wurde beim Transport nicht beschädigt. Doch auch Späne haben ihre Nachteile: Sie können nur schwer entsorgt werden – da sie langsam verrotten, kann man sie auch nicht im Gelände ausbringen –, und die Ballen sind schwer handhabbar. Außerdem können Späne Fremdkörper enthalten, z. B. grobe Holzsplitter, Nägel oder andere scharfkantige Gegenstände (bei Qualitätsware sollte das nicht vorkommen) und sind in feuchtem Zustand sehr viel schwerer als Stroh. Manche Pferde entwickeln Hautallergien, wenn Späne von Hölzern stammen, die mit Chemikalien behandelt wurden, andere bekommen Hufprobleme.

Im Gegensatz zu Stroh, das eng verwoben ist und reichlich Lufttaschen enthält, lagern Späne sehr dicht, aber lose, weshalb eine Matratze aus Holzspänen weniger warm und weich ist und häufiger nackten Boden entblößt. Für eine Matratze aus Holzspänen benötigt man etwa drei Ballen pro Woche.

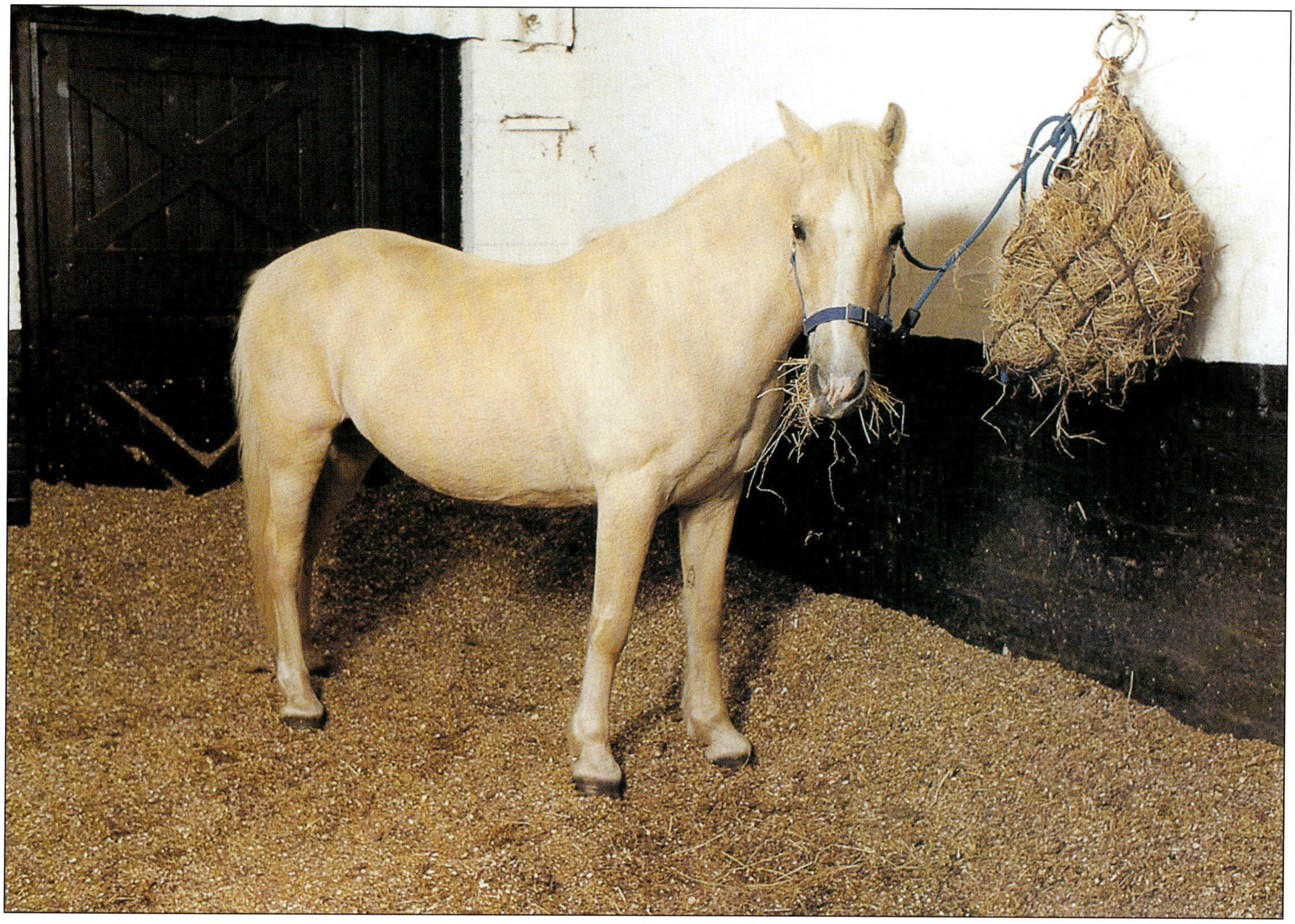

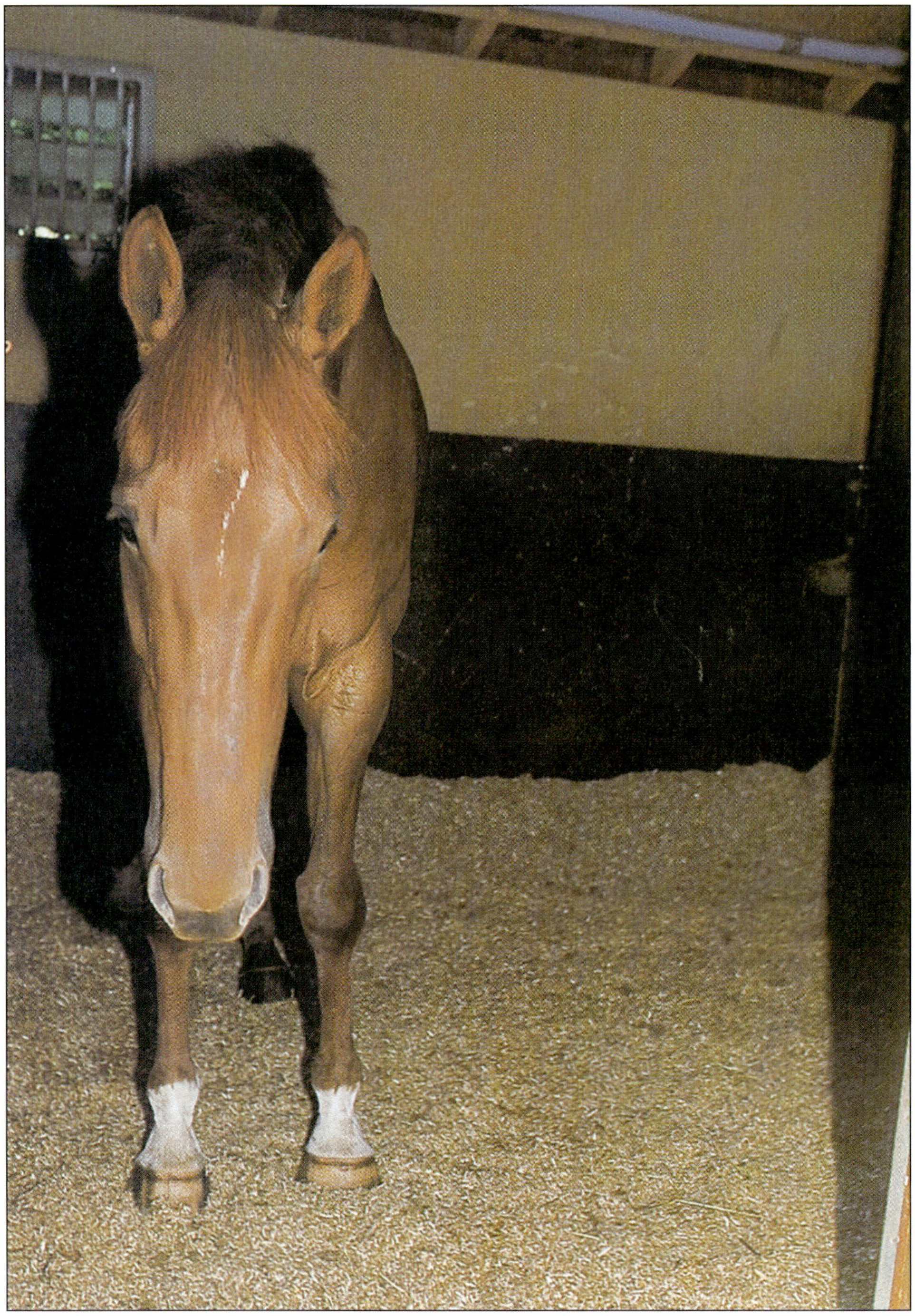

Ein relativ neues, hundertprozentiges Naturprodukt aus Hanf ist **Aubiose**. Es eignet sich besonders für Pferde mit Stauballergien und ist äußerst saugfähig: viermal saugfähiger als Holzspäne und sogar zwölfmal mehr als Stroh. Anfänglich ist eine Matratze aus Aubiose teurer als herkömmliche Einstreu, da für einen durchschnittlich großen Stall acht Ballen benötigt werden; danach wird es aber kostengünstig, da man zur Pflege der Matratze nur einen halben bis einen Ballen pro Woche benötigt. Wenn die Matratze das erste Mal gelegt wird, sollte man die schwammartigen Eigenschaften des Materials durch leichtes Befeuchten mit einem Schlauch oder einer Gießkanne aktivieren. Vergleichbar mit Katzenstreu saugt Aubiose die Feuchtigkeit in einer dünnen Schicht direkt über dem Boden auf. Die oberen Schichten bleiben trocken. Das Ausmisten ist schnell erledigt, da man nur den Pferdemist regelmäßig entfernen und leicht durchharken muß. Die feuchtigkeitsgetränkte Einstreu sollte je nach Pferd alle fünf bis zehn Tage ausgewechselt werden. Das Material eignet sich auch für Matratzen.

Ein weiterer Vorteil von Aubiose besteht darin, daß dieses Material bereits nach fünf bis sechs Wochen wertvollen Kompost ergibt und so leicht zu entsorgen ist. Der einzige Nachteil neben den anfänglich hohen Kosten ist der lockere Zusammenhalt des feinen und weichen Materials, das sich deshalb nur schwer an den Stallwänden aufschichten läßt.

Zerkleinertes Papier ist die staubärmste Einlage und wird mancherorts bei Pferden mit Stroh-Allergien oder Atemwegsbeschwerden verwendet. Inzwischen steigt aber auch seine Beliebtheit in Ställen mit Sport- und Rennpferden, deren Lungen möglichst staubfrei gehalten werden müssen. Papier ist billiger als Holzspäne, muß aber höher aufgeschichtet werden, da es schneller feuchtigkeitsgesättigt ist als anderes Material. Pro Woche werden etwa drei Ballen benötigt. Vorteile sind die leichte Handhabbarkeit und das gute Wärmevermögen. Nachteilig wirkt sich die Druckerschwärze aus, die auf das Fell des Pferdes (vor allem von Schimmeln) abfärben und zusätzliche Fellpflege nötig machen kann. Außerdem läßt sich ausgemistetes Papier bei Wind nur schwer kontrollieren.

Torfmoos wird wie Holzspäne in Plastiksäcke verpackt und hat ebenfalls seine Vor- und Nachteile. Es ist eine bequeme Matratze, wird nicht gefressen und kann leicht entsorgt werden. Sein größter Vorteil ist aber, daß es im Brandfall nicht wie die anderen Materialen in Flammen aufgeht. Andererseits ist es teuer, schwer handhabbar und muß häufig ausgemistet und übergeharkt werden, damit sich keine feuchten Klumpen und verdichteten Stellen bilden. Außerdem sind feuchte Bereiche aufgrund der dunklen Farbe nur schwer zu erkennen.

Gummimatten können ebenfalls als Einlage verwendet werden, haben aber für sich allein mehr Nachteile als Vorteile mit Ausnahme ihrer absoluten Staubfreiheit. Sie sehen sicherlich nicht sehr einladend aus, wärmen wenig, bieten keinen guten

GEGENÜBER
Eine ungewöhnlich saugfähige Einstreu aus Hanf ist für Pferdeställe relativ neu. Sie ist zunächst teuer, doch die anschließende Pflege ist wirtschaftlich und einfach.

UNTEN
Gummimatten sind staubfrei, haltbar und verursachen wenig Arbeit, bieten aber kaum Komfort, wenn sie ohne daraufliegende Einstreu verwendet werden.

GANZ UNTEN
Zerkleinertes Papier ist eine ideale Matratze für Pferde mit Atemwegsbeschwerden, da es nicht staubt und gut wärmt. Doch Druckerschwärze kann besonders helles Pferdefell verschmutzen.

Schutz vor Zugluft und saugen keine Feuchtigkeit auf. Wenn sie ohne weitere Einstreu verwendet werden, wird der Pferdemist durch die Hufe im gesamten Stall verteilt, so daß Pferde, die sich hinlegen, immer schmutzig aussehen. Meistens leiden die Pferde auch unter Zugluft, gegen die die anderen Einstreumaterialien schützen, die an der Wand hoch aufgeschichtet werden können. Gummimatten allein haben aber den großen Vorteil, daß sie nicht nur staubfrei, sondern auch sehr preiswert im Unterhalt sind: Nach dem Verlegen benötigt man mehrere Jahre keine weitere Einstreu. Mit einem Wasserschlauch ist schnell und einfach ausgemistet.

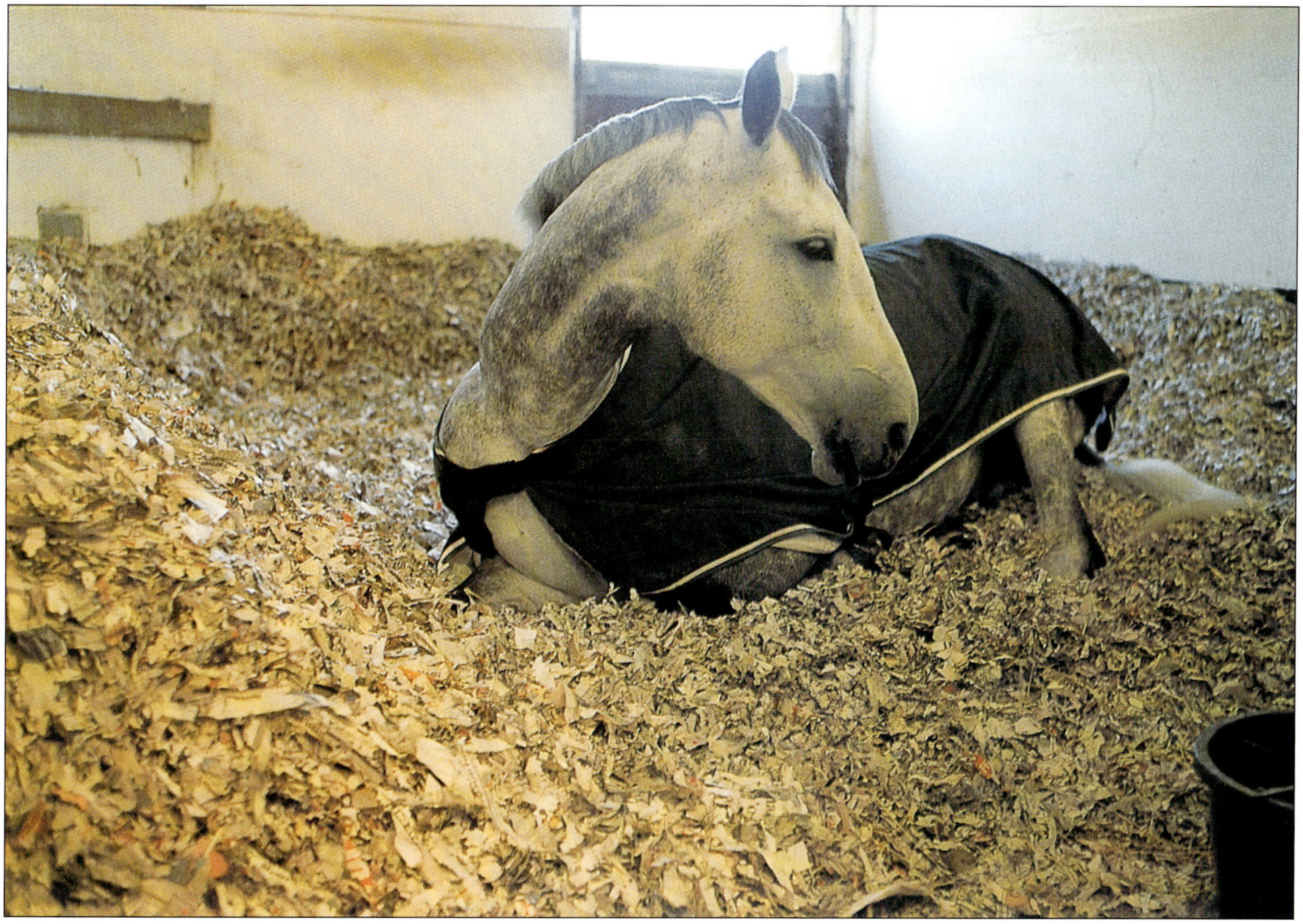

Pflege der Einstreu

Eine gute Pflege der Einstreu ist wichtig, damit ein Pferd gesund und so sauber wie möglich bleibt. Dazu kann der Stall täglich ausgemistet werden, oder man richtet eine dicke (Matratze) oder weniger dicke Einstreu. Das Pferd sollte während des Mistens angebunden sein oder den Stall verlassen. Es wird dadurch vor Staub geschützt, der beim Arbeiten aufgewirbelt werden kann, außerdem arbeitet es sich in einem leeren Stall leichter.

Beim täglichen Ausmisten wird der Pferdemist zusammen mit der gesamten schmutzigen Einstreu entfernt. Eine leichte Einstreu wie Stroh oder Papier ist einfacher auszuwechseln als etwa Holzspäne. Man benötigt dazu eine Schubkarre, eine Mistgabel und einen großen Besen mit harten Borsten. Stroh wird meistens mit einer vierzinkigen Gabel gemistet, aber eine Gabel mit drei oder sogar nur zwei Zinken funktioniert genauso gut, das hängt vom Geschick des einzelnen ab – je weniger Zinken, desto leichter die Gabel und desto schneller die Arbeit. Für das Ausmisten von Holzspänen benötigt man eine spezielle Gabel mit mehr Zinken und engeren Abständen dazwischen. Wer eine Mistschippe besitzt, kann normalerweise auf eine Schaufel verzichten und den Rest der Streu mit der Hand aufnehmen – vorausgesetzt man trägt Handschuhe. Falls eine Schaufel benötigt wird, sollte sie groß und leicht sein.

Die Schubkarre wird an der Tür abgestellt und zunächst mit den sichtbaren Pferdeäpfeln gefüllt. Dann wird die Einstreu aus einer Ecke des Stalls entfernt und die Ecke gefegt – gewöhnlich die Ecke, die der Türe am nächsten liegt und am weitesten weg vom Anbindering; wenn der Stall groß genug ist, können aber auch alle anderen Ecken freigeräumt werden, so daß umschichtig der ganze Stallboden abtrocknen kann. In dieser Ecke wird die saubere Einstreu ordentlich aufgeschichtet, die nasse Einstreu und der Mist landen in der Schubkarre. Dann wird der Boden gefegt und mit einer dünnen Einstreu – der Standschicht – bedeckt. So kann das Pferd nicht ausrutschen und der Boden leichter trocknen. Falls das Pferd noch im Stall steht, um geputzt und dann geritten zu werden, kann man an dieser Stelle die Arbeit unterbrechen, so daß der Boden (entlang der Wände und in der Mitte) abtrocknen kann, bevor die Einstreu fertig gerichtet wird.

Als weniger günstige Alternative kann das Bett auch täglich vollständig von einer Seite der Box entfernt werden, so daß die Einstreu nahe der Wand regelmäßig gewendet wird. Wenn das Bett frisch gemacht wird, verwendet man die alte Einstreu als dicke Unterlage für den gesamten Stall (gegen Durchzug bis an die Tür) und legt neues Einstreumaterial obenauf (falls ein Pferd dazu neigt, die Einstreu aus Stroh zu fressen, deckt man das frische Stroh mit etwas alter Einstreu ab).

Eine dicke Einstreuschicht entlang der Wände hält Zugluft fern, schützt das Pferd vor Verletzungen, wenn es sich wälzt oder hinlegt, und verhindert, daß es in eine Position gerät, aus der es selbst nicht wieder aufstehen kann („Festliegen").

LINKS
Gerätschaften zum Ausmisten: Schubkarre, fünfzinkige Gabel, Schaufel, Rechen für Holzspäne, Besen und Korb. Mistschippen sind handlicher als Schubkarren.

OBEN
Ein Pferd sollte beim Ausmisten angebunden sein (aus Sicherheitsgründen sollten Jacken bei der Arbeit mit Pferden zugeknöpft sein).

RECHTS
Ein ummauerter Misthaufen ist pflegeleichter und ordentlicher als ein freiliegender.

UNTEN
Ein Misthaufen sollte dort angelegt werden, wo er für Menschen und Fahrzeuge gut zugänglich und ein Abfluß vorhanden ist.

Um die Einstreu so sauber wie möglich zu halten, sollten die Pferdeäpfel mehrmals täglich mit Hilfe eines Korbes entfernt werden. Am Abend sollte „das Bett" gerichtet und fertig für die Nacht sein, wobei besonders auf eine dicke Schicht entlang der Wände und eine gleichmäßige Bedeckung des Bodens geachtet werden sollte.

Eine dicke Einstreu oder richtige Matratze eignet sich nur für einen großen und gut belüfteten Stall (ein kleiner durchnäßt zu schnell). Sie spart Zeit, da täglich nur der Mist entfernt und das alte Bett mit neuer Einstreu überdeckt wird. Eine Matratze verlangt große Sorgfalt und eignet sich besser für Pferde, die tagsüber auf der Weide stehen, so daß die Unterlage besser austrocknen kann. Sie ist besonders im Winter schön warm und kann bis zu sechs Monaten liegen bleiben.

Wenn sie jedoch zu dick wird oder zu sehr riecht, sollte sie vollständig entfernt werden. Erst wenn die Box wieder trocken ist, kann ein neues Bett gerichtet werden. Holzwände leiden aufgrund der Feuchtigkeit in den unteren Streuschichten stärker unter dieser Art der Einstreu.

Einen guten Kompromiß bietet die mitteldicke Matratze. Hierbei werden täglich Pferdeäpfel und die schmutzignassen Teile der Einstreu entfernt und die gesamte Einstreu einmal pro Woche oder pro Monat erneuert. Sie eignet sich gut bei einer Einstreu aus Holzspänen. Bei dicker oder mitteldicker Einstreu sollte man besonders darauf achten, daß die Pferdeäpfel schnell entfernt werden.

Genauso wichtig ist die Pflege des Misthaufens. Aus praktischen Gründen sollte er möglichst nah bei den Ställen liegen, einen trockenen, ebenerdigen Zugang haben und auch für größere Fahrzeuge zugänglich sein. Außerdem sollte er im Windschatten der Ställe liegen. Ein Misthaufen kann freiliegen oder von drei Seiten ummauert sein – Hohlblocksteine eignen sich besonders gut –, was ihm ein ordentlicheres Aussehen gibt.

Man sollte auf einen ausreichenden Abfluß achten, um Wege und Zufahrten trocken zu halten.

Beim Ausmisten sollte der ganze Stallboden gefegt werden und vor Einbringen der Einstreu abtrocknen können.

Um Zugluft abzuhalten und das Pferd vor Verletzungen zu schützen, sollten die Seiten des Betts hoch gegen die Wand geschichtet werden.

Mit einem Korb wird regelmäßig während des Tages der Mist entfernt. Die Körbe können aus Plastik oder Metall sein.

Das Futter

Pferde sind Herbivoren, d. h. sie ernähren sich hauptsächlich von Pflanzen, insbesondere von Gras und Kräutern. Überließe man sie dem Leben in freier Wildbahn, würden sie zwanzig Stunden des Tages damit verbringen, auf der Suche nach Futter langsam von einem Weideplatz zum nächsten zu wandern. Da Pferde im Verhältnis zu ihrem Dickdarm einen relativ kleinen Magen besitzen, müssen sie ständig „Futter nachschieben". Ist das Futterangebot hoch, nehmen sie in der Natur schnell zu, bei fehlender Nahrung verlieren sie an Gewicht. Wenn Pferde unter den unnatürlichen Lebensbedingungen eines Stallpferds gesund bleiben sollen – Energieverlust durch Arbeit bei fehlender Möglichkeit, ständig zu grasen –, dann müssen ihnen entsprechende Alternativen zu Gras gefüttert werden. Das Füttern von Pferden ist aber nicht ganz einfach. Pferde sind wie Menschen Individuen und haben daher auch sehr unterschiedliche Ansprüche an Art und Menge des Futters, um gesund und leistungsfähig zu bleiben. Grundsätzlich jedoch besteht die Hauptnahrung von Hauspferden aus Faserstoffen und Konzentratfutter.

RAUHFUTTER

Gewöhnlich wird Rauhfutter als Heu (getrocknetes Gras) gefüttert, wobei man zwei Arten unterscheidet: Heu aus Einsaaten oder Wiesenheu.

Heu aus Einsaaten eignet sich für Pferde, die viel arbeiten müssen, da es meistens nährstoffreicher als Wiesenheu ist. Es wird speziell aus einjährigen hochwertigen Grassorten hergestellt.

Wiesenheu stammt von Dauergrünland und ist häufig weicher, grüner und artenreicher als das Heu aus Einsaaten. Außerdem ist es nährstoffärmer und daher besser für leicht arbeitende Pferde geeignet.

Inzwischen wird Heu aber auch als **Silage** gefüttert, die mit unterschiedlichen Nährwertgehalten angeboten wird und sich besonders für Pferde mit Atemwegsbeschwerden eignet. Silage kann mit Heu vermischt werden.

Heu: Einsaat (links) und „wild" (rechts)

Gequetschter Hafer

Gerstenflocken

Maisflocken

Graswürfel bestehen aus einer fein gehäckselten Mischung aus Heu und einem Drittel Haferstroh. Sie können zusammen mit Kraftnahrung gefüttert werden.

KRAFTFUTTER

Darunter fallen z. B. Hafer und Gerste, aber auch andere energiereiche Futtersorten. Werden Konzentratfutter und Rauhfutter im richtigen Verhältnis gemischt, kann das Pferd etwas leisten und dabei gesund bleiben.

Hafer gilt schon immer als ideales Pferdefutter. Die ballaststoffreiche Spelze, die das nahrhafte Samenkorn umgibt, zwingt das Pferd zum Kauen und langsamen Fressen und verhindert so ernste Verdauungsprobleme. Der einzige Nachteil ist das geringe Kalzium/Phosphor-Verhältnis, weshalb das Pferd zusätzliche Kalziumgaben erhalten sollte, um die Mineralstoffe im Rauhfutter auszugleichen. Hafer eignet sich nicht unbedingt für alle Pferde, da manche Pferde dann schwer beherrschbar werden (sie „sticht der Hafer"). Hafer sollte leicht gequetscht und dann innerhalb von zwei bis drei Wochen verbraucht werden, da sonst sein Nährwert verlorengeht.

Gerste hat einen höheren Energiegehalt als Hafer, aber weniger Faserstoffe. Sie kann geschrotet, gequetscht, als Flocken (hitzebehandelt) oder als Pellets gefüttert werden. Die unverdaulichen, ganzen Gerstenkörner sollten nur gefüttert werden, wenn sie zuvor weichgekocht wurden. Dazu bedeckt man sie mit heißem Wasser und läßt sie mehrere Stunden bei schwacher Hitze quellen, bis das Korn aufplatzt.

Mais enthält viel Stärke, aber wenig Eiweiß und Faserstoffe. Er wird gewöhnlich als Flocken oder Pellets gefüttert und kann die Tiere sehr nervös machen, weshalb man nur kleine Mengen füttern sollte.

Kleie

Leinsamen (vor dem Füttern kochen)

Eingeweichte Zuckerrüben

Gehäckseltes Zuckerrübenmark

Pellets

Grobe Mischung

Kleie, ein Nebenprodukt des Weizen, enthält reichlich Faserstoffe und wird häufig an Pferde gefüttert, die nicht arbeiten oder eiweißarme Nahrung erhalten sollen. Sie kann mit der anderen Nahrung in kleinen Mengen trocken oder als Brei gefüttert werden. Dazu wird die Kleie mit etwas Mineralsalz in einem Eimer mit kochendem Wasser übergossen (Vorsicht, daß es nicht zu flüssig wird!), zugedeckt und bis zur Fütterung abgekühlt.

Der aus Flachs gewonnene **Leinsamen** enthält viel Öl und wird häufig gefüttert, um dem Fell mehr Glanz zu verleihen. Ungekocht ist Leinsamen wegen seines Blausäuregehalts giftig. Er wird deshalb über Nacht in kaltem Wasser eingeweicht und am nächsten Morgen zusätzlich mit etwa 2 l Wasser pro 100 g aufgefüllt. Die Masse wird zum Kochen gebracht und sollte dann mehrere Stunden leicht köcheln. Sobald der fertige Leinsamenschleim abgekühlt ist, kann er mit Kleiebrei oder der üblichen Nahrung vermengt werden.

Zuckerrüben eignen sich ausgezeichnet als hochwertige Energie- und Ballaststoffquelle. Sie haben ein günstiges Kalzium/Phosphor-Verhältnis und können die in Getreide enthaltenen Nährstoffe ergänzen. Zuckerrübenmark, aus dem der Zukker bereits entfernt wurde, ist in Würfeln oder gehäckselt erhältlich. Vor dem Füttern muß es mindestens 12 Stunden in etwa der doppelten Wassermenge eingeweicht werden; Würfel benötigen unter Umständen länger und mehr Wasser. Da Zuckerrübenmark im Pferdemagen stark quillt, können zu kurze Einweichzeiten tödliche Folgen haben.

Die dunkle, klebrige und sehr schmackhafte **Melasse** ist ein Nebenprodukt der Zuckerrübenverarbeitung. Zur Verschönerung des Fells und als Appetitanreger kann sie in kleinen Mengen unter das Futter gemischt werden.

Verschiedene Konzentratfutter, die als **Pellets** oder **grobe Mischungen** angeboten werden, bestehen aus unterschiedlichen Zutaten, die nach wissenschaftlichen Gesichtspunkten zusammengestellt wurden. Es gibt ausgewogene Mischungen für Fohlen, trächtige Stuten, Turnierpferde usw., die sich besonders für Anfänger unter den Pferdehaltern eignen, die in der Futterzusammenstellung noch ungeübt sind.

Füttern

Um die geeignete Futtermenge zu ermitteln, muß man neben Größe, Alter und Rasse des Pferdes auch berücksichtigen, was und wieviel es arbeitet. Füttern ist sowohl eine Wissenschaft als auch eine Kunst. Die Wissenschaft verrät uns, wie wir füttern sollen und welche Nährwerte das jeweilige Futter enthält, aber da jedes Pferd anders ist, entscheiden letztlich Aussehen und Geschmack, ob ein Pferd die Nahrung annehmen wird. Man kann seinen Blick für ein gesundes Pferd mit korrektem Äußeren schulen, wenn man sein eigenes Pferd mit gleichaltrigen Pferden desselben Typs bei derselben Arbeit beobachtet (z. B. in der Reithalle am Ort oder bei Turnieren).

Das Verhältnis von Rauhfutter zu Kraftfutter hängt sehr davon ab, wie und wieviel das Pferd arbeiten muß. Ein leicht arbeitendes Pferd benötigt nur wenig energiereiches Futter (es verhält sich sonst wie „vom Hafer gestochen"). Andererseits benötigen Hunter oder andere Sportpferde mehr Kraft- und weniger Rauhfutter. Ein Pferd, das pro Woche nicht mehr als sechs Stunden leicht arbeitet (im Gespann oder im

LINKS
Futter sollte in trockenen, nagetiersicheren Behältern in einem sauberen Futtervorratsraum aufbewahrt werden. Jede Futtergabe sollte sorgfältig abgewogen werden.

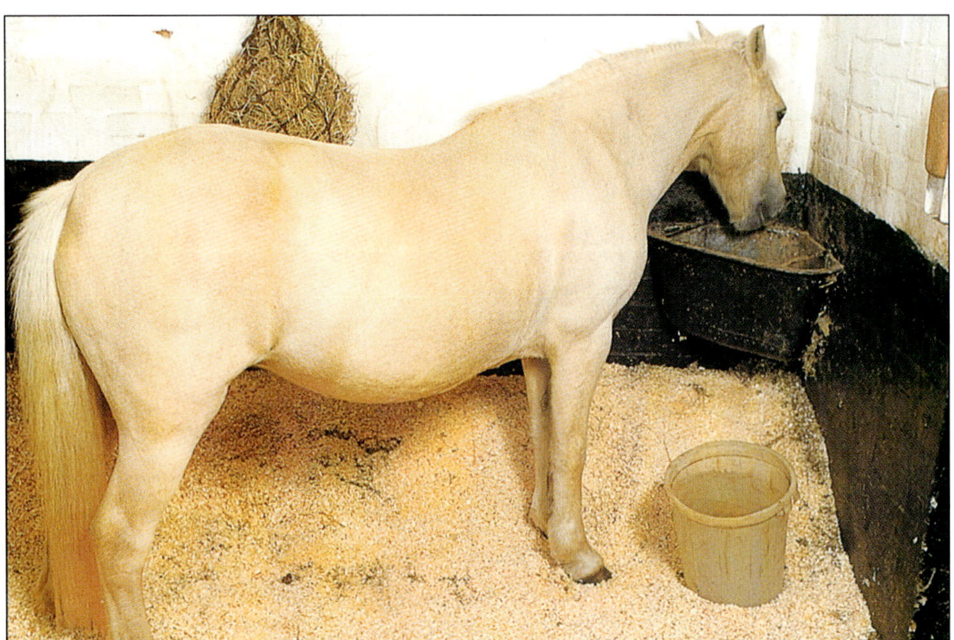

Die nachfolgende Tabelle zeigt den ungefähren Futterbedarf eines Pferdes bezogen auf seine Größe (Näherungswerte, da Pferde in Größe und Körperbau sehr verschieden sein können – ein feingliedriges Tier benötigt für dieselbe Arbeit weniger als ein „Schwergewicht"):

Größe:	Täglicher Nahrungsbedarf
unter 122 cm	6,3–7,2 kg
122–132 cm	7,2–8 kg
132–142 cm	9–10 kg
142–152 cm	10–11 kg
152–163 cm	11–12 kg
über 163 cm	12–12,5 kg

Genauer läßt sich der tägliche Nahrungsbedarf aber über das Gewicht des Pferdes bestimmen (etwa 2 bis 2,5 % des Körpergewichts). Am leichtesten kann das Gewicht mit einer Brückenwaage ermittelt werden; geht das nicht, kann man das Gewicht über folgende Formel errechnen:

$$\frac{\text{Brusttiefe}^2 \times \text{Länge (in Zoll} = 2{,}54\text{ cm)}}{300} = \text{Gewicht in Pfund}$$

Die Brusttiefe wird am größten Umfang gemessen, nachdem das Pferd ausgeatmet hat; die Länge mißt man vom Widerrist bis zur Kruppe.

MITTE OBEN
Manche Ställe vom Typ des Scheunen-Stalls besitzen schwenkbare Futterkrippen. Sie machen in großen Reitställen mit vielen Pferden weniger Arbeit.

MITTE UNTEN
Einhakbare Plastikkrippen eignen sich zur Fütterung von Pferden auf der Weide.

LINKS
Eine große Krippe in der Ecke eignet sich für Stallpferde. Krippen müssen regelmäßig gesäubert werden.

Schulbetrieb) und die meisten Ponys sollten etwa 30 % Konzentrat- und 70 % Rauhfutter erhalten. Bei einem mittelschwer arbeitenden Pferd (bis zu zehn Stunden pro Woche mit Schulbetrieb, Springen, Dressur und Gespann) sollte das Verhältnis etwa 50:50 sein, doch ein schwer arbeitendes Pferd (mehr als zehn Stunden pro Woche mit schnellen Ritten wie bei der Jagd, beim Rennen oder Military) sollte 70 % Kraft- und 30 % Rauhfutter erhalten. Diese allgemeinen Regeln können natürlich von Pferd zu Pferd variieren, aber unabhängig davon, wie schwer ein Pferd arbeitet, sollte der Rauhfutteranteil in seiner Nahrung nie unter 25 % des Futtergewichts fallen.

Pferde und Ponys, die den Winter auf der Weide verbringen, benötigen dieselben Futtermengen wie Stallpferde. Im Frühjahr und im Sommer sollte eine gute Weide bei entsprechender Witterung genügend Nährstoffe bereitstellen, um Ponys oder Kaltblüter zu versorgen, die höchstens ein bis zwei Stunden leicht arbeiten. Dennoch sollte ihr Gewicht zur Sicherheit regelmäßig überprüft werden. Im Winter kann ein Pferd auf der Weide bestenfalls seine Leistung halten; ist die Witterung schlecht, sinkt sie sogar ohne zusätzliches Futter.

GOLDENE FUTTERREGELN

- Füttern Sie wie in der Natur: oft und wenig – Pferde haben im Verhältnis zu ihrer Größe einen kleinen Magen.
- Verteilen Sie das Kraftfutter auf drei bis vier Fütterungen pro Tag (möglichst mit Häckselgut oder anderem Rauhfutter) – füttern Sie nie mehr als 1,8 kg Kraftfutter pro Fütterung.
- Füttern Sie immer zur gleichen Zeit.
- Reinigen Sie die Krippe regelmäßig mit klarem Wasser.
- Lassen Sie niemals ungefressene Nahrung in der Krippe – wenn nicht alles gefressen wird, füttern Sie entweder zuviel, oder mit dem Pferd oder Futter stimmt etwas nicht.
- Füttern Sie nie unmittelbar vor der Arbeit.
- Füttern Sie nie unmittelbar nach der Arbeit.
- Ändern Sie nie plötzlich das Futter – neues Futter sollte langsam im Verlauf von mindestens einer Woche eingeführt werden.
- Füttern Sie Heu nach Kraftfutter – die größte Menge abends.
- Lassen Sie ein Pferd niemals länger als acht Stunden ohne Futter.
- Achten Sie darauf, daß das Pferd immer sauberes, frisches Wasser hat.
- Lassen Sie regelmäßig das Gebiß Ihres Pferdes kontrollieren. Scharfe Kanten müssen abgefeilt werden.
- Entwurmen Sie das Pferd regelmäßig.
- Bewahren Sie Futter in sauberen, trockenen und vor Nagetieren sicheren Behältern auf und Heu in einem wasserdichten Lager mit trockenem Boden.
- Bereiten Sie Futter mit saftigen Apfelschnitzen und Möhren abwechslungsreich zu; Möhren der Länge nach durchschneiden, damit das Pferd sich nicht verschluckt.

OBEN LINKS
Heunetze müssen fest und hoch genug angebunden werden, daß das Pferd nicht mit den Hufen darin hängenbleibt. Natürlicher und sicherer ist es, Heu am Boden zu füttern.

LINKS
Pferde sollten die Möglichkeit zum Salzlecken haben, um etwaige Nahrungsmängel ausgleichen zu können. Ein Leckstein eignet sich gut.

LINKS AUSSEN
Wenn das Heu mehrere Stunden vor dem Füttern in klares Wasser getaucht wird, verhindert man, daß das Pferd Schimmelsporen einatmet.

Tränken

Je nach Alter und Gesundheitszustand eines ausgewachsenen Pferdes sind ungefähr 60 % seines Körpergewichts Wasser. Es ist der Hauptbestandteil aller Körperflüssigkeiten und lebensnotwendig für die Reaktionen des Bluts, für die Verdauung und die Ausscheidung. Ein Pferd kann mehrere Wochen ohne Nahrung überleben, aber ohne Wasser nur wenige Tage.

Der tägliche Wasserbedarf eines Pferdes richtet sich nach seiner Ernährung, der Witterung, seiner Belastung und seinem allgemeinen Gesundheitszustand. Ein Stallpferd kann am Tag ungefähr 37 l Wasser trinken, obwohl unter Umständen schon 20 l ausreichen oder bis 40 l nötig sind. Pferde auf der Weide benötigen gewöhnlich weniger, da ihr Futter bereits Wasser enthält. Schwitzt ein Pferd infolge feuchtheißer Witterung oder nach harter Arbeit, wird es mehr trinken. Ein krankes Pferd dagegen trinkt vielleicht nur widerwillig.

Ein Stallpferd benötigt mit einer Ausnahme – vor schwerer Belastung – immer ausreichend frisches und sauberes Wasser. Da Pferde ausgesprochen hohe Ansprüche an ihr Wasser stellen, dursten sie lieber, als schmutziges oder abgestandenes Wasser zu trinken.

Als Wasserbehälter für ein Stallpferd eignet sich ein Eimer oder eine automatische Wasseranlage. Eimer haben den Vorteil, daß man leicht überprüfen kann, wieviel ein Pferd trinkt. Sie sollten groß und stabil sein, am besten aus unverwüstlichem Kunststoff. Plastikeimer sind zwar leicht, aber nicht unbedingt sicher, da sie reißen und das Pferd verletzen könnten. Metalleimer sind haltbarer, aber ein unruhiges Pferd kann sich auch daran verletzen.

Man sollte den Eimer in eine Stallecke stellen, nicht direkt neben die Tür, aber auch nicht zu weit davon entfernt, um das Nachfüllen zu erleichtern. Der Henkel sollte zur Wand gelegt werden. Viele Pferde werfen ihren Wassereimer niemals um, selbst wenn er leer ist, andere benutzen ihn als „Spielzeug" oder sind so ungeschickt, daß sie ihn häufig umwerfen. Man kann Wassereimer mit Spangen an der Wand befestigen oder in einem großen Stall in einen alten Autoreifen stellen. Tagsüber sollten Wassereimer regelmäßig kontrolliert und frisch gefüllt werden, abgestandenes Wasser wird besser weggekippt als aufgefüllt. Einem großen Pferd sollte man für die Nacht zur Sicherheit zwei Eimer Wasser geben. Alle Eimer sollten regelmäßig mit sauberem Wasser geschrubbt werden.

Automatische Tränken, die an die Wasserleitung angeschlossen sind, sparen Zeit und werden daher bevorzugt in großen Reitställen eingesetzt. Dennoch haben sie einige Nachteile.

Im Vergleich zu einem Eimer sind sie sehr klein, so daß ein Pferd nur schwer einen „großen Schluck" nehmen kann. Falls kein Abfluß vorhanden ist (der Stöpsel sollte immer im Boden eingelassen und außerhalb der Reichweite der Pferdezähne sein), sind sie schwer zu reinigen. Und schließlich kann nicht auf einen Blick abgeschätzt werden, wieviel ein Pferd trinkt. Dies ist nicht ideal, weil die getrunkene Wassermenge ähnlich wie der Futterverbrauch Auskunft über den Gesundheitszustand des Pferdes gibt. Mit einem Verbrauchsmesser, der an der automa-

LINKS
Stabile Kautschukeimer eignen sich ausgezeichnet für ein Stallpferd. Sie sind sicherer und haltbarer als Plastikeimer.

UNTEN LINKS
Wenn das Pferd die Angewohnheit hat, seinen Eimer umzuwerfen, sollte er in einen Autoreifen gestellt werden.

UNTEN
Eine Alternative zum Eimer ist die automatische Tränke. Ihr korrektes Funktionieren muß regelmäßig überprüft werden.

BEWÄHRTE TRÄNKREGELN

- Stellen Sie dem Stallpferd immer ausreichend frisches Wasser zur Verfügung.
- Tränken Sie das Pferd vor dem Füttern.
- Vermeiden Sie es, Ihr Pferd nach dem Trinken stark zu belasten.
- Geben Sie Ihrem Pferd nach schwerer Arbeit nur wenig Wasser – etwa 2,5 l jede Viertelstunde, bis es seinen Durst gestillt hat.
- Wenn Sie Ihrem Pferd nach schwerer Arbeit Elektrolyte verabreichen, gehört unbedingt Wasser dazu.
- Halten Sie alle Wassergefäße sauber.
- Kontrollieren Sie automatische Wasseranlagen täglich.

tischen Tränke installiert werden kann, läßt sich das Problem beheben.

Alle Gegenstände, die an der Stallwand montiert werden, können zu Verletzungen des Pferdes führen, eine Wasseranlage bildet da keine Ausnahme. Umgekehrt kann sie aber auch durch das Pferd beschädigt werden und sollte deshalb unbedingt jeden Tag überprüft werden – eine verstopfte Tränke streßt das Pferd, und wenn sie überläuft, wird die Einstreu naß. Man sollte bei der Montage der Rohre auch darauf achten, daß sie im Winter nicht einfrieren.

UNTEN
Stallpferde müssen ständig mit frischem Wasser versorgt sein. Ein großes Pferd benötigt zwei Eimer.

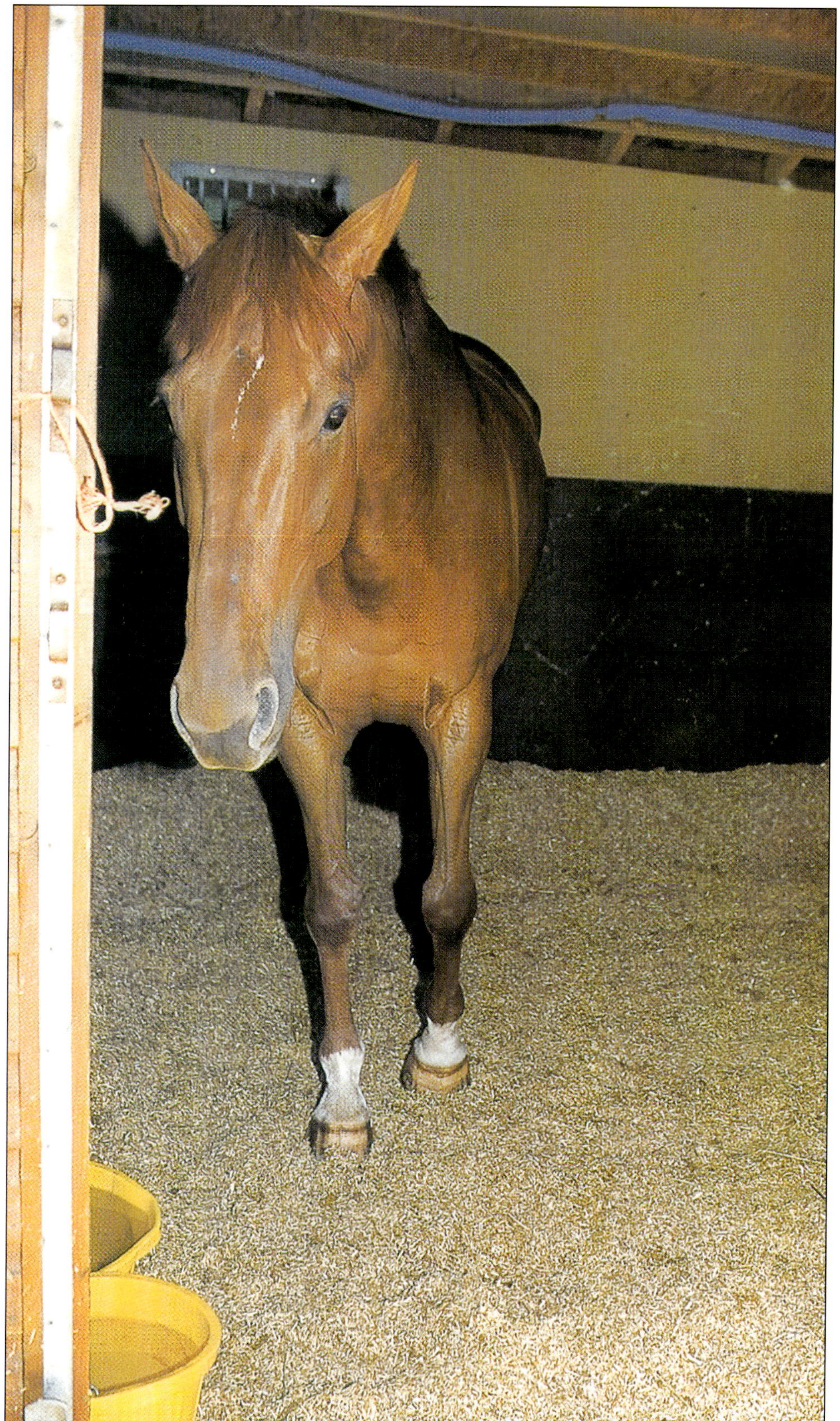

Tägliche Versorgung

Wenn Pferde sportliche Leistungen erbringen sollen, muß man dafür sorgen, daß sie fit und gesund bleiben. Dies kann nur mit täglicher Fürsorge und Aufmerksamkeit erreicht werden. Der Besitzer trägt die Verantwortung, daß sein Pferd regelmäßig richtig bewegt wird und er die Anzeichen für eine Krankheit erkennen lernt.

Jedes Pferd, ob im Stall oder auf der Weide, sollte täglich genau beobachtet werden, um sicherzugehen, daß es gesund und bei Kräften ist und keine Verletzungen oder Schwellungen hat. Pferde sind Gewohnheitstiere. Sie gedeihen bei regelmäßiger Pflege und sollten deshalb immer zur selben Tageszeit gefüttert werden. Manche typischen Pferdeleiden und kleinere Verletzungen können vom Besitzer behandelt werden, andere benötigen einen Tierarzt. Der Besitzer muß beurteilen können, wann er einen Fachmann aufsuchen sollte, und bedenken, daß eine rechtzeitige Behandlung oft eine größere Chance für Heilung bietet. Regelmäßige Kontrolle durch einen Hufschmied ist ebenfalls wichtiger Bestandteil der Pferdepflege. Und so gilt auch heute noch unbestritten die Volksweisheit „Ohne (guten) Huf kein (gutes) Pferd".

Bewegung

Um gesund zu bleiben, braucht ein Pferd täglich Bewegung, und wenn es außerdem etwas leisten soll, muß es zusätzliches Konditionstraining erhalten.

Bei einem leistungsfähigen Pferd sind Bewegung und Futter eng miteinander verbunden. Ein Pferd in Weidehaltung kann sich auf einer nicht zu kleinen Koppel ausreichend bewegen, um gesund zu bleiben. Platz und die Möglichkeit zur freien Bewegung gehören wesentlich zum natürlichen Leben eines Pferdes; seine Bedürfnisse werden deshalb auf einer größeren Weide, die mehr Ähnlichkeit mit seiner natürlichen Umgebung hat, auch besser gestillt. Dennoch fehlt einem Pferd aus reiner Weidehaltung die nötige Fitness, so daß es selbst während des Sommers nur leichte Arbeiten verrichten kann. Bei der Stallhaltung kann die Nahrungsaufnahme überwacht und die körperliche Fitness langsam so weit aufgebaut werden, bis das Pferd die verlangte Leistung erbringen kann. Da diesem Pferd aber ein guter Teil seiner Freiheit genommen wurde, ist ein gutes Bewegungsprogramm erforderlich, damit das Pferd zufrieden, gesund und gehorsam bleibt.

Wann immer möglich sollte ein Stallpferd neben der täglichen Arbeitsroutine einen Teil des Tages auf der Weide verbringen. Da sich leistungsfähige Pferde leicht verletzen, wenn sie frei laufen, sollte die Weide sicher eingezäunt und das Pferd mit Schutzgamaschen ausgestattet sein, um die Verletzungsgefahr zu senken. Falls bestimmte Gründe verhindern, daß das Stallpferd bewegt wird (z. B. nicht bereitbare Wege bei schlechtem Wetter), sollte es mindestens jeden Tag eine Zeitlang hinausgelassen werden – wenigstens, um etwas Gras zu fressen. Eine Alternative zum Reiten ist das Bewegungstraining an der Longierleine.

UNTUGENDEN

Ein Pferd, das 22 von 24 Stunden in der unnatürlichen und langweiligen Umgebung eines engen Stalls verbringt, kann schlechte Gewohnheiten oder „Stall-Laster" entwickeln. Dazu zählen: Holznagen, „Im-Kreis-gehen", das Festbeißen an der Heuraufe, der Türe oder einem anderen Gegenstand bei gleichzeitigem Luftschlucken („Koppen") oder das „Weben", bei dem das Pferd den Kopf rhythmisch von einer Seite zur anderen pendelt. Praktisch alle Untugenden schaden dem Pferd, können aber vermieden werden, wenn man dafür sorgt, daß das Pferd sich nicht langweilt.

LINKS
Das Stallpferd benötigt täglich Bewegung. Spazierritte halten es fit und bringen Entspannung nach der Arbeit.

GEGENÜBER
Für Rennpferde und andere Pferde, die sportliche Leistung erbringen müssen, muß ein sorgfältiges Trainingsprogramm erstellt werden.

VORHERIGE SEITE GEGENÜBER
Die meisten Ponys wie dieses Haflinger fühlen sich auf der Weide am wohlsten.

VORHERIGE SEITE
Trotz seiner Größe ist das Suffolk genügsam.

UNTEN LINKS
In ihrer natürlichen Umgebung erhalten Pferde und Ponys wie diese Exmoor-Stute mit ihrem Fohlen ausreichend Bewegung.

RECHTS
Zum Training genügen gewöhnlich ein einfacher Trensenzaum und Vielseitigkeitssattel.

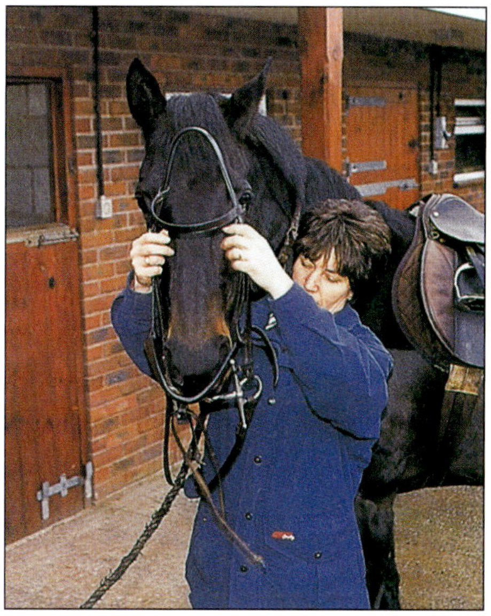

UNTEN
Pferd und Reiter sind zum Ausritt bereit. Wenn dieser über Straßen führt, sollte das Pferd Gamaschen tragen.

Vor dem Ausritt sollte das Pferd kurz geputzt werden. Schmutzflecken sollten mit einem Schwamm ausgewaschen und Einstreu aus Fell und Mähne ausgebürstet werden, um dem Pferd ein sauberes und ordentliches Äußeres zu geben. Außerdem sollten die Hufe ausgekratzt und die Hufeisen überprüft werden.

Ein sogenannter Vielseitigkeitssattel eignet sich für leichte Ausritte im Gelände und auf Reitwegen. Ein Sattelkissen oder eine Satteldecke schützt den Sattel vor schmierig-schweißigem Fell und schont den Rücken des Pferdes. Ein Zaumzeug für den täglichen Gebrauch schont das „Zaumzeug für besondere Anlässe", z. B. bei Pferdeschauen oder Turnieren. Zügel und Trensenzaum richten sich nach dem Pferd. Die meisten Tiere können sicher mit einer Trense und einem englischen Reithalfter ausgeritten werden. Falls jedoch eine stärkere Einwirkung nötig sein sollte, ziehen Sie vielleicht eine „Springkandare" vor.

Für Ausritte auf der Straße sollte das Pferd Gamaschen tragen. Sind sie richtig angelegt, wird die Bewegungsfreiheit nicht eingeschränkt, und die Gelenke des Pferdes werden geschützt, falls es auf dem Asphalt ausrutschen sollte – dennoch wird diese einfache Vorsichtsmaßnahme überraschend selten getroffen. Auch Bandagen beugen Beinverletzungen vor.

Ein geschorenes Pferd benötigt im Winter eine Trainingsdecke, um die Nierengegend zu wärmen. Man legt sie einfach unter den Sattel und befestigt sie mit einem Band unter dem Schweif.

Wenn man ein Pferd reitet und ein zweites „an die Hand" nimmt, werden beide bewegt. Das geführte Pferd sollte Zaumzeug tragen und an einem ausreichend langen Führstrick, der durch beide Trensenringe führen kann, gehalten werden. Man sollte ein Pferd niemals an einer Longierleine führen, da sie leicht verwickelt, und die Leine auch nicht um die eigene Hand winden. Vermeiden Sie stark befahrene Straßen, und führen Sie nur dann ein Pferd beim Reiten mit sich, wenn beide Pferde verkehrstauglich und gehorsam sind. Die größte Kontrolle hat man, wenn der Kopf des geführten Pferdes auf gleicher Höhe mit der Schulter des gerittenen Pferdes ist.

Beim täglichen Training in der Reitbahn, bei Dressur oder Springen usw. sollte das Pferd Gamaschen oder Bandagen sowie Sattel und Zaumzeug tragen, die am besten zu der Art des Trainings passen. Beim Springen sollten die Hufeisen mit sogenannten Stollen versehen sein, die ein Ausrutschen verhindern.

Fitness

▮ LINKS
Beim Traben bergauf bilden sich besonders in der Hinterhand Muskeln, und es verbessert die Herz- und Lungenkapazität.

▮ UNTEN
Spazierritte bilden eine willkommene Abwechslung zur Arbeit in der Bahn – für Pferd und Reiter.

Vereinfacht ausgedrückt, besteht das Fitness-Training eines Pferdes aus drei klaren Abschnitten. Für den Aufbau der Muskulatur soll das Pferd langsam Kraft entwickeln, um schwerere Arbeiten leisten zu können. Dann wird Kondition für die bei den meisten Reitsportarten nötige Fitness aufgebaut. Und im dritten werden „Lektionen" trainiert, damit das Pferd bei der Dressur, bei kräftezehrenden Ritten wie der Jagd, beim Springreiten, bei Geländeritten oder Pferderennen Höchstleistungen erbringen kann.

ERSTE STUFE

Der allmähliche Kräfteaufbau ist äußerst wichtig und sollte genügend Zeit in Anspruch nehmen. Reiten ist eine erprobte Möglichkeit, um Pferde fit zu machen sowie Zerrungen und Stauchungen zu Beginn des ernsteren Arbeitsprogramms vorzubeugen. Das erste Mal nach einer Pause darf das Pferd nur im Schritt geritten werden. Wenn das Pferd davor auf der Weide war, genügt am Anfang eine dreiviertel Stunde täglich. Diese kann in den folgenden **zwei bis drei Wochen** auf eineinhalb bis zwei Stunden täglich ausgedehnt werden.

Obwohl die Gangart langsam ist, sollte das Pferd nicht nachlässig gehen. Es sollte vorwärts, gerade und im Rhythmus gehen, um an den richtigen Stellen Muskeln aufzubauen. Damit das Pferd wach und aufmerksam bleibt, sollte das Trainingsprogramm so abwechslungsreich wie möglich sein.

Ab der **dritten oder vierten Woche** kann im Trab gearbeitet werden. Zunächst sollte das Pferd etwa 15 Minuten im Schritt gehen, ehe angetrabt wird, und zum Schluß wieder Schritt gehen. So können sich seine Muskeln aufwärmen und nach der Arbeit abkühlen. Das Traben sollte

LINKS
In der fünften Woche sollte das Pferd fit genug für leichte Sprungübungen sein.

UNTEN LINKS
Ernsthaftes Training kann etwa ab der sechsten Trainingswoche beginnen.

kontrolliert und rhythmisch sein und zu Beginn von längeren Phasen im Schritt unterbrochen werden. Nach einiger Zeit, wenn das Pferd leistungsfähiger ist, können die Trabphasen ausgedehnt werden. Die Gangart muß immer kontrolliert werden: auf ebenen Asphaltstraßen (oder anderen harten Oberflächen) werden die Pferdebeine gestaucht, was zu Verletzungen führen kann. Traben bergauf ist besser als auf ebener Strecke, da die Vorderbeine dann weniger belastet werden. Der Reiter sollte beim Traben regelmäßig die Hand wechseln und beim Traben bergauf das Gewicht nach vorne verlagern.

Während der **vierten Woche** können einige Trainingseinheiten Leichtgalopp in der Bahn durchgeführt werden. Sie sollten niemals länger als 20 Minuten von Schrittphasen unterbrochen sein. Damit das Pferd wieder ruhig und die Kondition weiter verbessert wird, sollte anschließend ein Spazierritt folgen.

In der **fünften Woche** kann zum Aufbau der Muskeln mehr bergauf und bergab geritten werden. Spazierritte und die Arbeit in der Bahn sollte fortgesetzt werden.

Ab der **sechsten Woche** sollte das Pferd im Galopp gefordert werden. Man sollte es mit raumgreifenden Bewegungen, aber nicht ungestüm galoppieren lassen. Wie beim Traben ist es am besten, sanft bergauf zu galoppieren.

ZWEITE STUFE

Sobald der erste Trainingsabschnitt beendet und das Pferd fit genug ist, kann es härter trainiert werden. Arbeiten Sie in der Bahn, und ergänzen Sie das Training mit Dressurübungen. Das Training sollte sich langsam steigern. Leichte Sprünge über Gatter und über Cavaletti verbessern seine Sportlichkeit.

DRITTE STUFE

Welche Fitness ein Pferd letztlich besitzen muß, hängt davon ab, was von ihm verlangt

wird. Zum Beispiel muß ein Pferd beim Turnierspringen die Kraft besitzen, auch hohe Hindernisse zu überwinden, aber es muß nie über längere Strecken in gestrecktem Galopp gehen. Andererseits muß ein Pferd, das an Vielseitigkeitsprüfungen teilnimmt, Kraft und Ausdauer haben, um den Anforderungen zu genügen.

Damit ein Pferd für Sportarten fit ist, die Schnelligkeit und Ausdauer verlangen, muß es längere Zeit im Galopp trainiert werden. Die Arbeit im Galopp wird allmählich eingeführt und sollte immer über geeigneten Boden führen, um die Verletzungsgefahr zu mindern. Am Anfang sollten die Galopp-Phasen kurz sein. Später kann anhaltendes, gleichmäßiges Galoppieren die Fitness des Pferdes noch steigern.

Nur selten ist ein wirklich schneller Galopp zur Fitness-Steigerung nötig, z. B. um einem Rennpferd oder einem Pferd, das an Vielseitigkeitsprüfungen teilnimmt, den letzten Schliff zu geben. Man sollte unbedingt daran denken, daß eine schnellere Gangart auch leichter zu Verletzungen führt.

Selbst wenn das Pferd für die von ihm verlangte Arbeit maximale Fitness erreicht hat, sollte man ihm regelmäßige Ruheperioden – Spazierritte oder Bewegung auf der Koppel – gönnen, um es bei Laune zu halten. An einem Ruhetag nach anstrengendem Training grasen Pferde gerne auf der Weide.

Das gesunde und das kranke Pferd

Zur guten Pferdepflege gehört auch, daß man erkennt, ob ein Pferd krank ist. Ein erfahrener Pferdehalter bemerkt sofort, wenn einem seiner Pferde etwas fehlt. Wer lernt, die Warnzeichen rechtzeitig zu erkennen, kann früh eine Diagnose stellen und damit die Chancen für eine erfolgreiche Behandlung steigern.

Häufig sind veränderte Freßgewohnheiten erste Anzeichen dafür, daß ein Pferd nicht gesund ist. Ein weiteres zuverlässiges Warnsignal sind Verhaltensänderungen, z. B. wenn ein intelligentes und aufmerksames Pferd plötzlich lustlos wird. Ausscheidungen aus den Nüstern, Husten oder ein mattes Fell sind weitere Krankheitszeichen, ebenso wie unregelmäßige Verdauung oder eine veränderte Beschaffenheit der Pferdeäpfel.

Jeder Pferdebesitzer sollte lernen, wie man Temperatur, Puls und Atmung seines Pferdes mißt, um zu wissen, wann der Tierarzt gerufen werden muß.

Die normale Körpertemperatur eines Pferdes liegt bei 38° C. Solange das Pferd gesund ist, sollten Sie sich im Temperaturmessen üben, so daß Sie im Ernstfall schnelle und genaue Messungen vornehmen können. Die Temperatur wird mit einem Fieberthermometer eine Minute lang rektal gemessen. Am besten hält man dabei den Schweif des Pferdes fest, damit das Thermometer nicht durch Schlagen des Schweifs verrutscht.

Den Puls des Pferdes ertastet man, wenn man dem Rand des Unterkiefers folgt. Beim gesunden Pferd beträgt er 40 Schläge pro Minute.

Alle Pferde leiden unter Würmern und müssen regelmäßig entwurmt werden. Üblich ist die orale Gabe einer Anti-Wurm-Paste.

Der Ruhepuls eines gesunden Pferdes beträgt 40 Schläge pro Minute. Steigt er über 60, ist das Pferd bestimmt krank. Wenn kein Stethoskop zur Verfügung steht, kann der Puls auch mit einem Finger über der Arterie an der Unterseite des Kopfes etwa auf halber Höhe des Unterkiefers gemessen werden. Es erfordert aber eine gewisse Übung, den Puls zu finden.

Die Atmungsrate eines gesunden Pferdes kann zwischen acht und 16 Atemzügen pro Minute liegen und über die Bewegung der Flanken ermittelt werden. Manche Pferde haben wie Menschen ein Herzgeräusch oder Herzrhythmusfehler. Wenn diese Besonderheiten nur im Ruhezustand auftreten und beim Training verschwinden, sollte man nicht beunruhigt sein.

Erkrankungen der Beine können sich sehr unterschiedlich äußern. Oft können schon der geringste Verdacht auf eine Entzündung oder eine winzige Schwellung Anzeichen für ein schwerwiegendes Sehnenleiden sein. Akutes Lahmen kann festgestellt werden, wenn man das Pferd beim Traben von vorne und von hinten beobachtet. Achten Sie auf ein Absacken der Hinterhand oder darauf, ob das Pferd mit dem Kopf nickt, wenn ein Bein den Boden berührt (das andere Bein verursacht dann die Schmerzen). Beim Kauf eines Pferdes sollte auf Narben oder knochige Veränderungen geachtet werden, so daß später neue Verletzungen oder Abnutzungserscheinungen von alten unterschieden werden können.

Alle Pferde leiden unter Würmern. Sie müssen deshalb regelmäßig entwurmt werden, um keinen Schaden an ihrer Gesundheit zu nehmen. Über entsprechende Entwurmungsprogramme berät der Tierarzt.

Bei jungen Pferden deuten eine erhöhte Temperatur und erkältungsähnliche Symptome wie verschleimte Nüstern auf den Befall mit Spulwürmern hin. Diese Würmer sind recht groß und können Koliken auslösen. Bei ausgewachsenen Pferden stellt der Blutwurm *Stongylus vulgaris* die größte Gefahr dar, da sich seine Larven in den kleinen Arterien der Darmwand einnisten. Als Folge der Zerstörung der Blutgefäßwände bilden

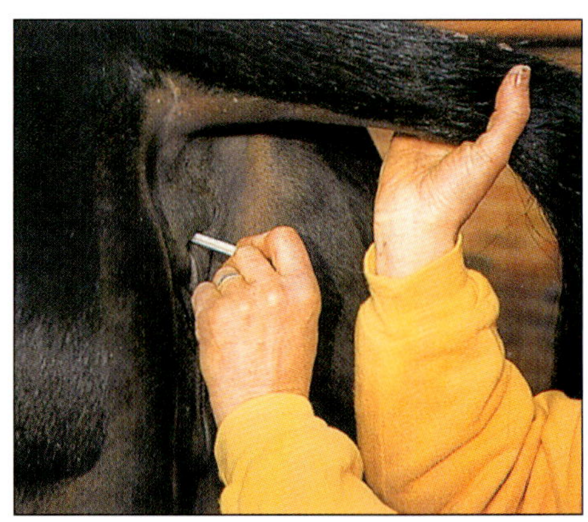

Die Körpertemperatur wird im After des Pferdes gemessen. Die normale Körpertemperatur beträgt 38° C.

LINKS UND UNTEN
Um zu erkennen, ob das Pferd lahmt, sollte es beim Traben von vorn und von hinten beobachtet werden. Achten Sie dabei auch auf Kopfnicken oder Absacken in der Hinterhand.

sich leicht Blutgerinnsel. Der Befall mit *Stongylus vulgaris* ist Auslöser für Koliken und Anaemie und beeinträchtigt die normale Verdauungstätigkeit. Wenn das Pferd seinen Schweif reibt, leidet es vielleicht unter Fadenwürmern, die im Enddarm leben.

Wenn im Fell des Pferdes, besonders an den Beinen und im Sommer, kleine cremefarbene Eier haften, stammen sie von der Pferdebremse. Die Larven dieser Fliege bohren sich durch die Haut des Pferdes und gelangen bis in den Magen. Bei starkem Befall bilden sich Geschwüre an der Magenwand, und die Verdauung ist gestört.

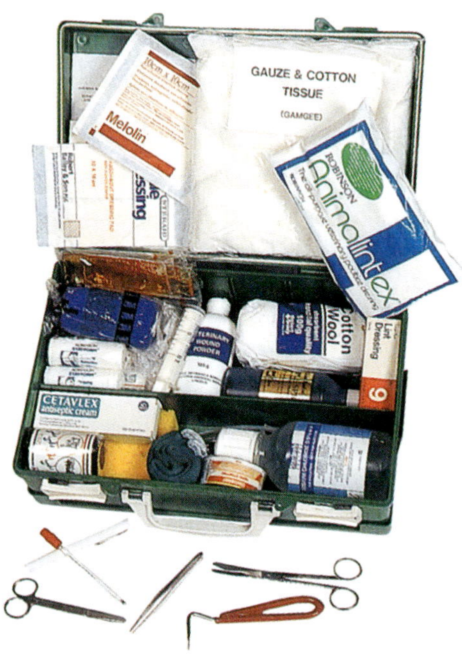

Jeder Pferdehalter sollte einen immer greifbaren und gut bestückten Erste-Hilfe-Koffer für Pferde besitzen.

UNTEN
Mauke befällt die Fesselbeuge. Dieses Pferd hat außerdem sichtbar geschwollene Fesselgelenkkappen und Gallen (schmerzlose, mit Flüssigkeit gefüllte Schwellungen direkt über den Fesselgelenken).

UNTEN LINKS
Sommerräude führt häufig dazu, daß das Pferd an den betroffenen Stellen, Mähne und Schweif, sehr stark scheuert.

Häufige Krankheiten

Azeturia oder auch Kreuzverschlag ist eine Versteifung der Rücken- und Hinterhandmuskulatur, die durch Milchsäureüberschuß ausgelöst wird. Die Gründe dafür sind nicht immer feststellbar, aber die Krankheit tritt häufig nach Überfüttern bei gleichzeitigem Bewegungsmangel auf. Das Pferd beginnt zu schwitzen und hat Schwierigkeiten, vorwärts zu gehen. Die Muskeln fühlen sich hart an, und das Pferd leidet sichtbar unter Schmerzen. Der Urin kann dunkel oder rot sein. Man sollte dem Pferd eine Decke überlegen, es ruhigstellen und den Tierarzt rufen. Er kann Medikamente gegen die Schmerzen und Entzündungshemmer verabreichen.

Bei der **Dämpfigkeit** leidet das Pferd unter chronisch obstruktiver Atemnot. Die Krankheit tritt z. B. infolge einer allergischen Reaktion auf Pilzsporen auf, die z. B. im Heu oder in der Stalleinstreu vorkommen. Zu den Symptomen gehören verschleimte Nüstern und Husten. Die Leistungsfähigkeit des Pferdes nimmt ab, und es beginnt, auch in Ruhe schneller zu atmen. Zur Behandlung gehören frische Luft, Ruhe, Antibiotika und ein sauberer Stall mit staubfreier Einstreu und sporenfreiem Futter.

Bei Pferden treten zwei verschiedene **Grippe**-Typen mit zahlreichen Unterarten auf. Die Atemwegserkrankung kann sehr ernst und in manchen Fällen tödlich sein. Grippe äußert sich durch erhöhte Temperatur, erkältungsähnliche Zeichen und Hinlegen des Pferdes. Manchmal helfen

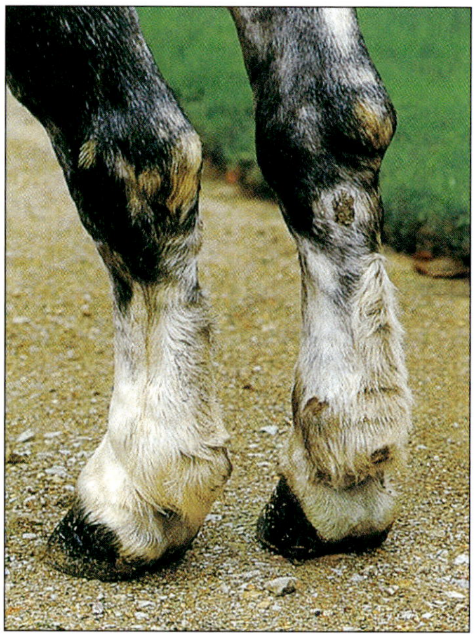

Antibiotika, und dem Pferd muß viel Ruhe gegönnt werden. Pferde können sehr erfolgreich gegen viele Grippe-Erreger geimpft werden, und für die meisten Rennpferde ist die Impfung ohnehin Pflicht.

Die „**gras-sickness**“ ist eine schmerzhafte und schwerwiegende Krankheit, die das Nervensystem befällt. Das Pferd verliert an Kondition, leidet an Muskelkrämpfen und Schluckbeschwerden; in den Nüstern bildet sich grüner Schleim. Das Pferd kann innerhalb weniger Tage sterben oder sich Wochen und Monate quälen. Die Ursache für diese Krankheit ist unbekannt.

Mauke ist eine Hautinfektion in der Fesselbeuge. Es bilden sich offene, feuchte Stellen, die dann verkrusten. Die Krankheit tritt oft auf, wenn die Haut sehr feucht oder sehr trocken ist. Haut mit weißem Fell ist besonders anfällig. Am besten läßt sich Mauke vermeiden, wenn man sehr trockene Haut mit einer Salbe schützt. Bei der Behandlung wird das Fell um die Wunde entfernt, die Wunde regelmäßig mit einer antiseptischen Seife gewaschen, der Schorf beseitigt und die Wunde nach dem Trocknen mit einer antibiotischen Salbe behandelt.

KOLIKEN

Koliken sind Leibschmerzen, die auf verschiedene Ursachen zurückgeführt werden können, z. B. Futterwechsel, Wurmbefall, Blähungen oder in seltenen Fällen Darmverschlingung. Anzeichen für eine Kolik sind Schwitzen, wiederholtes Hinlegen und/oder Wälzen, außerdem, wenn das stehende Pferd den Kopf in Richtung Rumpf dreht oder versucht, sich in die Flanke zu treten.

Das Pferd sollte in einen Stall mit dicker Einstreu gebracht werden, so daß es sich beim Hinlegen und Wälzen nicht verletzen kann. Dann sollte der Tierarzt ein schmerzlinderndes oder je nach Ursache ein abführendes Mittel verabreichen. Falls die Ursache eine Darmverschlingung ist, muß sofort operiert werden, wenn das Pferd überleben soll. Lebensbedrohliche Koliken werden meistens von Fieber (über 39° C) und einem beschleunigten Puls (über 60 pro Minute) begleitet.

Als **Pyodermie** werden Hauterkrankungen an den höhergelegenen Körperteilen bezeichnet. Wie Mauke werden sie mit antiseptischer Seife behandelt, und die mit Bakterien oder Viren gefüllten Schorfe werden entfernt.

Als **Scherpilzflechte** bezeichnet man eine Pilzinfektion der Haut und der Haare. An den befallenen Stellen fällt das Haar aus, und es bilden sich kleine Krusten. Da die Krankheit sehr ansteckend ist, sollten befallene Pferde von den anderen isoliert werden. Die Flechte wird mit einem speziellen antibiotischen Shampoo behandelt, das auch für das Geschirr und den Stall verwendet werden sollte. Da auch Menschen befallen werden können, sollte man sehr sorgfältig vorgehen.

Bei der **Druse** werden die Lymphknoten unter dem Kiefer vom Bakterium *Streptococcus equi* befallen und schwellen an. Das Pferd hat Schluckbeschwerden und eine laufende Nase, und seine Temperaturen kann bis 41° C ansteigen. Befallene Pferde müssen warm gehalten und mit weicher Nahrung gefüttert werden. Antibiotika können helfen. Die Drüsenvereiterung kann auch mit heißen Umschlägen behandelt werden – sobald die Abszesse aufgehen, geht es dem Pferd besser. Der herausfließende Eiter ist hochansteckend, befallene Pferde sollten deshalb isoliert werden. Um die Ansteckung über Kleidung und Ausrüstung zu vermeiden, müssen strenge Hygienevorschriften eingehalten werden. Abszesse, die sich nach innen entleeren, können Lungenentzündung auslösen.

Hautreizungen, die durch kleine Mücken ausgelöst werden, treten überwiegend im Frühjahr und Sommer auf. Besonders im Bereich der Mähne und am Schweifansatz reagiert die Haut oft überempfindlich, entzündet sich und wird wund. Die **Sommerräude** kann so stark sein, daß Fell und Haut abschürfen. Ein anfälliges Pferd oder Pony leidet jedes Jahr unter den Mückenbissen und sollte deshalb in der Dämmerung, wenn die Insekten besonders aktiv sind, im Stall sein. Das Salz der Benzoesäure verschafft an wunden Stellen Linderung und hilft, Mücken fernzuhalten. Flohpuder wirkt genauso gut. Solange das Pferd im Stall ist, sollten Stallfenster und -tür mit Moskitonetzen verhangen werden.

Pferde sollten immer gegen **Tetanus** und Tollwut geimpft sein, und die Impfung sollte jedes zweite Jahr aufgefrischt werden. Tetanus wird durch im Erdboden lebende Bakterien ausgelöst und kann das Pferd über eine Wunde befallen. Typische Zeichen für Tetanus sind Muskelsteife und -krämpfe, wenn das Pferd ausgestreckt steht, im weiteren Verlauf außerdem die Überreaktion auf plötzliche Geräusche und Bewegungen. Irgendwann kann das Pferd schließlich nicht mehr stehen und stirbt durch Lähmung der Atemmuskeln. Manche Pferde erholen sich aber auch, wenn die Krankheit mit Antibiotika und Gegengiften behandelt wird. Es ist wichtig, die Krankheit früh zu erkennen und das Pferd in einem ruhigen, dunklen Stall ruhen zu lassen.

Häufige Verletzungen

Rückenverletzungen, die sowohl die Wirbelsäule als auch die Muskulatur betreffen können, sind häufig eine Folge von Stürzen. Hier helfen vor allem Ruhe und entzündungshemmende Medikamente. Elektrische Induktionsbehandlungen, Massage und Lasertherapie werden ebenfalls angewendet. Eine **Vorderfußwurzelschwellung** – wie die Vergrößerung des Vorderfußwurzelgelenks genannt wird – kann auftreten, wenn das Gelenk beim Hinlegen von einem Huf getroffen wird. Die Schwellung ist weich, heiß und beim ersten Auftreten schmerzhaft. Ähnliches gilt für die **Fesselgelenkschwellung**, die sich ebenfalls durch den Aufprall eines harten Gegenstandes bildet, z. B. wenn der Stallboden mit zu wenig Einstreu abgedeckt ist oder beim Transport in einem schmalen Pferdeanhänger (zur Vorbeugung sollten Gamaschen angelegt werden). Wenn keine Lahmheit auftritt oder die Gelenke sich nicht entzünden, müssen die Verletzungen nicht behandelt werden. Bei einer Vorderfußwurzelschwellung sollte dem Pferd eine Gamasche um die Fesseln gelegt werden, der das Gelenk während des Heilprozesses schützt.

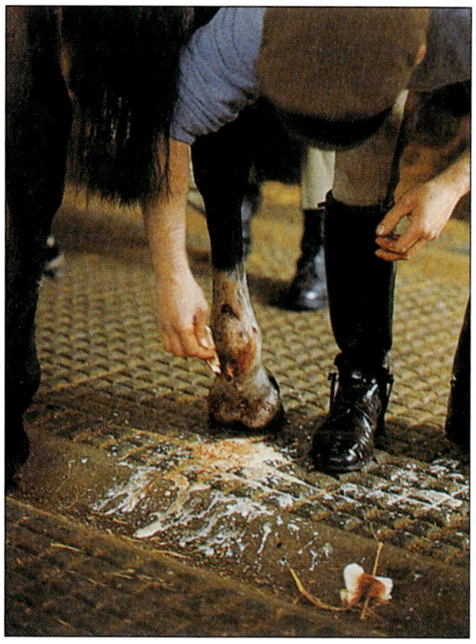

LINKS
Wunden müssen sorgfältig gereinigt und anschließend mit Wundsalbe oder -puder behandelt werden. Wunden an den Beinen heilen weniger gut als Wunden am Körper, wo die Haut nicht so straff sitzt.

Als **Ballentritt** bezeichnet man die Verletzung der weichen Stellen an der Rückseite des Vorderhufs durch den Huf des Hinterbeins. Ballentritte sollten sorgfältig gereinigt und mit einer antibiotischen Wundauflage vor Infektionen geschützt werden. Ballentritte können oft mit schweren Prellungen verbunden sein und nur langsam heilen.

Spat ist eine Schwellung des Knochens am Sprungbeinhöcker. Obwohl Knochenspat meistens an der Innenseite der Vorderbeine auftritt, kann er auch auf der Außenseite und an allen Beinen vorkommen.

ERSTE-HILFE-AUSRÜSTUNG

Folgendes gehört in einen „Erste-Hilfe-Kasten":

- Desinfektionsmittel zur Wundreinigung
- Desinfizierende Tupfer zur Reinigung der Haut, wenn kein Wasser da ist
- Wundsalbe oder -puder
- Wundauflagen
- Elastisches Verbandsmaterial
- Pflaster
- Watte
- Eispackungen
- Breiumschläge
- Thermometer
- Scheren (scharf, aber mit gerundeten Spitzen)
- Fliegenschutzmittel

Verletzungen, Entzündungen oder eine mangelhafte Ernährung können die Ursache für geschwollene Gelenke sein.

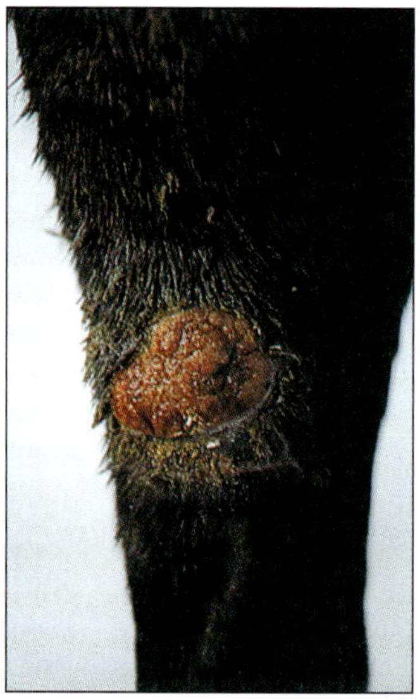

Faserige Gewebe, auch als „wildes Fleisch" bezeichnet, kann ein bleibendes Mal bilden, das operativ entfernt werden muß.

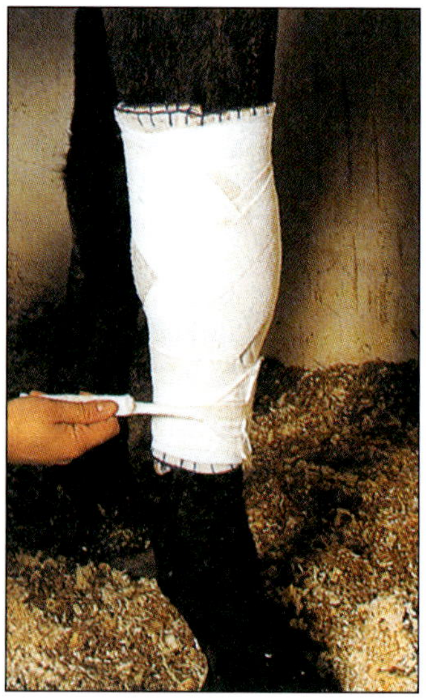

Unter einem Verband sollte eine Wundauflage verwendet werden.

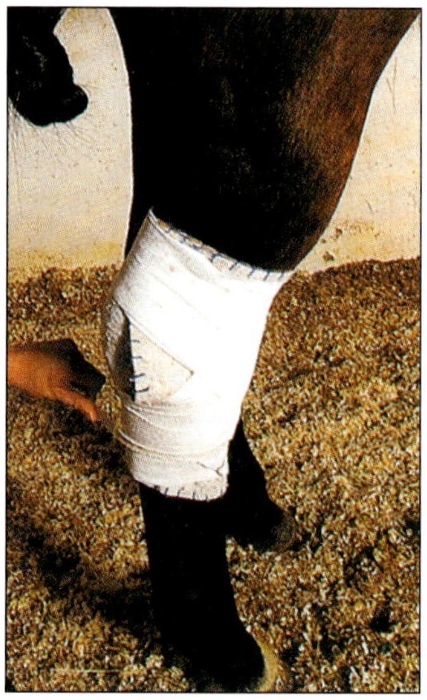

Ein ordnungsgemäßer Sprunggelenksverband.

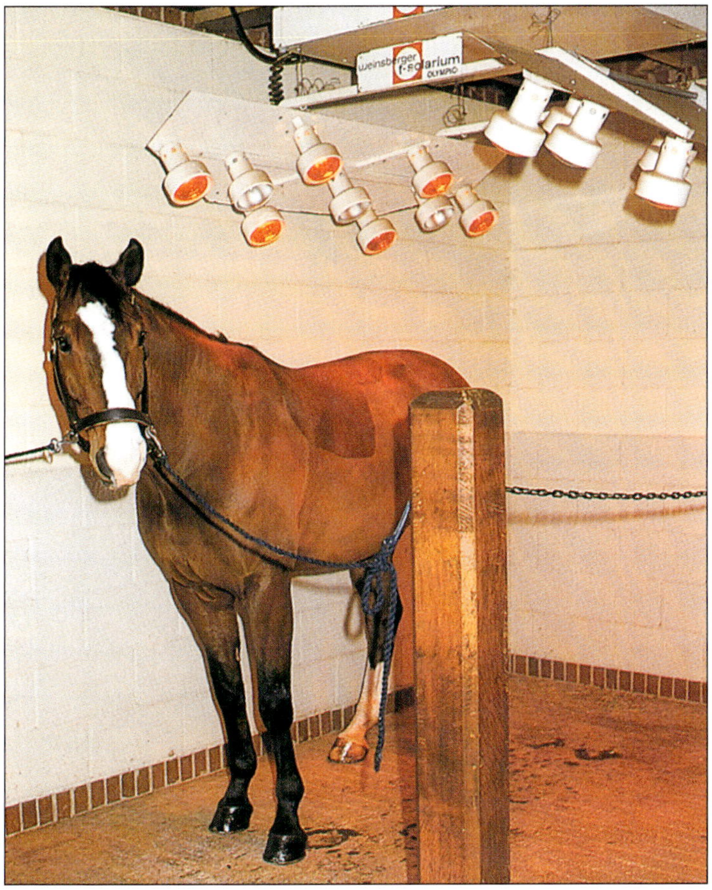

LINKS
Rotlicht entspannt die Muskeln und lindert Schmerzen. Dieses Pferd genießt den Aufenthalt unter den Wärmelampen.

UNTEN LINKS UND RECHTS
Augenverletzungen wie Kratzer und Schwellungen können gefährlich sein, sie müssen vom Tierarzt behandelt werden.

UNTEN
Die Muskelstimulierung durch Strombehandlung eignet sich bei Rückenverletzungen.

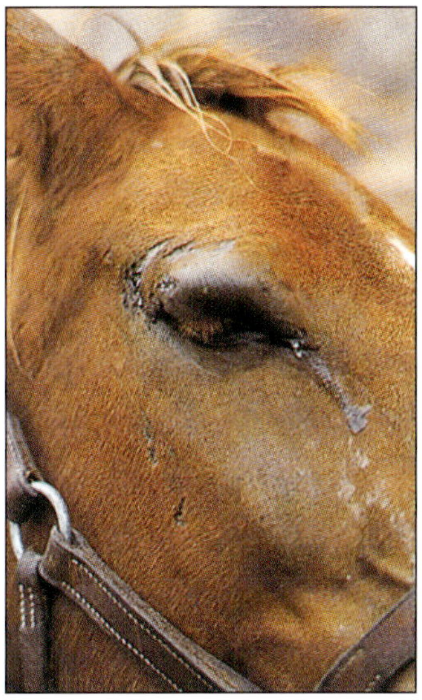

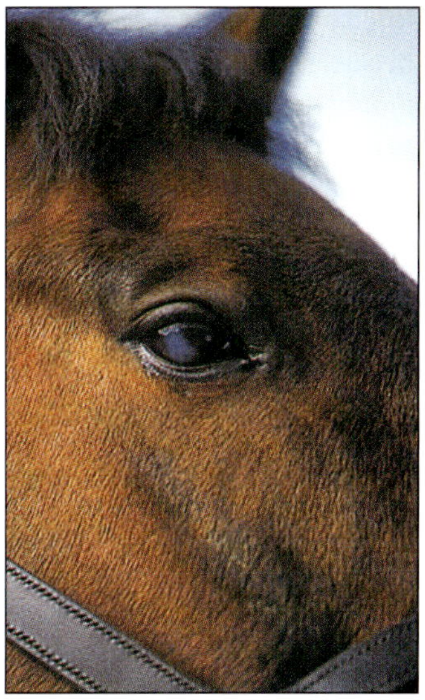

Die Verletzung tritt meistens bei jungen Pferden auf, die gerade mit dem Training beginnen, und kann außerdem durch den Körperbau bedingt sein. Häufig wird Spat durch eine Fehlstellung der Hufe und Gliedmaßen verursacht, was durch korrigierende Hufeisen ausgeglichen werden kann.

Die Bildung von Spat verursacht unterschiedlich starke Lahmheit. Falls die Lahmheit nicht nachläßt, sollte das Bein geröntgt werden, um einen Knochenbruch auszuschließen.

Die starke Beanspruchung der Beine beim Galoppieren und Springen führt sehr häufig zu **Sehnenverletzungen**, besonders in den Vorderbeinen. Beide Beugesehnen, die über dem Fesselgelenk liegen, das Ringband, das sich unmittelbar unterhalb des Fesselgelenks befindet und das Kreuzband unterhalb des Sprunggelenks sind gefährdet. Sehnen- und Bänderverletzungen treten immer infolge einer plötzlichen Überbeanspruchung auf, bei der die Fasern reißen. Die Verletzung ist schmerzhaft, wird heiß und schwillt an. Hier ist das beste eine Kältebehandlung. Eine Eispackung muß häufig gewechselt und das Bein fest, aber nicht zu fest bandagiert werden. Eine Laserbehandlung kann die Schwellung vermindern.

Die älteste und beste Behandlung für alle Zerrungen und Stauchungen ist Ruhe. Wenn das Pferd eine schwerwiegende Bänderverletzung hatte, sollte es 12–18 Monate nicht trainiert werden, um für die Zukunft wieder fit zu sein. Der Tierarzt stellt fest, wann eine Bänderverletzung verheilt ist.

Im Stall, bei Stürzen und Reitunfällen, aber auch durch Bisse und Tritte von Artgenossen können sich Pferde auf unterschiedlichste Weise verletzen. Manche Verletzungen wie **Schürfwunden** heilen schnell, wenn man sie sauber und trocken hält.

Tiefe **Schnitt- oder Stichwunden** sind oft am gefährlichsten, da Bakterien tief in die Wunde eindringen können. Eine große, ausgefranste Schnittwunde, die kräftig blutet, ist nicht zu übersehen, dagegen bleibt eine tiefe Stichwunde, die klein und unscheinbar ist, leicht unbemerkt. Bei einer solchen Wunde muß unbedingt darauf geachtet werden, daß sie von innen nach außen heilt – unter Umständen sind Breiumschläge nötig, um eine Entzündung nach außen zu ziehen.

Alle Wunden sollten möglichst mit kaltem Wasser gereinigt werden, wenn auch der Blutfluß durch ständiges Spülen nicht gestoppt wird. Da hilft eher ein Druckverband (z. B. mit einem sauberen Taschentuch), während man auf den Tierarzt wartet. Große Wunden müssen vielleicht genäht werden. Falls über Impfungen nichts bekannt ist, sollte das Pferd gegen Tetanus geimpft werden. Gegen Verschmutzung einer Wunde sollte eine medizinische Wundauflage verwendet werden, die nicht an der Wunde festklebt. Da die Haut am Rumpf weniger gespannt ist, heilen Wunden dort besser als am Bein, wo bei der Heilung leicht „wildes Fleisch" entsteht. Das ist faseriges Gewebe, das die Wunde umgebende Haut überwuchert. Der Tierarzt kann mit Ätzmittel behandeln oder die Wucherung operativ entfernen.

Breiumschläge und Kältebehandlungen

Wärmeanwendungen mit Breiumschlägen können eine Verletzung heilen, da sie für eine verbesserte Durchblutung der betroffenen Stelle sorgen. Wärme hat auch „Zugeigenschaften", d. h. sie kann Eiter an die Oberfläche bringen.

Breiumschläge werden mit Heilerde hergestellt oder bestehen aus gekauften, imprägnierten Auflagen. Für einen heißen Umschlag mit Heilerde wird entsprechend dem Beipackzettel verfahren. Sobald die Temperatur der Heilerde auf dem Handrücken erträglich ist, wird die Erde auf einen Leinenlappen gestrichen, mit Gaze abgedeckt und auf die verletzte Stelle gelegt. Um die Wärme länger zu halten, wird der Umschlag nun mit Auminiumfolie abgedeckt, darüber folgt eine Lage Flies, dann wird der Umschlag mit einer Bandage gegen Verrutschen gesichert.

Der Umschlag sollte mindestens zweimal täglich gewechselt werden. Dafür muß die alte Heilerde vollständig entfernt werden, da die Zugwirkung nachläßt. Heilerde hat den Nachteil, daß Anlegen und Entfernen des Umschlags eine schmierige

Sache ist. Dies kann man umgehen, wenn man fertige Heilerdeumschläge kauft, die in eine dünne Polyethylenfolie eingeschweißt sind.

Ebenfalls erhältlich sind fliesartige Materialien, die mit chemischen „Zugmitteln" getränkt sind. Man legt sie zur Aktivierung in warmes Wasser. Wie das fertige Heilerdepräparat sind sie einfach anzuwenden.

Kleieumschläge können bei Hufverletzungen wie z. B. Hufgeschwür angewendet werden. Ein bis zwei Schöpflöffel Kleie werden mit kochendem Wasser überbrüht, bis ein krümeliger, nicht zu nasser Brei entsteht. Die Temperatur des Breis wird auf dem Handballen überprüft, bevor man den Fuß damit bestreicht. Der Brei kann in einen Spezialschuh gefüllt werden, der mit Riemen am Fuß befestigt wird, oder in einen Polyethylenbeutel, der mit einer Bandage befestigt wird. Manche Pferde versuchen, ihren Kleiebreiumschlag zu fressen, deshalb empfiehlt es sich, dem Brei über das heiße Wasser etwas Desinfektionsmittel beizumengen. Der Umschlag sollte zwölf Stunden nicht abgenommen werden.

Bei manchen Fußverletzungen empfiehlt sich ein warmes Fußbad, das häufiger erneuert werden muß. Handwarmes Wasser wird in einen Plastikeimer oder eine Wanne gefüllt und der Pferdefuß darin gebadet. Pferden, die sich gegen diese Behandlung sträuben, sollte das warme Wasser sanft über das Bein gegossen werden.

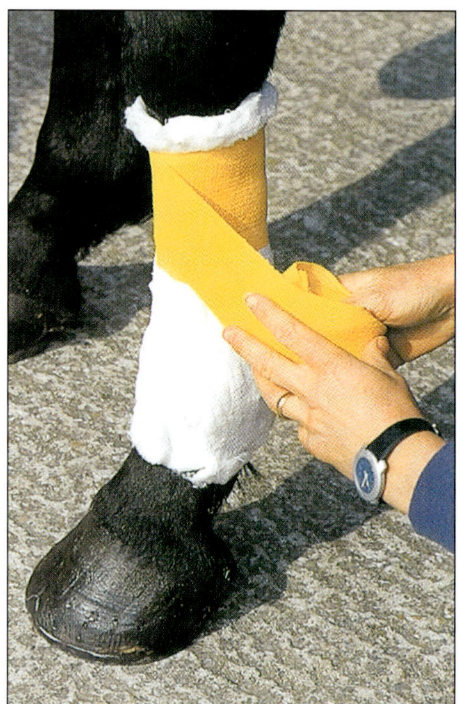

OBEN
Drei verschiedene Pferdeschuhe, die dazu dienen, die Umschläge am Pferdefuß zu halten. Eine weitere Alternative sind Lappen, mit einer Bandage befestigt.

GANZ LINKS
Mit Chemikalien imprägniertes Flies eignet sich gut als Umschlag. Bevor man es am Bein befestigt, mit warmem Wasser tränken.

LINKS
Umschläge sollten mindestens zweimal täglich gewechselt werden. Alle Überreste auf der Pferdehaut müssen sorgfältig entfernt werden, bevor der neue Umschlag angelegt wird.

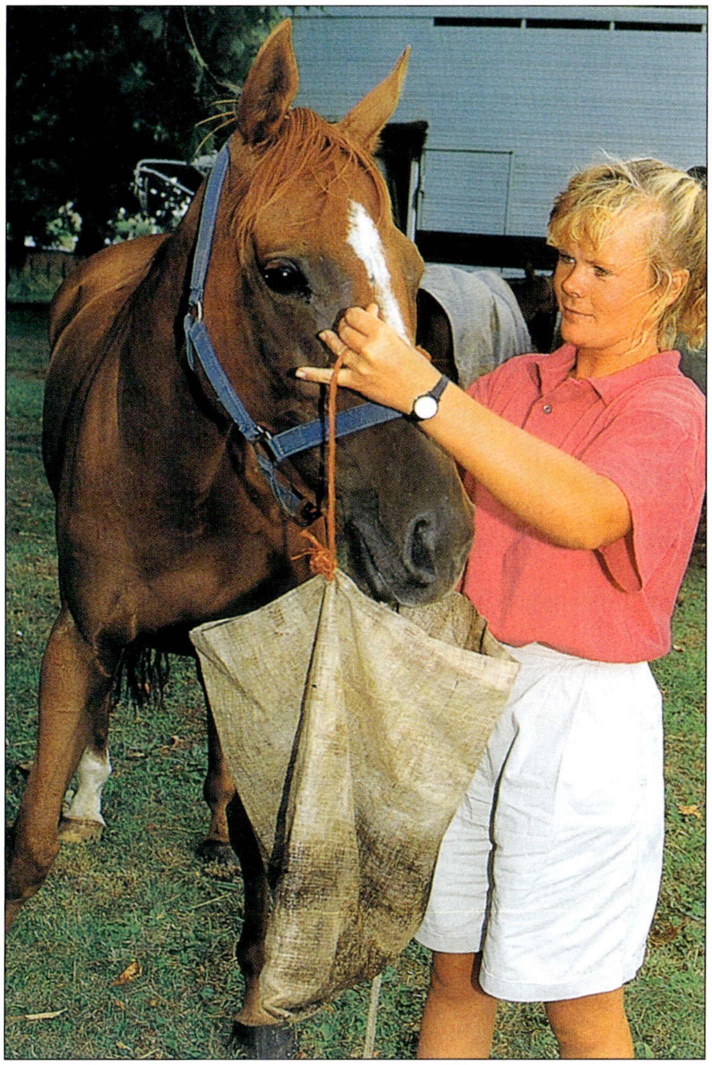

LINKS
Bei Atemwegsbeschwerden gibt man dem Pferd manchmal etwas zum Inhalieren. Der Sack mit dem Inhalationsmittel wird wie ein Futtersack angebracht.

UNTEN
Das Abspritzen mit kaltem Wasser vermindert Schwellungen und Hitze, die mit den meisten Verletzungen einhergehen.

UNTEN LINKS
Ein wirksames Mittel für Kälteanwendungen: Der Schlauch wird an einer Gamasche befestigt.

UNTEN RECHTS
Für heiße oder kalte Fußbäder wird das Pferdebein in einen Eimer gestellt – solange das Pferd sich nicht sträubt.

Dem Wasser können Epsomsalze und Desinfektionsmittel beigemischt werden. Ein Fußbad sollte etwa 20 Minuten dauern und mindestens zweimal täglich wiederholt werden.

Falls keine Wärmebehandlung, sondern eine Kältebehandlung nötig sein sollte, gibt es ebenfalls verschiedene Methoden. Kaltes Wasser kann in regelmäßigen Abständen für etwa zehn Minuten über das betroffene Bein gegossen werden. Um das Pferd an das Wasser zu gewöhnen, sollte man am Huf beginnen und dann langsam an Fuß und Bein hinaufarbeiten. Zwischen den Spritzgüssen sollten die Beine bandagiert werden. Bei entsprechender Ausrüstung kann der Schlauch auch über eine Gamasche am Bein des Pferdes befestigt werden. Das Pferd beschäftigt man am besten mit einem Heunetz. Ebenso erfolgreich sind „Pferde-Kneippkuren" in einem Fluß oder im Meer.

Außerdem sind speziell entworfene, biegsame Kältepackungen erhältlich, die ihre Temperatur relativ lange halten. Sie werden im Gefrierfach aufbewahrt und mit einer Bandage am Bein befestigt; es gibt aber auch besondere Bandagen. Sie können Wasser aufnehmen und sind selbst in gefrorenem Zustand ausreichend flexibel.

Auch Bandagen, die in kaltem Wasser eingeweicht werden, eignen sich zur Kältebehandlung oder auch eine Plastiktüte mit zerstoßenem Eis, die auf einer Fliesschicht um das Bein befestigt wird.

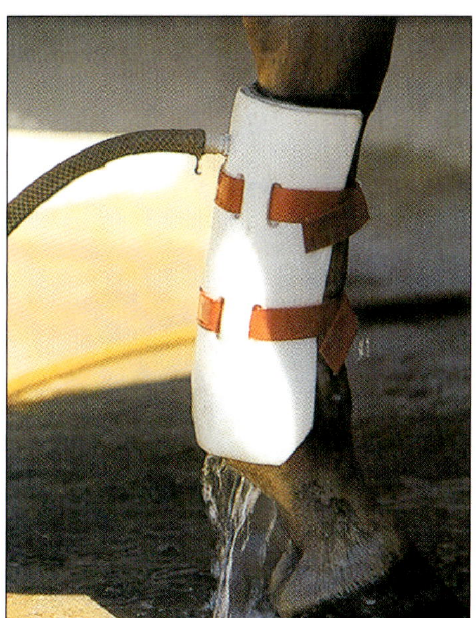

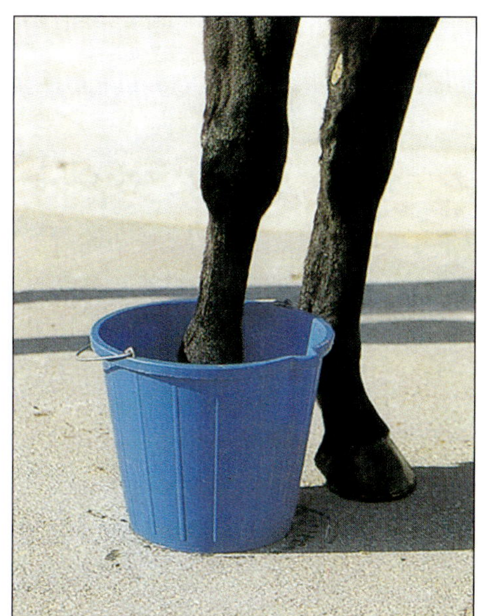

Die Anatomie des Fußes

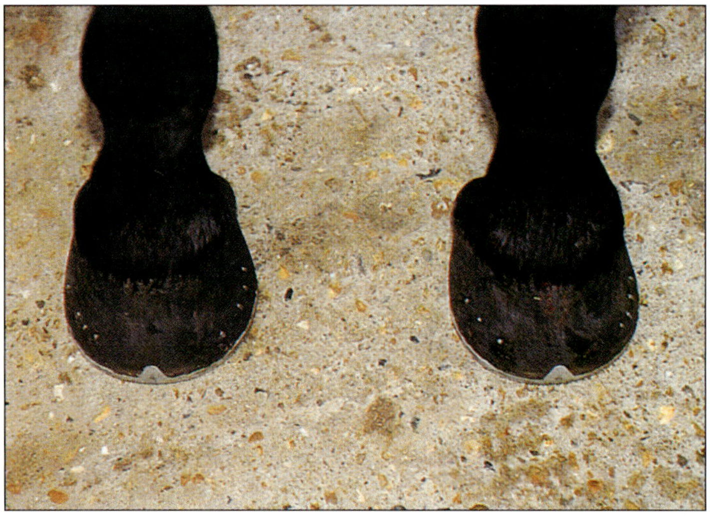

LINKS
Ein schönes Hufpaar. Die abgewinkelte Halterung der Eisen („Aufzug") vorne am Huf verhindert, daß die Eisen verrutschen, und die Nägel sorgen für guten Halt.

Lahmheit tritt bei Pferden wesentlich häufiger im Fuß auf als in allen anderen Teilen der Gliedmaßen. Das ist nicht weiter überraschend, da die Beine unserer Hauspferde beim Ziehen von Lasten oder mit einem Reiter enormen Belastungen ausgesetzt sind, besonders bei Rennen oder Springen.

Der Begriff „Fuß" beschreibt den hornigen Huf und alle darin enthaltenen Strukturen. Der äußere, unempfindliche Teil des Hufs umfaßt die Hornwand oder den Tragrand (den Schutzmantel des Hufs), die Hufsohle (eine harte, knapp 2 cm dicke Hornplatte), den Strahl (ein keilförmiges Stück elastischen Horns) und die weiße Linie (eine dünne Epidermisschicht zwischen Hornwand und Huflederhaut).

Die Sohle schützt die empfindlichen inneren Strukturen und trägt das Gewicht mit. Der Strahl hat dieselben Funktionen wie die Sohle, verleiht aber gleichzeitig Halt und wirkt als Stoßdämpfer. Die Lederhaut regelt den Feuchtigkeitsgehalt der unteren Hornschichten.

Zu den inneren Strukturen des Fußes zählen die Huflederhaut, das Strahlpolster, das Kronbein und die Kronlederhaut. Die Huflederhaut ist ein lamellenartiges Gewebe zwischen dem Huf und dem Hufbein. Hunderte weicher oder primärer Lamellen sind mit Tausenden von hornigen (sekundären) Lamellen verzahnt, die vom Innern der Hornwand nach außen wachsen.

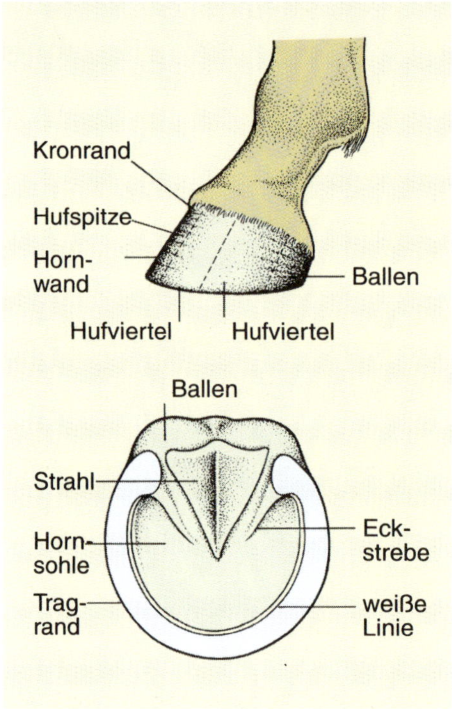

Das Strahlpolster, eine dünne Gewebeschicht, die fest mit der Unterseite des Hufbeins verwachsen ist, versorgt die Hufsohle mit Nährstoffen.

Der Strahl versorgt das aufliegende Hufpolster mit Nährstoffen. Der Hufballen ist ein keilförmiges, faserelastisches Polster, das den hinteren Hohlraum ausfüllt. Es ist von großer Bedeutung, wenn das Pferd den Huf belastet, da es sich dann ausdehnt und so Erschütterungen dämpft.

Der Kronrand liegt direkt über der Kronlederhaut (dem Kronbein) und versorgt die Oberhaut des Hufs mit Nährstoffen. Die fleischige Kronlederhaut liegt direkt über der Huflederhaut in der Kronrinne und führt der Hornwand Nährstoffe zu.

Zwischen der Hufsohle und der Hornwand befindet sich ein schmales, elastisches Hornband, die weiße Linie. Diese Linie ist für den Hufschmied von großer Bedeutung, da sie anzeigt, wie dick die Hornwand ist und wo die empfindlichen Fußstrukturen beginnen. So weiß der Schmied, wo er Nägel in die Hornwand setzen kann, um die Hufeisen zu befestigen, ohne in die empfindlichen Fußpartien einzudringen.

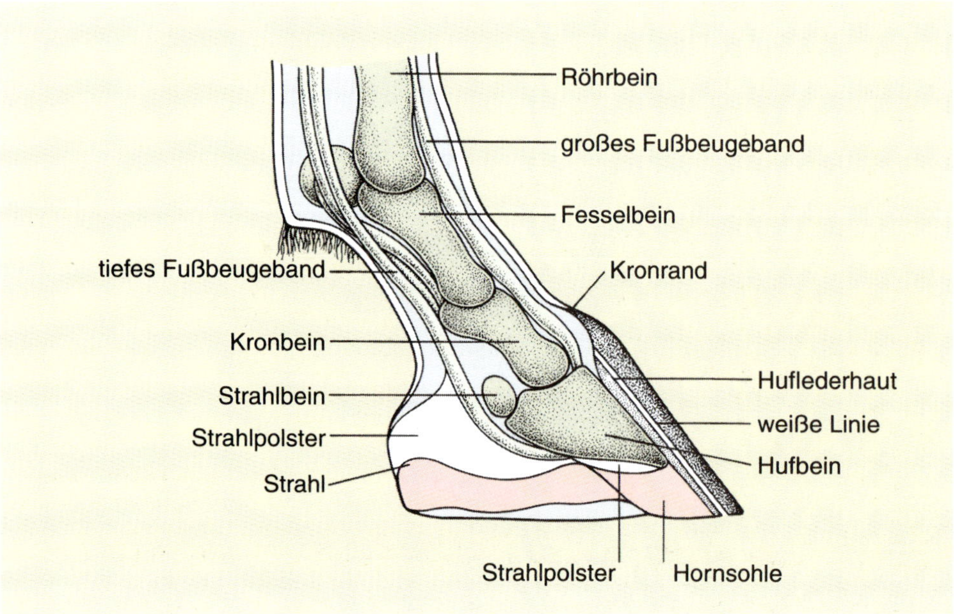

Die Arbeit des Hufschmieds

Seit mehr als 2000 Jahren werden Pferdehufe mit Eisen beschlagen. Wahrscheinlich, wenn auch nicht eindeutig bewiesen, kamen Kelten und Gallier als erste auf die „verwegene" Idee, Pferdehufe mit angenagelten Schuhen zu schützen. Dies wurde notwendig, als man Pferde verstärkt als Last- und Reittiere einsetzte. Da domestizierte Pferde vermehrt unnatürlichen Belastungen ausgesetzt wurden, nützte sich die Hornwand schneller ab, als sie nachwachsen konnte – was im natürlichen Lebensraum der Pferde nie auftrat. Hufschäden entstehen besonders dann, wenn das Pferd über harten, steinigen Untergrund oder durch feuchtes Gebiet gehen muß. Nässe weicht die Hornwand auf, die dann schneller abgenutzt wird. Pferde, die aus trockenheißen Gebieten stammen, wo harte Hufe begünstigt werden, können deshalb oft ohne schädliche Auswirkungen lange unbeschlagen bleiben.

Die Rolle des Hufschmieds ist von großer Bedeutung, da ein Pferd mit schmerzenden Hufen nicht einsetzbar ist. Zur Arbeit des Hufschmieds gehört aber nicht nur, daß die Hufe gut und sicher beschlagen sind, sondern auch die Pflege der Hufe. Die Hornwand wächst durchschnittlich 5–9 mm pro Monat, kann aber wegen der Eisen nicht auf natürliche Weise abgenutzt werden, wie es bei unbeschlagenen Pferden der Fall ist. Deshalb muß sie je nach Wachstum alle vier bis fünf Wochen abgefeilt werden. Wenn die alten Eisen nicht abgetragen sind, paßt man sie nochmals an.

Die Eisen können heiß oder kalt angepaßt werden. Vorteilhafter ist das Anbringen heißer Eisen, da das Eisen genau auf den Huf abgestimmt werden kann (umgekehrt sollte der Huf niemals ans Eisen angepaßt werden). Das Eisen wird in der Glut erhitzt und kurz auf den vorbereiteten (unempfindlichen) Huf gelegt. Der Abdruck, den es hinterläßt, zeigt dem Schmied, wo Anpassungen nötig sind.

Auch unbeschlagene Pferde, die vielleicht gerade eine Ruhepause haben, sollten regelmäßig dem Hufschmied vorgeführt werden. Der Aufenthalt auf einer Weide ist nicht mit dem freien Umherstreifen bei der Futtersuche zu vergleichen, so daß die Hufe nicht wie in der Wildnis abgenutzt werden.

Die Arbeit eines Hufschmieds verlangt großes Können. Er muß den Huf abfeilen und mit großer Genauigkeit Nägel in das unempfindliche Horn treiben können. Ein falscher Schlag, und das Pferd wird lahm. Zur Hufschmiedekunst zählt aber nicht nur die routinemäßige Hufpflege und der Neubeschlag, sondern auch das Setzen von orthopädischen Eisen. Dafür muß der Schmied genaue Kenntnisse über die Anatomie des Pferdebeins, mit seinen Knochen, Gelenken, Muskeln, Blutgefäßen und Nervenbahnen besitzen. Fehlstellungen, wie sie durch ein nicht ganz perfektes Exterieur oder durch eine Verletzung verursacht werden, können wesentlich durch eine fachgerechte Fußpflege oder speziell angepaßte Hufe verbessert werden. In einem solchen Fall wird der Hufschmied eng mit dem Tierarzt zusammenarbeiten.

Früher wurde das Pferd regelmäßig zum Beschlagen gebracht, da der Hufschmied mit einer festen Feuerstelle ausgerüstet war. Heute hingegen besitzt der Hufschmied eine mobile Feuerstelle und besucht das Pferd. Eine geeignete Arbeitsstätte sollte bereitstehen.

Wichtig ist eine gut beleuchtete, ebenerdige und trockene Fläche, auf der das Pferd gut stehen kann. Im Sommer, wenn Fliegen zur Qual werden können, sollte die Arbeitsstelle im Schatten oder im Stall sein, und man sollte entsprechende Fliegenschutzmittel parat haben.

Vor dem Besuch des Schmieds sollte der Pferdebesitzer die Hufe gereinigt und getrocknet haben und dafür sorgen, daß das Pferd sich möglichst gut benimmt. Die meisten Pferde halten still, aber man sollte beim Beschlagen nicht gerade andere Pferde füttern oder herumführen, da das Pferd dann unruhig wird und die Arbeit des Schmieds entsprechend schwieriger.

LINKS
Das Beschlagen von Hufen setzt besondere Kenntnisse voraus. Der Amboß ist speziell für diesen Zweck entworfen.

Werkzeuge eines Hufschmieds

Die Werkzeuge eines Hufschmieds werden in zwei Gruppen unterteilt: solche, die zum Schmieden des Eisens nötig sind und solche, die der Schmied benötigt, um den Huf zu pflegen und die Eisen zu befestigen.

Zum Schmieden braucht er den Amboß, auf dem das Eisen geformt wird, verschiedene Hämmer und Zangen, eine Stanze für die Nagellöcher im Eisen, einen Setzhammer für die Furche an der Unterseite des Hufeisens und einen Lochdorn aus Stahl, der dazu dient, das heiße Eisen beim Anpassen auf den Huf zu halten.

Zu den Werkzeugen für die Hufpflege gehören Hammer, verschiedene Zangen, Hornschneider und Feile. Der Hufeisenhammer dient mit seiner kurzen, krummen Seite dazu, die Nägel in den Huf zu treiben, die Spitzen der Nägel abzudrehen, die Nägel zu vernieten oder sie herauszuziehen.

Um die alten Eisen abzulösen, werden die Nagelenden abgeknipst, so daß die Nägel gezogen werden können. Mit einer Zange wird das Eisen dann angehoben und gelockert, und die Nägel werden gezogen. Sie dient aber auch dazu, vernietete Nägel zu drehen. Zum Schneiden der Hufe werden ein Hufmesser und eine Hauklinge verwendet. Dieses Werkzeug sieht wie eine Art Machete aus, deren eine Seite scharf und die andere stumpf ist.

Lose Strahlschuppen oder Sohlenteile werden mit einem Hufmesser entfernt. Ein ähnliches Messer mit dünnerer Klinge wird verwendet, um Hufgeschwüre und Hornhaut, die sich um Verletzungen gebildet hat, herauszuschneiden.

Die Feile hat eine grobe und eine feine Seite und Sägezähne an den Kanten. Mit der groben Seite entfernt der Schmied überschüssige Hornwand und flacht den Huf ab, um die Grundfläche für das Eisen vorzubereiten. Mit der groben Seite erhalten aber auch die Nagelköpfe ihren letzten Schliff. Mit der feinen Seite werden die Nägel in Form gebracht und das Eisen genau an den Huf angepaßt. Mit der gezähnten Kante wird der scharfe Hornrand nach Anbringen des Eisens abgefeilt.

STOLLEN

Obwohl ein Pferd mit Hufeisen auf Gras besseren Halt findet, müssen die Eisen manchmal zusätzlich mit Stollen versehen werden. Stollen können dauerhaft mit dem Eisen verbunden sein oder nach Belieben eingeschraubt werden (die Eisen müssen dafür vom Hufschmied mit Schraubgewinden versehen werden). Für Turnierpferde eignen sich einschraubbare Stollen am

1 Nachdem die Nägel entfernt sind, nimmt der Hufschmied eine Zange, um das alte Eisen vom Huf zu lösen.

2 Die nachgewachsene Hornwand wird mit einer Hornzange abgekniffen.

3 Mit dem Hufmesser wird die Hornwand freigelegt, und lose Teile der Hufsohle werden entfernt.

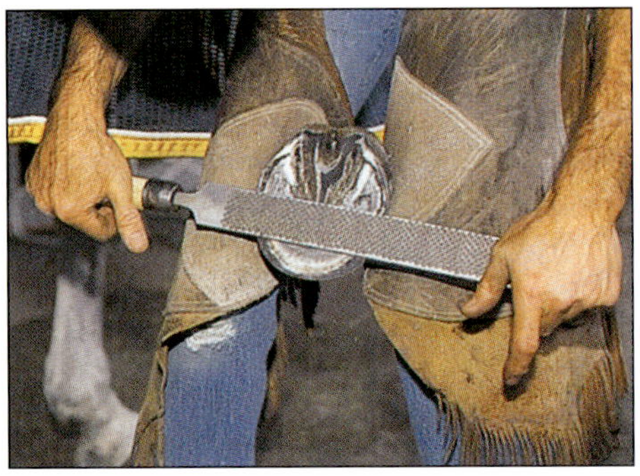

4 Vor Anpassen des Hufeisens wird die tragende Fläche des Hufs mit einer Feile geebnet.

5 Heiße Eisen können besser angepaßt werden als kalte und verursachen dem Pferd keinerlei Schmerzen.

6 Die Nägel werden in die unempfindliche Hornwand geschlagen, damit die Eisen nicht verrutschen.

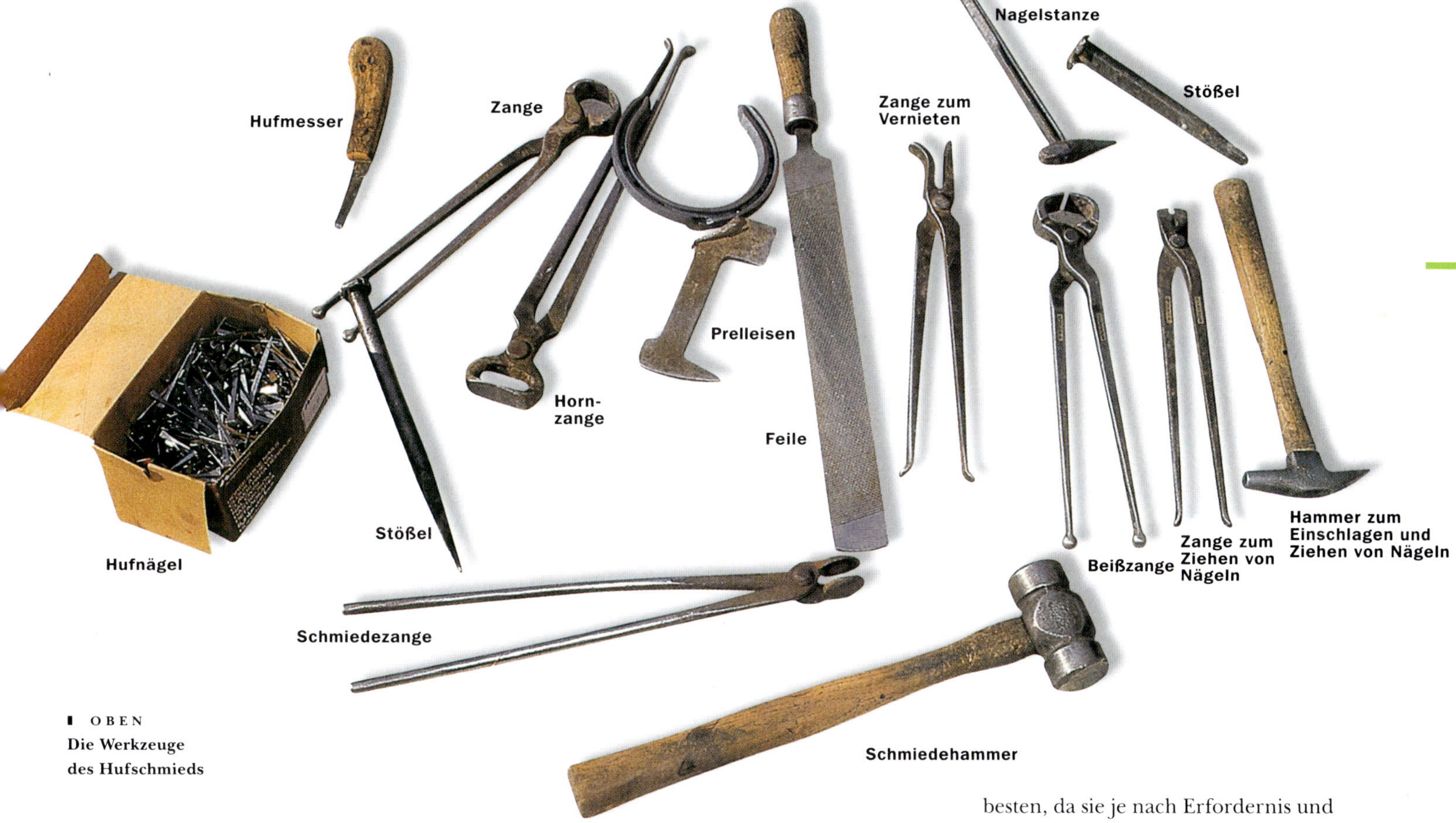

OBEN
Die Werkzeuge des Hufschmieds

besten, da sie je nach Erfordernis und Untergrund ausgewechselt werden können.

Es gibt die unterschiedlichsten Stollen, ganz kleine für den täglichen Spazierritt und die Straße (sie haben meistens einen Kern aus Wolfram und nutzen sich daher kaum ab), aber auch große runde oder kantige, die sich besonders für weichen Untergrund eignen, und spitze, die auf sehr verdichtetem Untergrund stärkeren Halt geben. Über das Anbringen von Stollen ist man geteilter Ansicht: Die einen bringen einen Stollen auf der Außenseite jedes Hufs an, die anderen befürchten, daß dadurch das Gleichgewicht des Fußes gestört wird, und bringen deshalb an jedem Huf einen Stollen innen und außen an.

RECHTS
Einschraubbare Stollen sind wichtig für Turnierpferde. Nach der Benutzung werden sie entfernt und die Gewinde zum Schutz vor Verschmutzung verschlossen. Mit dem Werkzeug in der Mitte werden die Gewinderillen vor Einsetzen der Stollen gesäubert.

Der Schmied benutzt die Feile, um Hornwand und Nagelenden den letzten Schliff zu verleihen.

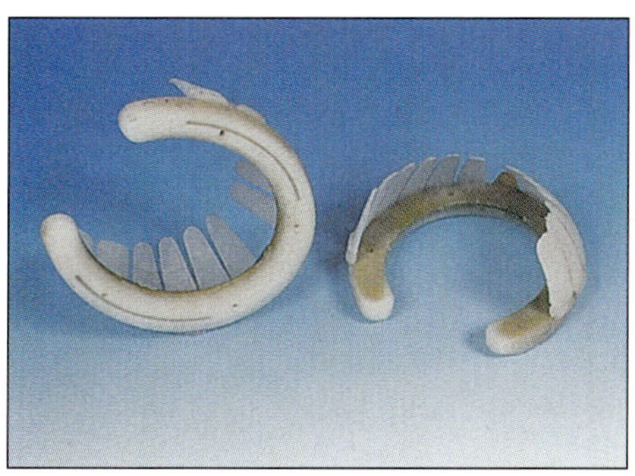

Hufeisen aus Plastik sind leichter und deshalb eine moderne Alternative zu herkömmlichen Eisen.

Die Stollen werden kurz vor dem Turnier eingeschraubt. Größe und Gestalt richten sich nach dem jeweiligen Untergrund.

Häufige Fußprobleme

Hufgeschwüre oder Steingallen bilden sich meistens an den Vorderfüßen. Es handelt sich dabei um eine Druckstelle in der Hufsohle in der Ecke zwischen Hornwand und Strahlfurche. Hufgeschwüre werden durch Druck ausgelöst und können die Folge eines eingeklemmten Steins oder fehlerhafter Eisen sein. Sie können auch auftreten, wenn das oder die Eisen zu lange nicht gewechselt wurden. Das Eisen sollte entfernt und die verfärbte Hornwand abgeschabt werden. Eine Entzündung kompliziert alles, so daß ein Umschlag nötig werden könnte.

Als **Rehe** bezeichnet man die schmerzhafte Entzündung der Lederhaut. Die Füße werden heiß, und das Pferd entwickelt die typisch zurückgelehnte Haltung, um die Vorderkante der Hufe zu entlasten. Obwohl die Krankheitsursache nur teilweise bekannt ist, scheint Rehe durch übermäßigen Druck und entzündungsfördernde Stoffe ausgelöst zu werden, die die Blutgefäße zerstören, besonders im Fuß. Die Krankheit wird oft durch eine falsche Ernährung verursacht, kann aber auch durch eine in der Gebärmutter zurückgehaltene Nachgeburt entstehen.

Das Pferd muß tierärztlich behandelt werden. Falls die Ernährung die Ursache sein sollte, kann der Tierarzt ein Abführmittel verschreiben. Das Pferd sollte im Stall auf sandigem Untergrund gehalten werden, da Sand durch die bessere Unterstützung der Beine schmerzlindernd wirken soll.

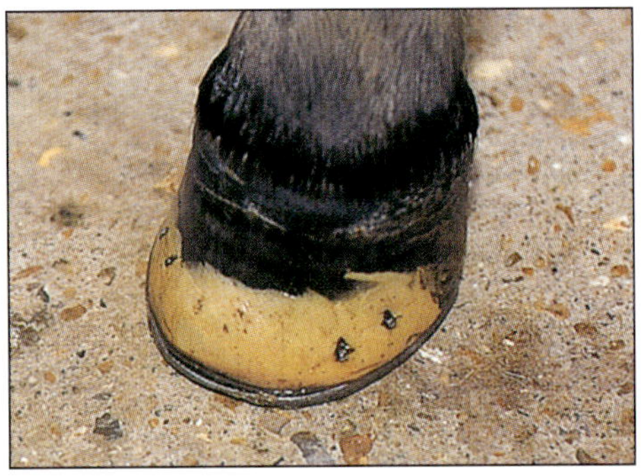

Ein Beispiel für das Können des Hufschmieds: Dieser defekte Huf wurde künstlich verlängert.

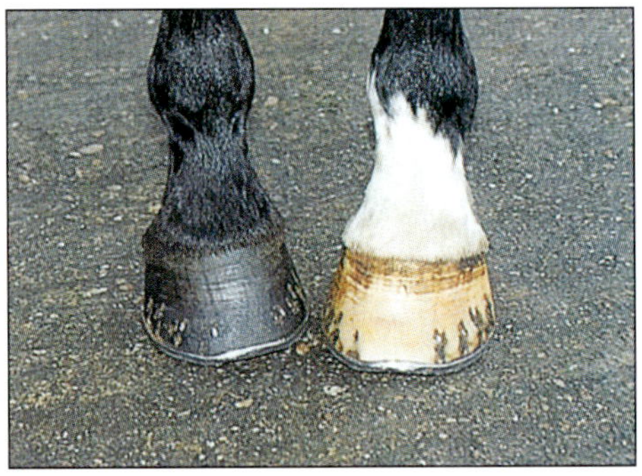

Zehenenge Beinstellung führt zu ungleicher Abnutzung der Eisen.

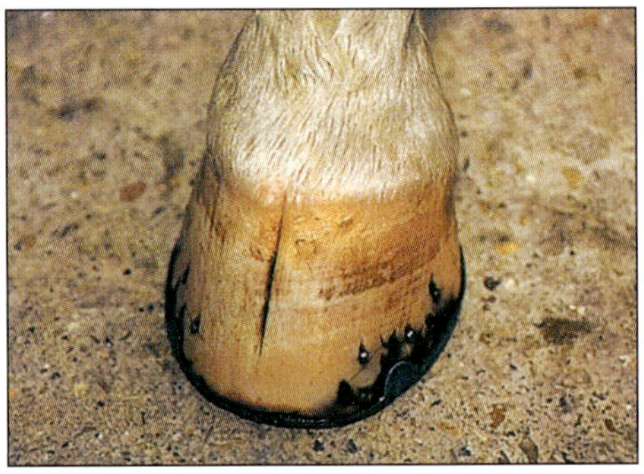

Ein Hornspalt kann zu Lahmheit führen, wenn der empfindliche Teil des Hufs betroffen ist.

Die zurückgelehnte Haltung ist typisch bei Lederhautentzündung. Es entlastet die Ballen, um die Schmerzen zu mildern. Lederhautentzündung ist eine der Hauptursachen für Lahmheit, besonders bei Ponys.

Bei Rehe besteht die Gefahr einer Drehung oder Senkung des Hufbeins. Deshalb sollte sich das Pferd unbedingt im Stall ausruhen, und nur in sehr milden Fällen sanft am Halfter ausgeführt werden.

Der Fuß sollte unbedingt gut gepflegt werden. Die Korrektur der Hornwand (kürzen) kann die normale Anordnung der Fußstrukturen wiederherstellen und die Drehung des Hufbeins einschränken. Es können aber auch besondere Hufeisen angepaßt werden.

Die **Erkrankung der Hufrolle** soll als Folge von Fehlhaltungen der Hufe und/oder zu starken arbeitsbedingten Erschütterungen sein. Die Knochenstruktur der Hufrolle verändert sich, eines kleinen Knochensatelliten, der als Stütze für das tiefe Ringband dient. Meistens sind beide Vorderhufe betroffen. Ein Pferd, das an dieser Krankheit leidet, wird immer zuerst die Hufspitze aufsetzen, um weniger Druck auf die erkrankte Stelle auszuüben. In den frühen Stadien verliert sich die Lahmheit während des Trainings, aber bei fortschreitender Krankheit werden die lahmen Phasen länger und treten häufiger auf.

Obwohl die Krankheit unheilbar ist, gibt es verschiedene Behandlungsweisen, die den Schmerz lindern. Mit einer korrigierenden Unterlage können der Ballen angehoben und Erschütterungen um die Hufrolle abgeschwächt werden. Ein Tierarzt kann außerdem blutverdünnende und entzündungshemmende Mittel oder Laser- und Ultraschallbehandlung verordnen.

Eine **Hufbeinentzündung** ist oft die Folge einer Zerrung, tritt aber auch nach einem Reheanfall oder einer tiefen Sohlenverletzung auf. Gewöhnlich sind beide Vorderfüße betroffen, und das Pferd neigt dazu, die Füße beim Gehen nachzuziehen. Der Mineralienverlust im Knochen wird auf einer Röntgenaufnahme sichtbar. Sorgfältig angepaßte Hufeisen lindern den meist irreversiblen Zustand. Die Behandlung mit Laser oder Ultraschall bringt ebenfalls Linderung.

Ein **Ringbein** bezeichnet abnormalen Knochenwuchs entweder in der Mitte des Fesselgelenks (hohes Ringbein) oder um den Kronrand (tiefes Ringbein) und wird meistens durch eine Verletzung verursacht. Die betroffene Stelle ist heiß und geschwollen, das Pferd hat vielleicht eine kürzere Schrittweite und wird verstärkt lahmen, wenn es scharf gewendet wird. In weniger schweren Fällen kann Ruhe helfen. Wenn die Verletzung ernster ist, heilt sie immer nur unvollkommen aus, obwohl manche Pferde mit entzündungshemmenden Mitteln weiterarbeiten.

Wenn die Hornwand irgendwo zwischen Hufrand und Hufsohle gerissen ist, spricht man von einer **Hornspalte**. Sie tritt beispielsweise infolge einer Verletzung auf, durch schlechte Ernährung, Austrocknen des Hufs bei sehr heißer Witterung, durch zu starkes Abfeilen beim Beschlagen oder Nachlässigkeit, wenn der Schmied z. B. vergißt, die Hornwand zu kürzen. Jede Hornspalte kann zu Lahmheit führen.

Der Schmied kann unter Umständen das Fortschreiten einer Hufspalte aufhalten, indem er die Hornwand einkerbt, um den Riß zu isolieren. Die Spalte wird mit Klammern aus Metall zusammengehalten, tiefe Spalten werden mit einer besonderen Füllmasse verklebt. Da eine Hornspalte sich öffnet, wenn der Fuß auf dem Boden aufsetzt und belastet wird, kann auch ein Eisen mit Spangen angepaßt werden.

Bei der **losen Wand** löst sich die Hornwand an der weißen Linie von der Sohle. Eine Ursache kann sein, daß das Pferd mit der Hufspitze gegen etwas gestoßen ist oder die Spitze des Hufeisens zuviel Druck ausübt. Manchmal kann sich daraus Rehe entwickeln. Bei der Behandlung muß der Hohlraum gesäubert und mit einer speziellen Füllmasse gefüllt werden. Der Schmied kann den Huf abschaben und das Hufeisen so anpassen, daß beim Gehen kein weiterer Schaden entsteht.

Überbeine bilden sich, wenn der seitliche Hufknorpel hart wird und sich in Knochen umwandelt. Der verknöcherte Knorpel kann zwischen Huf und Fell im Viertelbereich des Hufs ertastet werden. Überbeine werden gewöhnlich durch mechanische Einwirkungen verursacht, Kalt- und Warmblüter sind am ehesten davon betroffen. Das Pferd kann lahmen, während sich der Knorpel zu Knochen umwandelt, aber manchmal bleibt die Lahmheit auch bestehen, wenn das Überbein auf die Hornwand des Hufs drückt. Ein Überbein muß unter normalen Umständen nur mit einer kurzen Ruhepause behandelt werden; wenn aber die Lahmheit bleibt, muß der Schmied durch korrigierende Unterlagen den Druck mildern.

Strahlfäule wird durch eine schlechte Stallhaltung ausgelöst (schmutzige Einstreu und unregelmäßige Reinigung der Hufe). Sie wird schnell über den beißenden Geruch bemerkt, der vom Strahl aufsteigt. Dieser Teil des Hufs ist feucht und sondert eine schwarze Flüssigkeit ab. Die betroffene Stelle muß geöffnet, der frischen Luft ausgesetzt und mit einem antiseptischen Mittel behandelt werden.

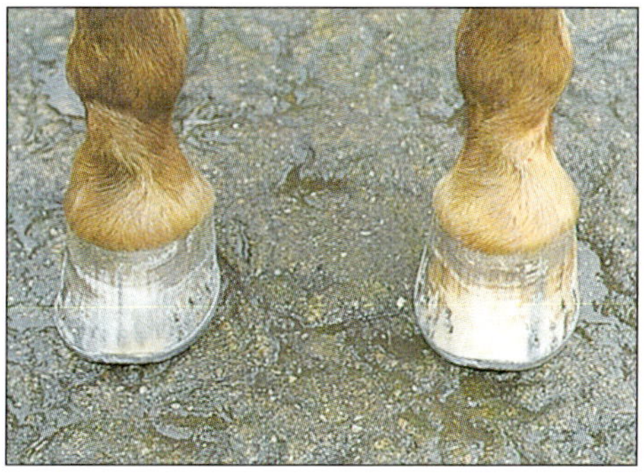

Bockhufe mit einem Winkel von über 55° gehen mit einer steilen Fessel einher.

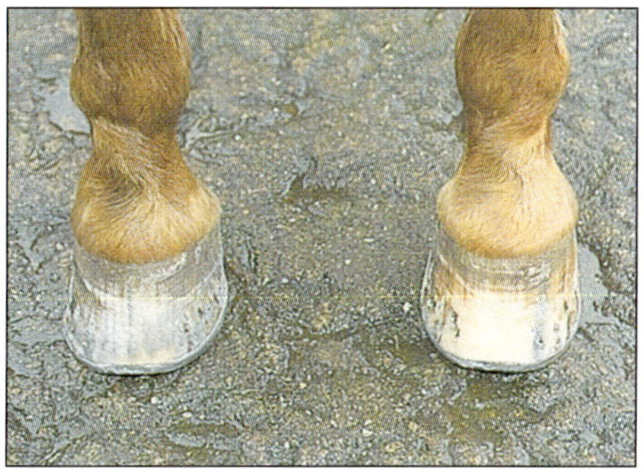

Vorn abgerundete Eisen entlasten die Bänder und das Strahlbein.

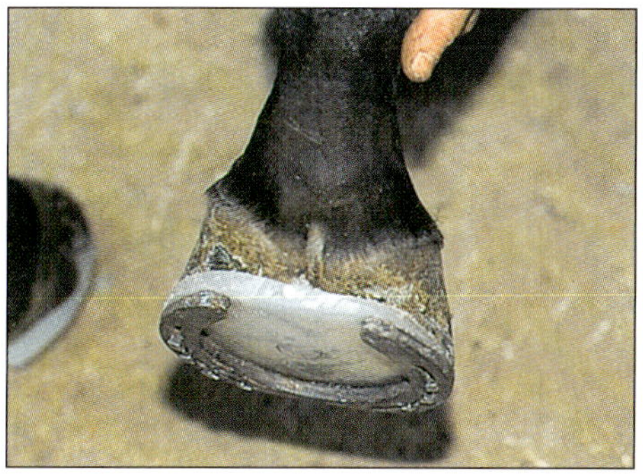

Ein Plastikkeil erhöht den zu tiefen Ballen des Hufs.

Ausrüstung

Als die ersten Menschen zu reiten begannen, war ihre einzige Ausrüstung ein primitiver Zaum. Es dauerte sehr lange, bis der Sattel erfunden wurde und noch länger, bis der Steigbügel dazukam. Im Unterschied dazu ist der Ausrüstungsumfang eines heutigen Pferdehalters atemberaubend: ein so reiches Angebot an Zäumen, daß ganze Bücher darüber geschrieben wurden; Sättel in jeder Form und Größe; Gamaschen und Bandagen, um die verletzungsanfälligen Körperteile des Pferdes zu schützen; Decken, um das Pferd warm und trocken zu halten, und ein Übermaß an Utensilien, die zur Beherrschung des Pferdes erfunden wurden, die jedoch zum größten Teil überflüssig wären, wenn das Pferd von Anfang an richtig geschult worden wäre! Für jeden Reitzweck genügen bestimmte Teile der Grundausrüstung: Zaumzeug, Sattel und ein paar notwendige Anschaffungen für das Pferd. Wichtig ist vor allem, daß die einzelnen Teile passen und gut gepflegt werden, denn dann halten sie viele Jahre. Die zunehmende Beliebtheit des Reitsports hat aber auch dazu geführt, daß der Reiter/die Reiterin für jede Gelegenheit das entsprechende Kleidungsstück findet. Die Reitbekleidung sollte gepflegt und bequem sein und vor allem der Sicherheit dienen. Reiten ist ein anspruchsvoller Sport, Nachlässigkeit ist nicht angebracht.

Zäume und Sättel

▮ LINKS
Zu einer Kandare gehören zwei Gebisse, ein Stangengebiß und die Unterlegtrense. Sie sollte nur von erfahrenen Reitern benutzt werden.

▮ VORHERIGE SEITE GEGENÜBER
Der trensenlose Zaum, auch Hackamore genannt, funktioniert über die Zugkraft. Er sollte ebenfalls nur von erfahrenen Reitern eingesetzt werden.

▮ VORHERIGE SEITE
Ein Pferd im Kutschgeschirr. Die Scheuklappen verhindern, daß das Pferd durch Dinge abgelenkt wird, die neben oder hinter ihm geschehen.

▮ UNTEN, VON LINKS NACH RECHTS
Ein trensenloser Zaum oder Hackamore; ein ledernes Halfter; eine Trense mit Nasenriemen; eine Trense mit Martingal.

▮ UNTEN LINKS
Satteldecken schonen den Pferderücken. Da sie sauber sein müssen, sollten sie waschbar sein.

Zur Grundausrüstung für ein Reitpferd sollten mindestens ein Zaum und ein Sattel gehören. Außerdem benötigt das Pferd ein Halfter und einen Führstrick.

Am leichtesten läßt sich das Pferd mit einer Trense beherrschen. Es gibt viele verschiedene **Trensen**, die sanfteste ist das sogenannte Stangengebiß, das über die Laden wirkt, d. h. den zahnlosen Teil des unteren Pferdegaumens. Ein Gebiß mit Gelenk ist wesentlich härter, da es auch auf die Maulwinkel Druck ausübt. Die beiden

Gelenkteile können einfach oder eiförmig verdickt sein, damit es nicht in die Lippe kneift. Die Wahl des richtigen Zaums hängt wie bei allem Zaumzeug sehr vom jeweiligen Pferd ab, so daß unter Umständen mehrere Trensen ausprobiert werden müssen, bis die richtige für Ihr Pferd gefunden ist. Trensen können aus Edelstahl sein, das leicht zu reinigen ist, oder aus Hartgummi, Plastik oder Nylon. Für ein Pferd mit sehr empfindlichem Maul sind Metalltrensen nicht sehr geeignet.

Das **Zaumzeug** besteht aus einem Halfter mit verstellbaren Backenriemen, die an der Trense befestigt werden, und einem Kehlriemen, der verhindert, daß das Halfter nach vorn über die Ohren rutscht, und einem Stirnriemen, der verhindert, daß es nach hinten über den Hals rutscht. Außerdem kann ein Nasenriemen oberhalb der Nüstern liegen. Das meiste Zaumzeug wird aus Leder gefertigt. Schmale Lederriemen sehen besser an einem Vollblut aus, breitere Riemen eignen sich für Kaltblüter.

Nasenriemen sollen verhindern, daß das Pferd bei der Arbeit mit dem Gebiß „spielt", und dienen letztlich zur besseren Beherrschung.

Ein **Martingal**, der zwischen den Vorderbeinen verläuft und den Sattelgurt mit dem Halfter verbindet, dient hauptsächlich dazu, daß das Pferd seinen Kopf nicht über eine bestimmte Höhe anheben kann. **Hackamore** nennt man einen Zaum ohne Trensengebiß. Es kann für ein Pferd verwendet werden, das sich schwer zäumen läßt oder Probleme mit dem Maul oder den Zähnen hat. Das Hackamore wirkt über den Druck, der auf den Nasenrücken ausgeübt wird. Bei längeren Anzügen (metallene Hebel) wird die Wirkung des Zaums verstärkt. Ein trensenloser Zaum

WISSENSWERTES

In den Vereinigten Staaten gilt jede Reitsportart, die vom Western-Stil abweicht, als „englisch". Beim Westernreiten wird ein Sattel mit hohem Knauf und hoher Hinterpausche verwendet. Der Sattel soll einem Reiter, der viele Stunden auf dem Pferd verbringt, höchsten Komfort verleihen.

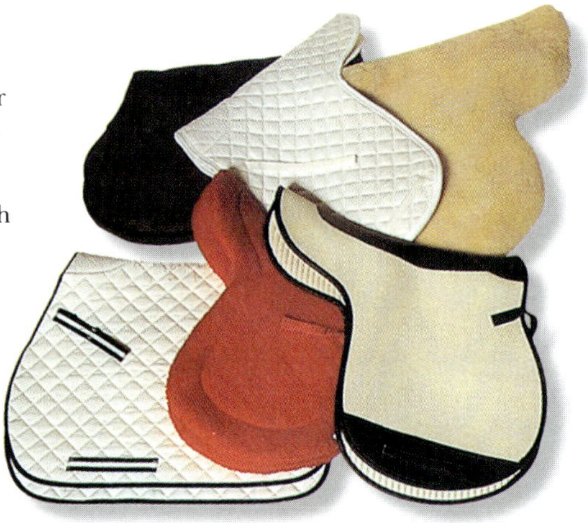

▮ RECHTS, VON OBEN NACH UNTEN
Ein Vielseitigkeitssattel; ein Dressursattel; ein Springsattel; verschiedene Gurte.

▮ UNTEN
Verschiedene Gebisse

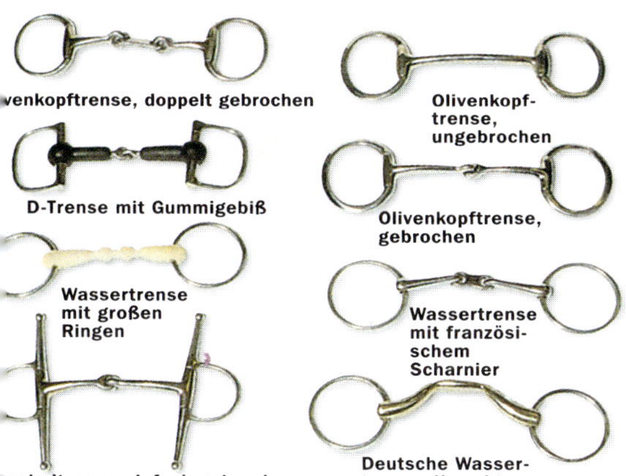

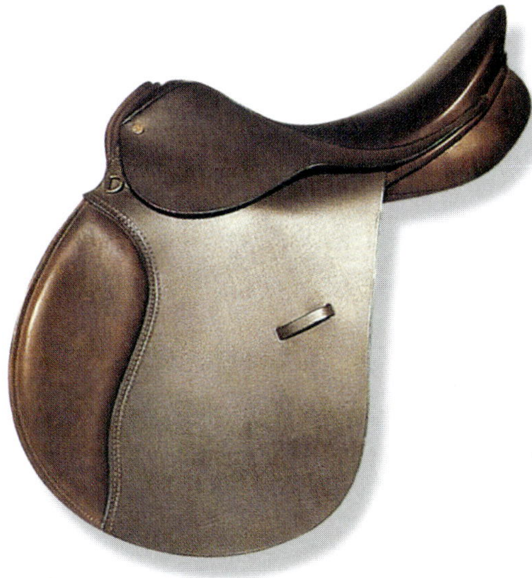

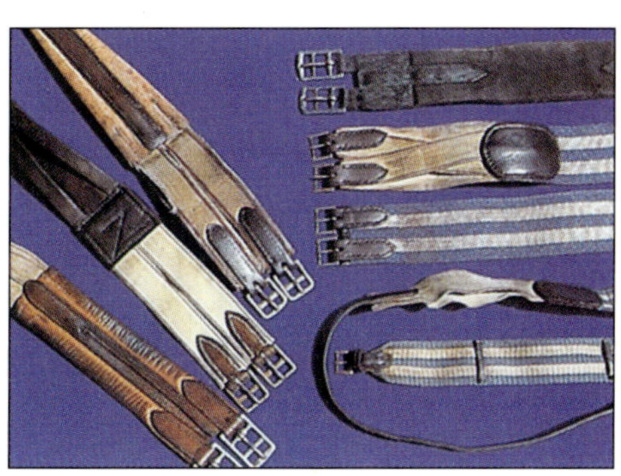

▮ UNTEN
Steigbügel werden zur besseren Haltbarkeit aus Edelstahl gefertigt. Gummieinlagen verhindern das Rutschen des Fußes. Sicherheitssteigbügel (eine Seite hat einen Gummiring-Verschluß) verhindern, daß der Fuß im Bügel hängenbleibt.

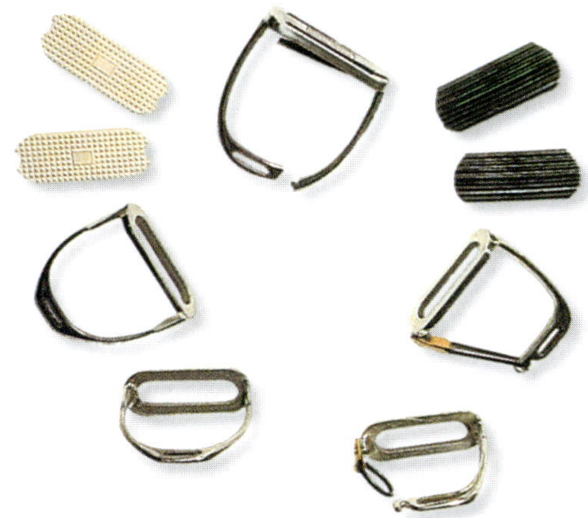

sollte nur von erfahrenen Reitern verwendet werden.

Ursprünglich wurden **Sättel** wie das Zaumzeug aus Leder gefertigt, aber inzwischen sind billigere Kunstledersättel erhältlich. Alle Sättel werden über einem Sattelbaum aus mehrschichtigem Holz oder aus Fiberglas gefertigt, mit einem Federbaum aus Metall oder Plastik. Für den täglichen Gebrauch eignet sich ein Vielseitigkeitssattel am besten, der, wie der Name verrät, im allgemeinen Reitsport eingesetzt wird. Für Dressur- oder Springreiter gibt es besondere Sattelanfertigungen. Der Dressursattel hat im Vergleich zum Vielseitigkeitssattel einen tieferen Sitz, geradere Pauschen und ein langgezogenes Sattelblatt. Der Springsattel zeichnet sich durch einen flacheren Baum und dickere vordere Pauschen aus, die dem Reiter erlauben, mit kurzem Steigbügel zu reiten und die notwendige, vorgebeugte Haltung einzunehmen. **Steigbügel** sollten aus Sicherheitsgründen aus Edelstahl gefertigt und groß genug sein, um zwischen Stiefel und Steigbügelrand einen Abstand von etwa 1,5 cm zu gewähren. Aus demselben Grund sollten die **Steigbügelriemen** aus hochwertigem Leder bestehen.

Der Sattel muß sowohl Pferd als auch Reiter passen. Er darf nicht die freie Bewegung der Pferdeschulter behindern, der Widerrist darf nicht eingeklemmt oder die Wirbelsäule zu starkem Druck ausgesetzt werden. Das Gewicht des Reiters sollte sich gleichmäßig auf die großen Rückenmuskeln beiderseits der Wirbelsäule verteilen. Ein schlechtsitzender Sattel führt zu einem wunden Rücken. Aber auch die Statur und die Beinlänge des Reiters sollten berücksichtigt werden, da man schlecht auf einem unbequemen Sattel reiten kann.

Der Sattel wird durch einen **Sattelgurt** gehalten. Abhängig vom Exterieur des Pferdes, der Art des Sattels und der Reitsportart wurden verschiedene Gurte entwickelt. Sie bestanden ursprünglich aus Leder, sind aber heute auch aus synthetischen Materialien.

Eine **Satteldecke**, die unter den Sattel gelegt wird, trägt sich für das Pferd angenehmer als das Lederfutter des Sattels. Die Satteldecke sollte aus schweißabsorbierenden Naturfassern hergestellt sein. Sie muß glatt unter dem Sattel liegen, um Druck auf die Wirbelsäule zu vermeiden. Außerdem sollte sie regelmäßig gewaschen werden, da eine schmutziges Decke den Pferderücken wundscheuern kann.

Damit der Sattel auf dem Pferd nicht nach hinten rutscht, kann er mit einem **Vorderzeug** versehen werden. Das lederne Vorderzeug für die Jagd besitzt Riemen, die an den D-Ringen des Sattels befestigt werden. Bei Rennpferden wird das Vorderzeug als Aintrée bezeichnet, ein breites Gewebe- oder Gummiband, das um die Brust des Pferdes gelegt und am Sattelgurt befestigt wird.

Pferde-decken

LINKS
Eine leichte Stalldecke mit eingearbeiteten Gurten, bei der ein Deckengurt entbehrlich ist.

Regelmäßige Fellpflege verhindert die Ansammlung von Fett und Schmutz, die dem Pferd in der freien Natur einen wirksamen Schutz gegen Kälte verleihen. Und im Winter ist ein geschorenes Pferd nicht einmal durch ein dichteres Fellkleid vor der Kälte geschützt. Deshalb ist die „Bekleidung" mit einer Decke für ein Stallpferd ausgesprochen wichtig und sollte sich nach den Bedürfnissen des jeweiligen Pferdes und der Witterung richten.

Die traditionelle Pferdedecke besteht aus strapazierfähigem Hanfstoff mit Wollfutter und einem Verschluß an der Brust. Sie sollte eher mit einem Decken- als mit einem Sattelgurt befestigt werden, der Druck auf die Wirbelsäule ausüben kann. Unter einem Deckengurt versteht man einen breiten Gurt, der in Höhe des Pferderückens gepolstert ist, einen Freiraum über der Wirbelsäule läßt und einen doppelten und guten Schnallenverschluß besitzt. Deckengurte aus Leder sind sehr strapazierfähig, aber schwerer als Deckengurte aus Stoff. Falls nötig, kann ein Brustgurt angebracht werden, damit die Decke nicht nach hinten rutscht. Um den Widerrist zusätzlich vor Druck zu schützen, können Polster unter den Deckengurt gelegt werden. Alle Deckengurte, insbesondere die Nähte, müssen regelmäßig überprüft werden, da sie stark strapaziert werden, wenn das Pferd sich hinlegt, aufsteht oder wälzt.

Stalldecken gibt es in verschiedenen synthetischen Geweben, die pflegeleichter als die herkömmlichen Decken sind und einen Klettverschluß besitzen (selbst wenn das Pferd sich wälzt, rutscht die Decke an die richtige Stelle zurück, so daß ein Deckengurt überflüssig wird).

Wenn das Pferd noch wärmer gehalten werden muß, kann man unter die Pferdedecke noch ein oder zwei normale Wolldecken legen. Damit die Decke nicht zurückrutscht, werden die Ecken über den Widerrist geklappt. Dann wird die Pferdedecke übergelegt und vorn geschlossen. Das gefaltete Ende der Wolldecke wird anschließend über die Vorderkante der Pferdedecke geklappt und beide Decken mit dem Deckengurt festgezurrt. Damit die schwer waschbare Wolldecke sauber bleibt, kann man noch ein Baumwolltuch unterlegen. Wenn kein Deckengurt verwendet wird, benutzt man lieber eine besondere Pferdedeckenunterlage, da sie nicht verrutschen kann. Turnierdecken sind gewöhnlich aus

RECHTS
Koppeldecken eignen sich besonders für Pferde, die sich bei feuchtem und kühlem Wetter im Freien aufhalten. Eine Reihe sorgfältig angebrachter Beinriemen schützt die Decke selbst beim Wälzen vor Verrutschen.

DECKENPFLEGE

- Lederriemen mit Ösen sind die haltbarsten Verschlüsse und am leichtesten zu benutzen.
- Sorgen Sie dafür, daß Lederverschlüsse weich und elastisch bleiben und Haken und Ösen gut geölt sind.
- Schütteln und lüften Sie alle Pferdedecken, Decken und Überwürfe täglich.
- Waschen Sie regelmäßig alle waschbaren Decken mit einem geeigneten Waschmittel, und lassen Sie sie gut trocknen.
- Hanfdecken sollten regelmäßig ausgebürstet oder, wenn nötig, geschrubbt werden.
- Wolldecken sollten regelmäßig ausgebürstet werden und, wenn nötig, chemisch gereinigt werden.
- Überprüfen Sie regelmäßig die Nähte und Verschlüsse von Deckengurten.
- Koppeldecken sollten innen und außen geschrubbt und mit Wasser abgespritzt werden – Waschmittel könnten der Imprägnierung schaden.
- Lassen Sie Koppeldecken, wenn nötig, neu imprägnieren.
- Schützen Sie weggeräumte Decken vor Ungeziefer.

RECHTS
Unter einer Decke aus Netzgewebe kann ein verschwitzes Pferd besser trocknen. Man beachte den Gurt, dem zum Schutz der Wirbelsäule ein Polster unterlegt ist.

Wolle und in verschiedenen Stärken (für Sommer und Winter) erhältlich. Sie werden meist bei besonderen Gelegenheiten z.B. bei Pferdeschauen benutzt.

Im Sommer eignen sich Fliegendecken aus Baumwolle, die zugleich schützen und das Pferd sauber halten. Netzgewebe aus Baumwolle helfen, ein nasses oder verschwitztes Pferd wieder trocken zu bekommen. Bei kaltem Wetter kann eine dünne Baumwolldecke übergelegt werden, damit das Pferd nicht friert. Alle Überwürfe sollten mit einem gepolsterten Deckengurt an ihrem Platz gehalten werden. Ein leichtes Baumwolltuch, das von den Ohren bis zum Schweifansatz reicht, eignet sich in heißen Klimazonen zum Schutz vor Sonne und Fliegen.

Zum Transport braucht ein Pferd immer eine atmungsaktive Decke. Falls das Pferd schwitzen sollte, kann so die Feuchtigkeit entweichen. Pferde, die sowohl im Stall als auch auf der Weide gehalten werden, benötigen eine warme, wasser- und windabweisende Koppeldecke. Sie kann aus schwerem Segeltuch hergestellt sein (das leicht wundscheuert) oder aus leichteren, witterungsbeständigen Synthetikmaterialien. Um ausreichend Schutz zu gewähren, sollte die Decke gut geschnitten sein und bis über die Oberschenkel und die Beine reichen. Manche Decken haben Schweifklappen und Halsbedeckung für wirklich schlechtes Wetter. Alle Decken sollten jedoch so sitzen, daß das Pferd sich frei bewegen kann. Koppeldecken haben Beinschnüre und sitzen daher von selbst gut. Alle Verschlüsse müssen sauber, weich und geschmeidig sein, damit empfindliche Hautpartien wie die Innenseite der Beine nicht gescheuert werden.

Zum Training kann das Pferd eine Nierendecke benötigen, die seine Lenden wärmt. Diese Decke, die gewöhnlich für Rennpferde verwendet wird, hat keinen Brustverschluß, sondern wird mit zurückgeschlagenen Ecken unter den Sattel geklemmt. Ein schmaler Riemen unter dem Schweif verhindert, daß die Decke bei windigem Wetter zu stark flattert. Nierendecken sind entweder aus Wolle, Baumwolle oder wasserdichten Kunstfasern. Eine fluoreszierende Decke bietet besonderen Schutz, wenn man nachts auf der Straße reitet.

Regendecken eignen sich besonders für Schauen und Turniere, da sie das Geschirr und andere Decken trocken halten. Da die meisten wasserdichten Decken nicht atmungsaktiv sind, muß sorgfältig darauf geachtet werden, daß das Pferd unter seiner Decke nicht zu sehr schwitzt. Man sollte ein Pferd auch nicht mit Decken erschrecken, die Geräusche erzeugen.

RECHTS
Der in den Deckengurt eingelassene, lederbezogene Metallring soll verhindern, daß das Pferd beim Wälzen im Stall überrollt und sich verletzt. Unter dem Gurt sollte ein Rückenpolster liegen.

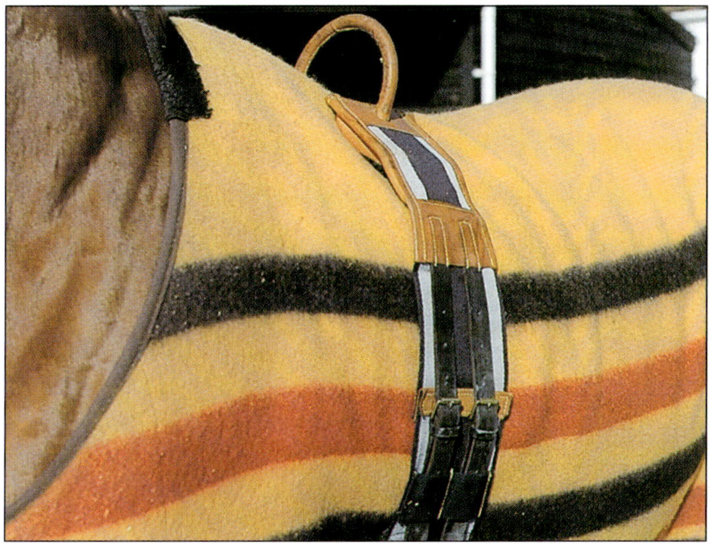

Bandagen

Bandagen können je nach Bedarf die Beine schützen, unterstützen oder wärmen. Trainingsbandagen bestehen aus Baumwollstretch und können anstelle einer Gamasche zum Schutz und zur Unterstützung der Bänder verwendet werden. Sie sind etwa 8 bis 10 cm breit und sollten zusammen mit einem Watteflies oder einer anderen Polsterung angelegt werden. Bandagieren ist nicht ganz einfach und sollte deshalb von einem „Pferdeneuling“ nur unter der Aufsicht eines erfahrenen Pferdehalters durchgeführt werden. Trainingsbandagen müssen so fest gewickelt werden, daß sie sich weder lockern noch abrutschen. Gleichzeitig dürfen sie aber keinen unnötigen Druck auf die Bänder ausüben oder die Blutgefäße abschnüren. Sie müssen gleichmäßig fest sitzen, am besten geht das mit einem Klettverschluß. Man kann auch Klebeband verwenden, das

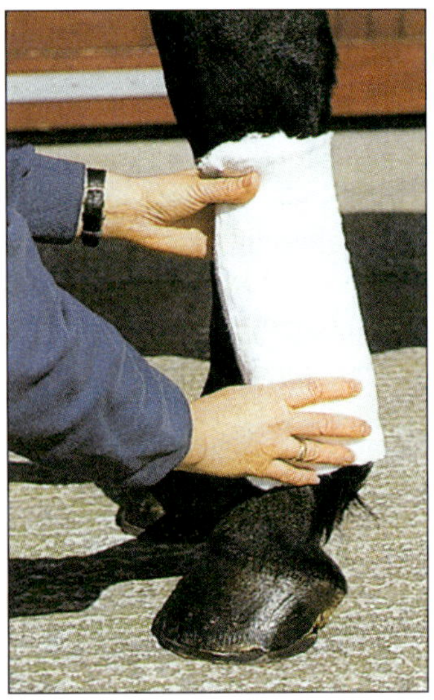

1 Vor Anlegen der Trainingsbandage sollte das Bein mit einem Watteflies oder etwas Ähnlichem umwickelt werden.

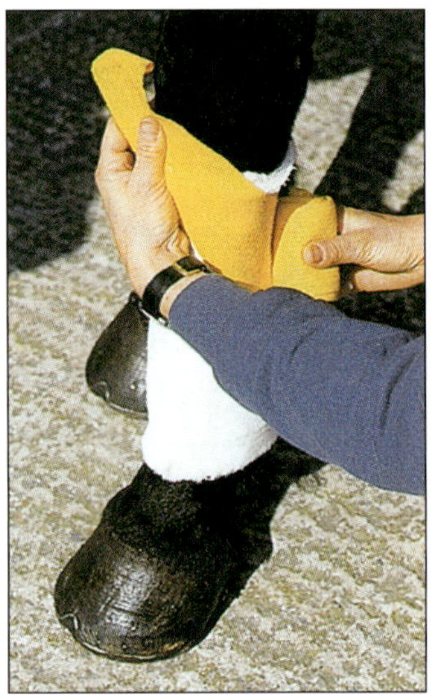

2 Gewickelt wird von oben nach unten wie im Bild gezeigt. Trainingsbandagen sind aus elastischem Material.

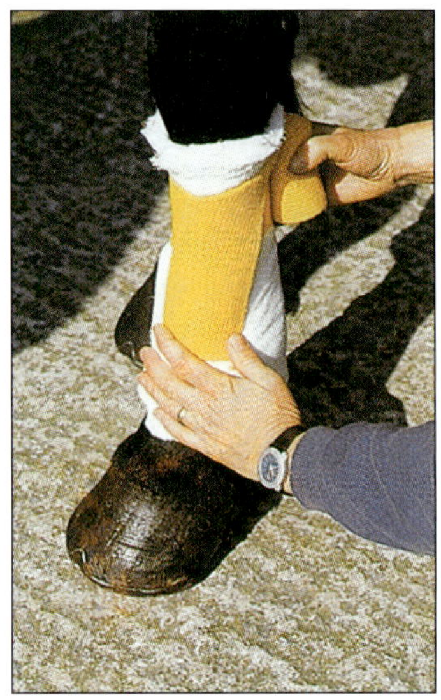

3 Das überhängende Bandagenstück wird eingeschlagen und mit jeder Runde überwickelt, so daß zwei Drittel der Bandagenbreite überdeckt werden.

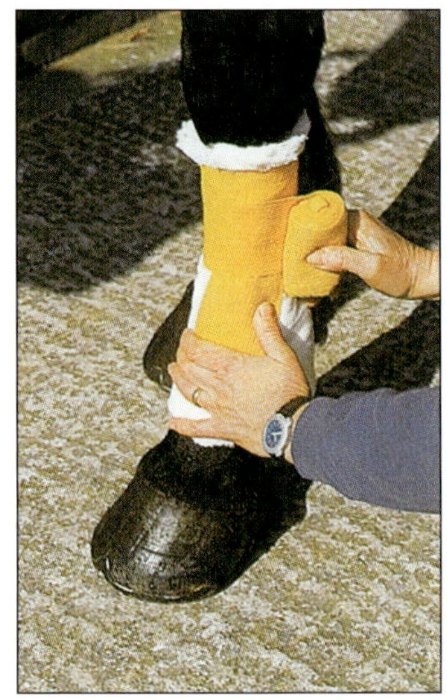

4 Vorderbeine werden gegen den Uhrzeigersinn gewickelt und Hinterbeine im Uhrzeigersinn.

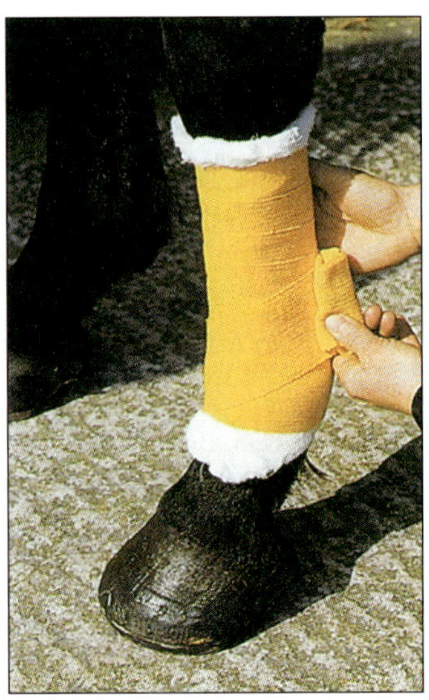

5 Zuerst wird abwärts zum Fesselgelenk bandagiert und dann mit gleichem Druck wieder aufwärts.

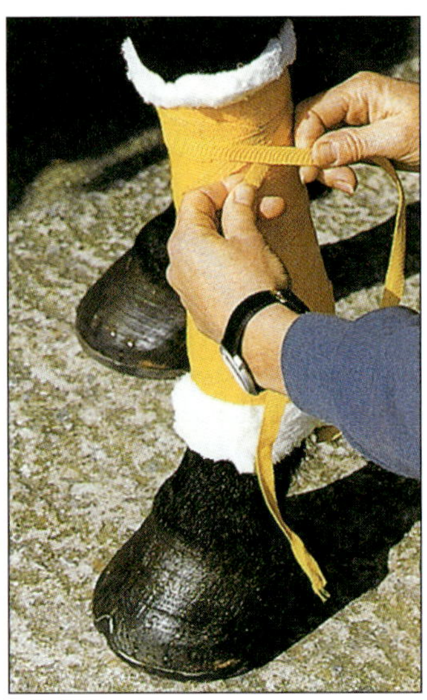

6 Die Bandage wird niemals an der Rück- oder Vorderseite des Beins, sondern immer an der Beinaußenseite befestigt.

7 Die abschließende Schleife sollte nicht fester sitzen als die Bandage.

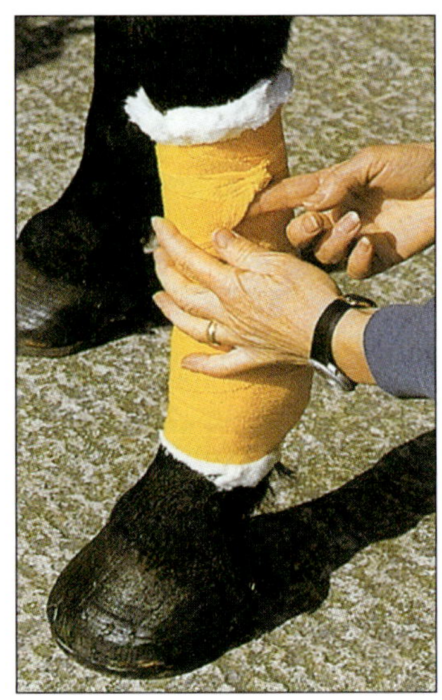

8 Trainingsbandagen sollten fest, aber nicht zu stramm angelegt werden.

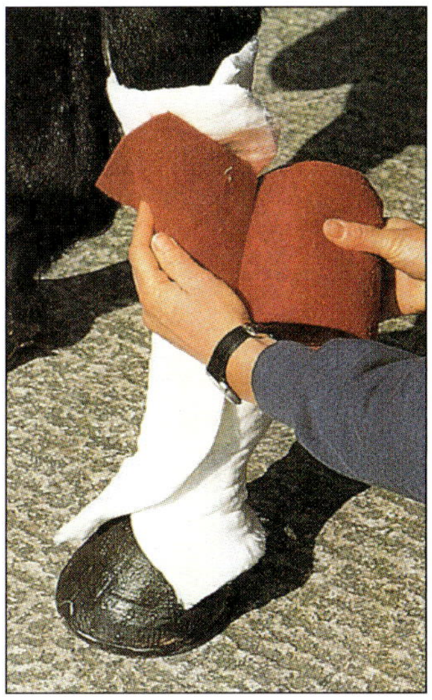

1 Stallbandagen sind breiter als Trainingsbandagen und werden über ein längeres Fliesstück gelegt, um besser zu wärmen.

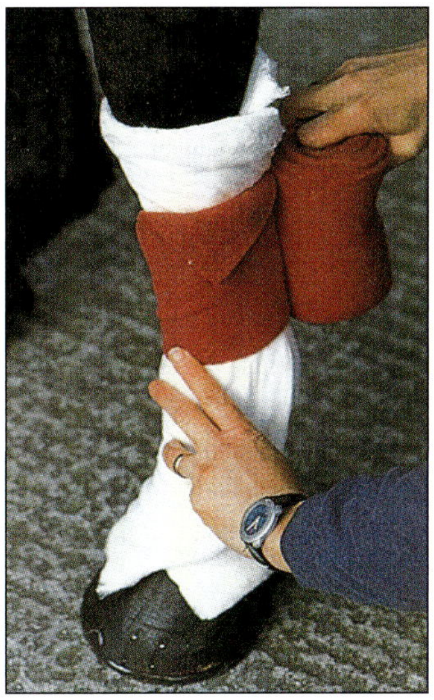

2 Die Bandage wird weniger fest gewickelt und darf keine Falten haben.

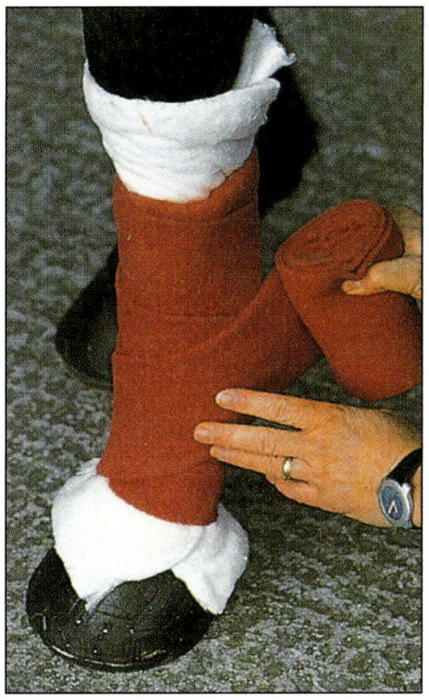

3 Man wickelt bis zum Kronrand, wobei die Bandage bei jeder Runde etwa ihre halbe Breite überdecken sollte.

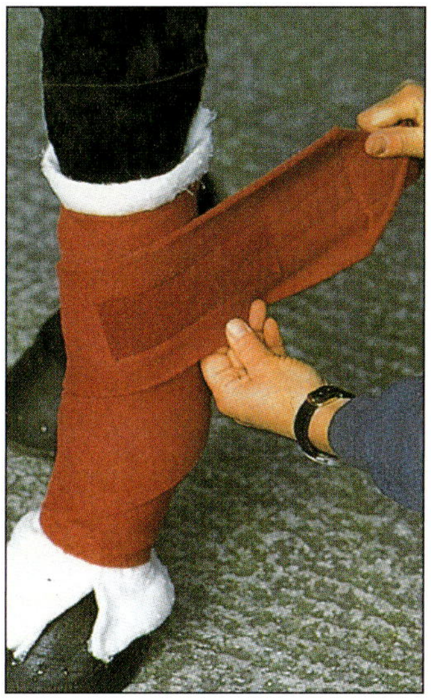

4 Das obere Bandagenende sollte etwas unterhalb des Sprung- oder Vorderfußwurzelgelenks liegen.

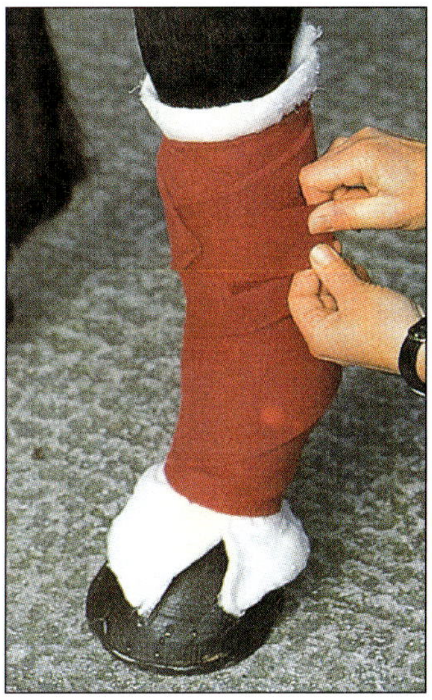

5 Mit einem Klettverschluß sind Stallbandagen schnell und bequem anzulegen.

RECHTS
Ein gut befestigtes Bandagenende verleiht den sichersten Halt.

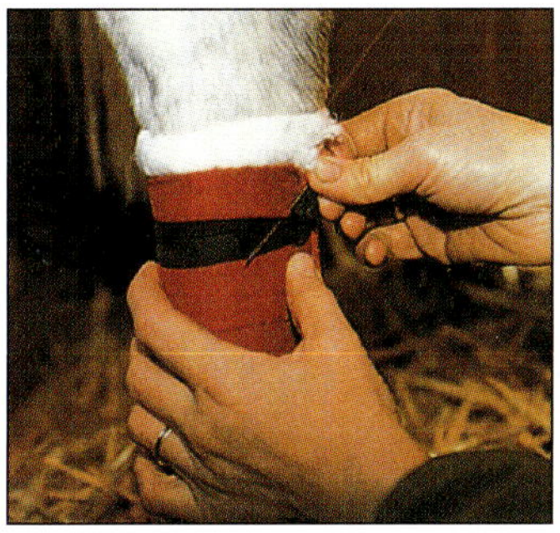

RECHTS
Neben den herkömmlichen Methoden kann die Bandage abschließend auch mit Klebeband befestigt werden.

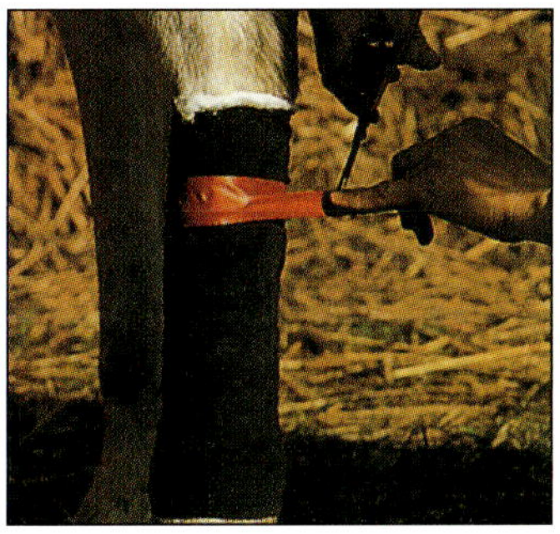

Falls das Pferd an einer Beinverletzung leidet, sollte das gegenüberliegende Bein mit einem Stützverband (ähnlich einer Trainingsbandage) bandagiert werden, da es stärker belastet wird, während die Verletzung heilt.

nicht enger befestigt wird als die Bandage selbst, da es sonst auf die Bänder drücken kann.

Trainingsbandagen sollten tief genug sitzen, um die Sesamknöchelchen auf der Rückseite der Fessel zu schützen, aber nicht so tief, daß die Bewegung des Fesselgelenks eingeschränkt wird.

Bei Turnieren werden inzwischen Bandagen mit Klettverschluß bevorzugt. Sie sitzen fester als andere Bandagen und müssen deshalb sehr sorgfältig angelegt werden.

Stallbandagen halten die Beine eines Pferdes warm, besonders wenn das Pferd am ganzen Körper geschoren wurde. Diese Bandagen sind gewöhnlich etwa 10 cm breit und meistens aus Wolle, obwohl es inzwischen andere wärmende Materialien gibt. Die Bandage sollte ebenfalls zusammen mit einem Watteflies oder einem anderen Polster angelegt werden, wobei man darauf achten sollte, daß das Blut ungehindert zirkulieren kann. Das abschließende Klebeband sollte nicht zu fest, immer an der Beinaußenseite und niemals über den Bändern angebracht werden. Für größeren Tragekomfort sollten Stallbandagen mindestens zweimal täglich erneuert werden.

SICHERHEITS-CHECK

- ☛ Vor Anlegen einer Bandage sollten die Pferdebeine schmutz- und schweißfrei sein, damit sie nicht wundscheuern.
- ☛ Die Bandagen sollten reingehalten werden – mit einem Waschmittel, das keine Allergien auslöst.
- ☛ Die Bandage sollte mit einem Watteflies oder anderem Polster unterlegt werden.
- ☛ Die Bandage sollte gleichmäßig fest angezogen werden.
- ☛ An den Vorderbeinen wird gegen, an den Hinterbeinen im Uhrzeigersinn gewickelt.
- ☛ Die Enden von Trainingsbandagen sollten nicht fester sitzen als die übrige Bandage.
- ☛ Trainingsbandagen sollten nicht zu tief angelegt werden.
- ☛ Die Bandagenenden sollten immer an der Beinaußenseite befestigt werden, niemals innen, vorn oder an der Rückseite des Beins.
- ☛ Die Beine sollten immer paarweise bandagiert werden.
- ☛ Stallbandagen sollten regelmäßig gewechselt werden.

Gamaschen

Es gibt verschiedene Gamaschen, mit denen die Beine eines Pferdes beim Training oder beim Wettkampf vor Verletzungen geschützt werden. Viele Pferde neigen aufgrund ihrer Beinstellung dazu, beim Training mit einem der Hufe an das gegenüberliegende Bein zu stoßen. Besonders junge Pferde, die sich noch nicht besonders gut ausbalancieren können, verletzen sich beim Reiten leichter als ältere; aber auch erschöpfte Pferde am Ende eines Geländeritts laufen weniger koordiniert. Ähnliches gilt auch beim Gehen auf hartem oder schlammigem Untergrund.

Gamaschen können aus Leder mit Schnallverschluß oder aus synthetischen, leichter zu reinigenden Materialien wie PVC und Neopren sein, die dann auch meistens mit einem bequemen Klettverschluß versehen sind.

Knieschoner bestehen aus einer gepolsterten Kniekappe und sollten angelegt werden, wenn man das Pferd auf einer Straße reitet, auf der es leicht ausrutschen kann. Der obere, elastische Halteriemen sollte gerade fest genug angelegt werden, um ein Abrutschen zu verhindern, und der untere Riemen sollte so locker sein, daß das Pferd in seinen Bewegungen nicht eingeschränkt wird.

Fesselgelenkschoner können an den Vorder- oder Hinterbeinen angelegt werden, um Verletzungen zu verhindern, die durch Aneinanderschlagen der Beine entstehen. Solche Verletzungen entstehen meistens am oder um das Fesselgelenk, können aber auch im Bereich der Fessel auftreten.

Sprungglocken schützen den Kronrand der Vorderfüße vor Stößen der Hinterhufe. Sie sind glockenförmig und werden meistens aus Gummi gefertigt. Sprungglocken mit überlappenden Blättern bieten den besten Schutz, da sie beim Gehen nicht umstülpen. Wenn sie ein Befestigungsband besitzen, sind sie wesentlich leichter anzulegen als die einfache Variante zum Überstreifen.

Nach vorn offene Ledermanschetten schützen die Bänder vor gefährlichen Verletzungen durch die Hufe der Hinterfüße.

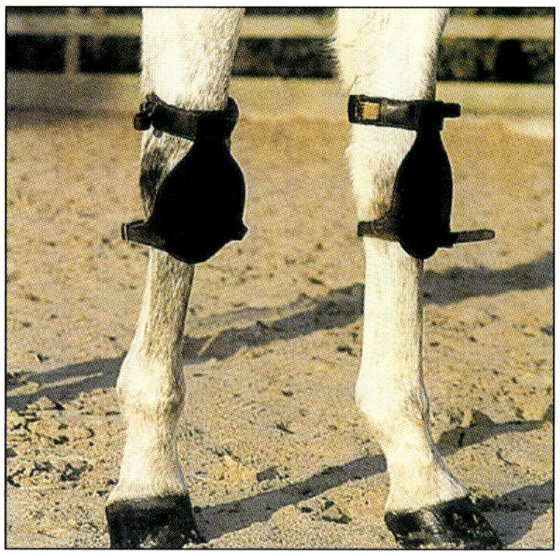

Knieschoner sind eine geeignete Vorsichtsmaßnahme für Straßenritte. Die Abbildung zeigt Schoner in Skelettausführung.

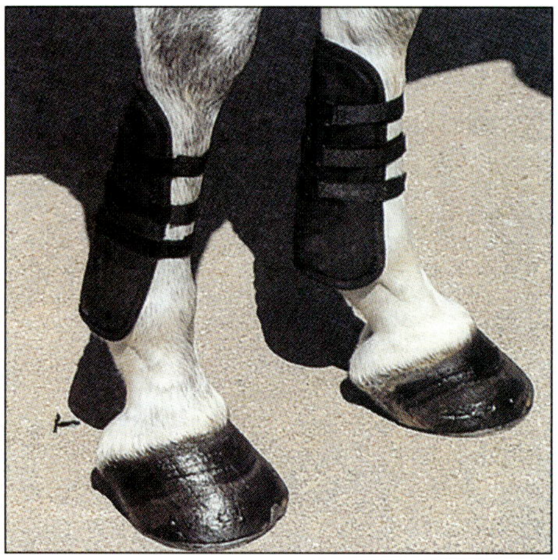

Moderne Gamaschen besitzen meistens Klettverschlüsse und lassen sich so leichter an- und abnehmen als herkömmliche Gamaschen.

Fesselgelenkschoner schützen die Gelenke vor Verletzungen, die durch Aneinanderschlagen des jeweiligen Beinpaares entstehen.

Sehnenschoner geben den Bändern begrenzten Halt und können sie vor Verletzungen schützen. Sie können beim Schnelligkeitstraining und Springen als Alternative zu Bandagen verwendet werden und sind in einer Vielzahl von Farben und Materialien erhältlich.

LINKS
Sprungglocken mit überlappenden Blättern sind schnell angelegt, schützen den Kronrand des Vorderfußes und stülpen beim Tragen nicht um. Beschädigte Teile können ausgewechselt werden.

Transportausrüstung

LINKS UND UNTEN
Zum Transport eignen sich besondere Transportgamaschen oder Bandagen mit Knie- und Fesselgelenksschonern. Achten Sie auf den Kopfschutz.

Ein Pferd sollte „auf Reisen" immer eine Schutzbekleidung tragen. Leicht verletzliche Körperteile sind vor allem der Kopf und die Beine, besonders die Kronränder, wenn das Pferd plötzlich aus dem Gleichgewicht geworfen wird und die Hufe aneinanderstoßen. Damit der Kopf nicht verletzt wird, wenn das Pferd ihn zurückwirft, sollte er durch einen Kopfschutz, der am Halfter befestigt wird, geschützt werden.

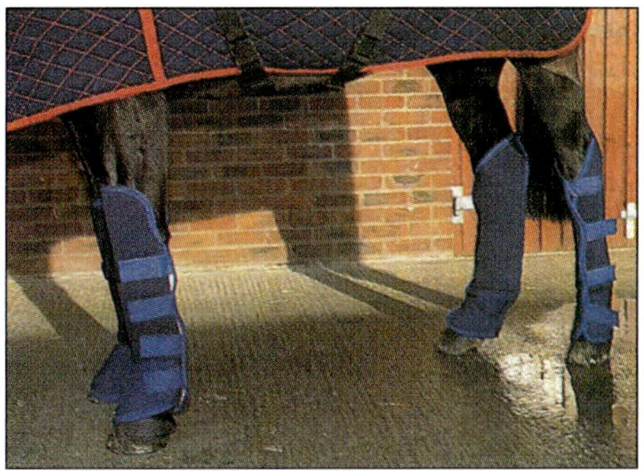

Besondere Transportgamaschen schützen die Röhre von den Kniegelenken bis zum Huf. Sie werden meist mit Klettverschlüssen befestigt, sind daher einfach zu handhaben. Alternativ können die Beine auch gleichzeitig mit einem Flies bandagiert werden. Das Flies sollte den Kronrand bedecken und die Bandage gleichmäßig und nicht zu fest darübergewickelt werden. Sprunggelocken und Knieschoner sind ebenfalls empfehlenswert.

Fesselgelenkschoner eignen sich besonders für Pferde, die beim Transport gerne ausschlagen. Vor dem Transport sollten Fesselgelenkschoner zur Gewöhnung einige Male im Stall angelegt werden.

Eine gepolsterte Bandage um den Schweif verhindert Scheuern. Das Polster wird nach der Bandage am Schweif und am Deckengurt befestigt. Damit das Pferd warmgehalten wird, aber nicht ins Schwitzen gerät, sollte es je nach Wetterlage einen leichten Überwurf oder eine Pferdedecke tragen. Überprüfen Sie während der Reise immer wieder, ob dem Pferd nicht zu heiß oder zu kalt ist.

Zum Transport sollte das Pferd ein Halfter mit ledernem Führstrick tragen und mit einem leicht zulösenden Panikhaken angebunden werden. Das Pferd ist mit einer Trense ohne Nasenriemen über dem Halfter beim Be- und Entladen leichter zu führen. Es sollte nicht nur am Führstrick, sondern außerdem am Zügel geführt werden.

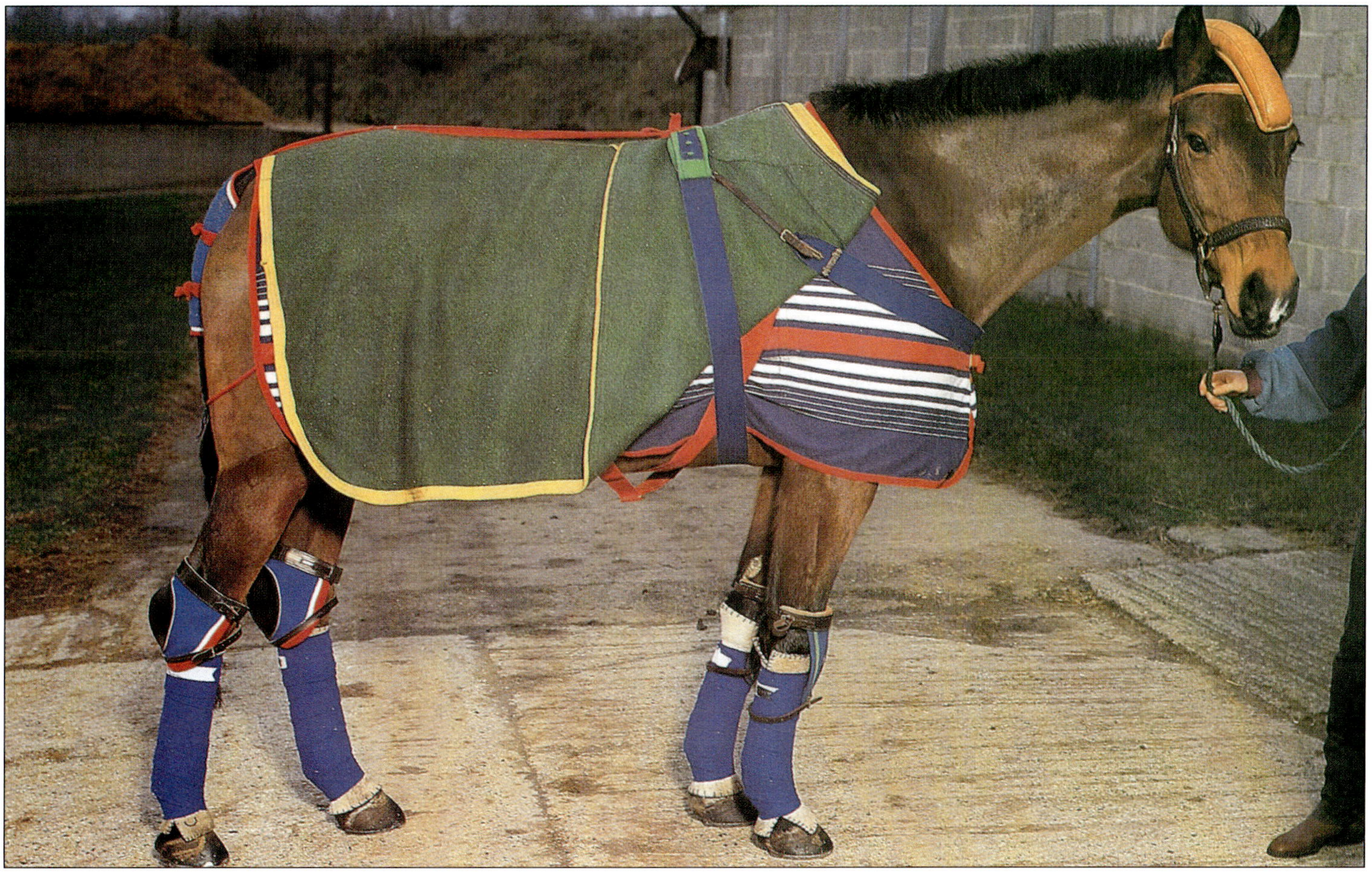

Kleidung

Wichtigstes Gebot bei der Arbeit und dem Umgang mit Pferden ist Sicherheit. Pferde sind groß und stark und stellen immer ein Gefahrenmoment dar, gleich wie ruhig und friedlich sie normalerweise erscheinen mögen. Deshalb sollte man seine Kleidung selbst für alltägliche Arbeiten wie das Ausmisten des Stalls sorgfältig wählen.

Ordentliche, gut sitzende und nicht zu enge Kleidung ist am bequemsten. Je nach Wetter eignen sich ein langärmliges Hemd mit Sweatshirt oder Pullover und bequeme Jeans oder Reithosen zur Stallarbeit. Die Hose sollte weit genug sein, um sich darin bücken zu können, und dunkel, damit sie länger gut aussieht. Lange Ärmel sind besser als kurze, da sie die Arme vor „knabbernden" Pferdezähnen schützen.

Auch das Schuhwerk sollte entsprechend gewählt werden, da ein falscher Tritt des Pferdehufs auf den eigenen Fuß sehr schmerzhaft sein kann. Turnschuhe bieten ebenso wie die meisten Gummistiefel wenig Schutz, obwohl Gummistiefel sich gut zum Misten des Stalls eignen, wenn man sie aus hygienischen Gründen mit entsprechend dicken Socken trägt.

Bei anderen Gelegenheiten sind Reitstiefel am sichersten. Manche Stiefel haben inzwischen auch eine verstärkte Zehenkappe.

Mäntel und dicke Westen sollten immer gut zugeknöpft sein, da ein im Wind flatternder Mantel ein nervöses Pferd leicht erschrecken oder man leicht irgendwo hängenbleiben kann. Aus denselben Gründen sollte die Kleidung keine Geräusche verursachen, und langes Haar sollte, besonders bei windigem Wetter, möglichst zusammengebunden werden.

Verzichten Sie auch auf Schmuck: Ringe oder Ohrringe können häßliche Verletzungen verursachen, wenn sie sich verhaken.

Die meisten gutgeschulten Pferde lassen sich ohne Gefahr führen, aus dem Stall holen, in den Stall und auf die Weide bringen usw. Ist das jedoch nicht der Fall (z. B. bei einem jungen Pferd), sollte man zur Sicherheit einen gut befestigten Reithelm tragen, um sich vor den Hufen eines aufbäumenden Pferdes zu schützen, ein Paar Stiefel zum Schutz der Füße und Handschuhe.

OBEN
Sweatshirt, Reithose, Stiefel und ein Reithelm eignen sich für den täglichen Ausritt.

LINKS
In passender Arbeitskleidung können die täglichen Arbeiten sicher und bequem verrichtet werden.

Sichere Reitausrüstung

LINKS
Autofahrer können mit einem reflektierenden Schriftzug auf der Weste gewarnt werden.

Reiten war und wird immer eine risikoreiche Sportart sein. Die Sicherheit der Reitausrüstung verbessert sich aber ständig, und jeder Reiter sollte darauf achten, daß seine Ausrüstung ihm den besten, verfügbaren Schutz bietet – dazu gehören Reithelm und Reitstiefel und eventuell für den Vielseitigkeitssport eine Schutzweste. Da Kopfverletzungen am gefährlichsten sind, sollte jeder verantwortungsbewußte Reiter, aber auch jeder, der ein unberechenbares junges Pferd am Führstrick oder der Longierleine führt, einen **verstärkten Reithelm** mit **Kinnband** tragen.

Auskünfte über die neuesten Sicherheitsstandards erteilt der deutsche Reiterverband. Der **Vielseitigkeitshelm** wird für schnelles Reiten und Springen empfohlen. Der **Kinnschutz** muß immer richtig angepaßt und festgezurrt werden. Er kann mit einem Kinnhalter auf dem Kinn aufsitzen oder unterhalb des Kinns befestigt werden. Man kann aber auch einen **traditionellen Reithelm** tragen, zum Schutz vor Sturzverletzungen. Alle Reithelme sollten korrekt sitzen und können in einem Fachgeschäft auch entsprechend angepaßt werden.

Schutzwesten schützen Rumpf und Schultern bei einem Sturz. Schutzwesten sollten gut sitzen, bequem sein und sollten die Bewegungen des Reiters auf keinen Fall einengen.

Reitstiefel sollen verhindern, daß der Fuß durch den Steigbügel rutscht oder sich beim Stürzen im Bügel verfängt, was sehr verhängnisvoll sein könnte.

Sie haben eine glatte Sohle und einen flachen Absatz. Lederstiefel schützen am besten gegen Schläge, wie sie bei einem Geländeritt auftreten können, aber im selben Stil gefertigte Gummistiefel genügen für den täglichen Ausritt.

Gewöhnliche Gummistiefel, Turnschuhe oder Schuhe mit Profilsohle sollten niemals zum Reiten getragen werden.

SICHERHEITS-CHECK

- ☛ Tragen Sie beim Reiten immer einen Reithelm mit geschlossenem Kinnband.
- ☛ Ersetzen Sie einen Helm, der durch einen Sturz beschädigt wurde, durch einen neuen; der alte Helm könnte dem nächsten Sturz nicht standhalten.
- ☛ Tragen Sie beim Reiten immer Ihren eigenen Helm, da ein geliehener meist nicht korrekt sitzt.
- ☛ Reiten Sie immer mit sicherem Schuhwerk.
- ☛ Benutzen Sie die richtige Steigbügelgröße, etwa 2,5 cm breiter als der Stiefel, so daß der Fuß nicht hängenbleibt.
- ☛ Tragen sie reflektierende Kleidung (Hutbezug, Oberbekleidung usw.) mit Reflektorbändern. Wenn Sie bei Dunkelheit auf Straßen reiten, legen Sie Ihrem Pferd ebenfalls reflektierende Beinbänder an.
- ☛ Reiten Sie nicht bei schlechter Sicht und im Dunkeln auf verkehrsreichen Straßen.
- ☛ Tragen Sie beim Reiten keinen Schmuck.
- ☛ Befestigen Sie Krawattennadeln stets waagrecht, niemals senkrecht.
- ☛ Reiten sie immer mit geschlossener Kleidung.
- ☛ Ziehen Sie sich niemals während des Reitens um, denn dadurch können Sie das Pferd zeitweise nicht beherrschen.
- ☛ Wenn Sie einen Augenfehler haben, sollten Sie beim Reiten besser Kontaktlinsen tragen. Falls Sie dennoch eine Brille bevorzugen, sollte es eine Sportbrille sein.

LINKS
Ein Vielseitigkeitshelm mit gut sitzendem Kinnband schützt den Kopf am besten. Der Helm hat einen seidenen Überzug.

LINKS
Eine Schutzweste sollte getragen werden, wenn man beim Reiten viel springt (z. B. über feststehende Hindernisse).

Reitbe-kleidung

Im großen und ganzen soll jede Reitkleidung bequem sein und den Reiter schützen. Nur bei wenigen, kuriosen Einzelteilen unterliegt sie dem Diktat von Tradition (z. B. Zylinder beim Dressurreiten).

Die meisten Kleidungsstücke gehen auf die früher übliche Jagdbekleidung zurück, die sich über einen sehr langen Zeitraum entwickelte und zu einer kompletten Ausrüstung führte, die vor Nässe, Kälte und den zahlreichen Stößen schützen sollte, deren Bekanntschaft man bei einem schnellen Ritt querfeldein machte.

Hohe Lederstiefel halten Füße und Unterschenkel trocken und dämpfen die schmerzhaften Stöße, die Zaunpfähle oder ähnliche Hindernisse den Füßen zufügen können.

Reithosen halten die Oberschenkel warm und verhindern das Wundscheuern. Eine gutsitzende Jacke aus haltbarem Tweed oder Twill wärmt angenehm und kann auch einigermaßen trocken halten, aber trotzdem die zum Reiten nötige Bewegungsfreiheit gewähren, besonders beim Springen und beim Galoppieren. Handschuhe halten die Hände warm und trocken und erlauben, die Zügel sicher zu halten. Ein stabiler Reithelm, ordentlich mit einem Kinnband befestigt, schützt unseren empfindlichsten Körperteil – den Kopf.

Man kann zum täglichen Reiten viele Kleidungsstücke tragen, die nicht so teuer sind und sich leichter waschen lassen als ein förmlicher Reitanzug. **Jodhpur-Hosen**, die bis an die Knöchel reichen und gewöhnlich mit kürzeren Stiefeln (den sogenannten Jodhpurstiefeln) getragen werden, sind im Sommer angenehmer als die normalen Reithosen und hohe Lederstiefel. Sie können aus dünnem Baumwollstoff gefertigt sein oder aus dicken Thermostoffen, wie man sie bei extremer Kälte benötigt. Statt der Jodhpurstiefel kann man sie mit **„Chaps"** tragen, die das Bein vom Fuß bis zum Knie bedecken oder mit **„Leggins"**, die bis über die Schenkel reichen.

LINKS
Die tägliche Reitkleidung sollte ordentlich und sicher sein. Dunkle Farben sind praktischer als die hellen Farben des traditionellen Reitkostüms.

UNTEN LINKS
Statt Stiefel können auch Gamaschen getragen werden. Dieser Reiter ist mit dem reflektierenden Umhang und den Beinschonern seines Pferdes auch für das Reiten auf der Straße gerüstet.

Enganliegende elastische Reithosen können auch täglich getragen werden und sind wie alle Reithosen an der Innenseite vom Knie bis zum Schritt verstärkt. Manche Hosen haben sogar eine angerauhte, rutschsichere Verstärkung am Gesäßteil.

Reitstiefel aus Gummi sind preiswerter als lederne, wärmen aber schlechter im Winter, so daß eine Einlage ratsam ist.

Formlose **Reitjacken** aus gewachster Baumwolle oder anderen Materialien genügen für die tägliche Arbeit. Darunter kann ein Hemd, ein Sweatshirt oder Pullover getragen werden. Die meisten wasserdichten Jacken sind leicht und bequem, die etwas teureren sind sogar „atmungsaktiv". Sie sind in verschiedenen Längen erhältlich. Auf knisternde Materialien sollte man lieber verzichten, da sie Pferde leicht scheu machen, besonders an windigen Tagen.

Besondere **Reithandschuhe** gibt es für jede Gelegenheit. Man sollte besonders darauf achten, daß die Handinnenfläche mit einem griffigen Material (z. B. mit Leder) verstärkt ist.

Turnier-bekleidung

Bei den meisten Wettkämpfen trägt man Reitjacke, Reithose und Stiefel, Hemd oder Bluse und Plastron.

Bei bestimmten Veranstaltungen werden Sporen getragen, ein Helm oder Zylinder ist obligatorisch. Turnierbekleidung im allgemeinen in Deutschland: weiße Reithose und schwarzes Jackett, letzteres auch dunkelblau oder dunkelgrün. In höheren Leistungsklassen und Prüfungen auch rot.

Beim Distanzreiten hängt man weniger an der Tradition, da es relativ neu ist (wenigstens als Turniersport), und die Reiter der höheren Klassen nicht nur sehr lange im Sattel sitzen, sondern auch neben ihrem Pferd laufen, damit es sich zwischendurch etwas ausruhen kann. Reithosen und Stiefel wären zu heiß und unbequem, weshalb bei dieser Sportart ausnahmsweise Sportschuhe getragen werden dürfen.

Zur Sicherheit müssen die Reiter jedoch Steigbügel mit Kappe verwenden, damit ihre Füße nicht hindurchrutschen.

LINKS
Zum korrekten Kostüm für die Dressur der Spitzenklasse zählen neben der weißen Reithose Zylinder, Frack und Weste.

UNTEN
Das klassische Reitkostüm für Männer wie Frauen.

UNTEN
Die Bekleidung für Ausdauerritte ist weniger formell als bei den meisten anderen Reitsportturnieren.

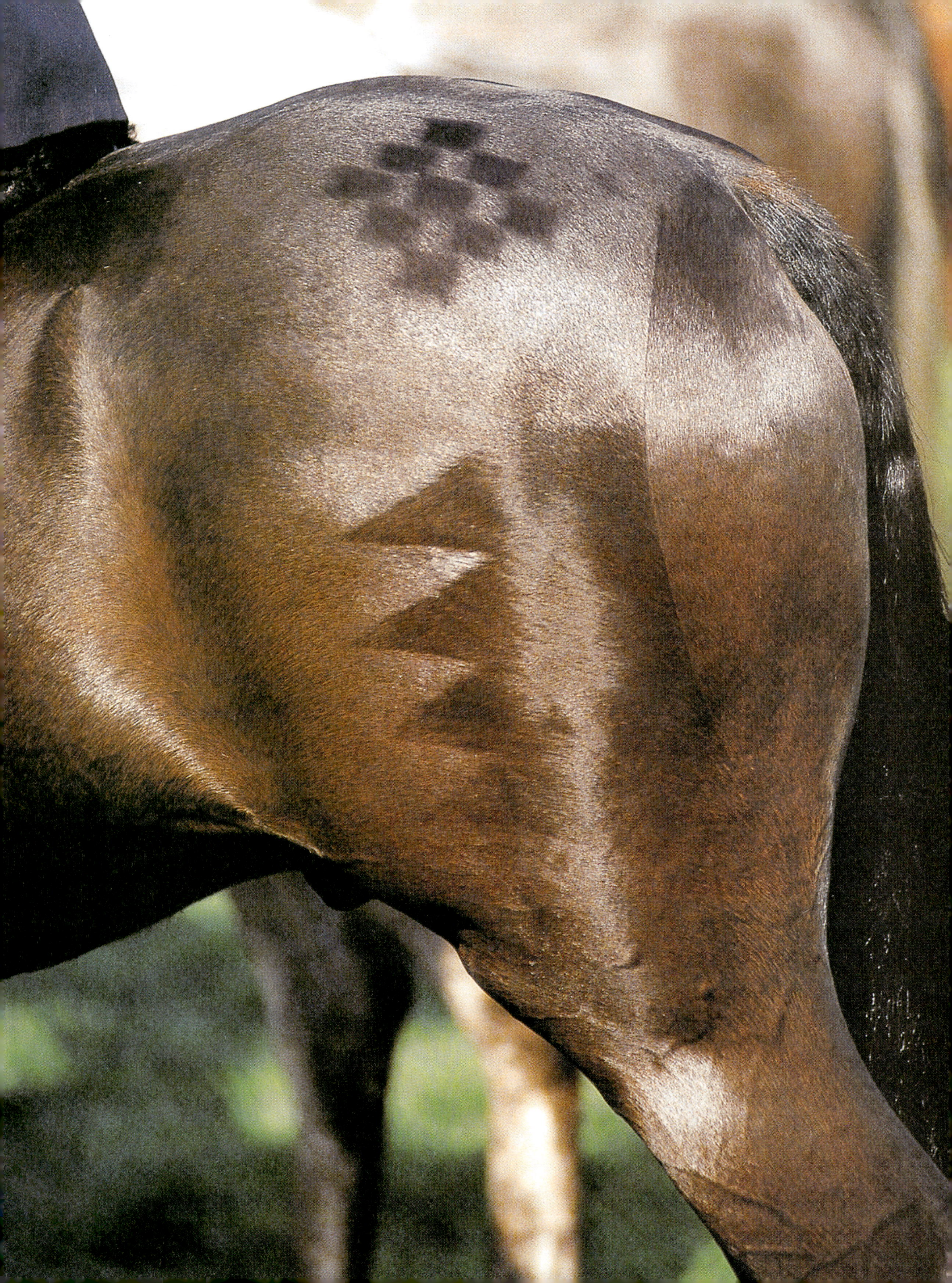

Pflege

Zur guten Pferdehaltung gehört ganz wesentlich die regelmäßige Pflege des Pferdes. Dabei geht es nicht zuerst darum, dem Pferd ein attraktives Äußeres zu verleihen; kräftiges Bürsten hält das Pferd gesund, weil es das Fell von Staub, Hautschuppen und losen Haaren befreit und die Poren sauber und offen hält. Eine gute und kräftige Fellpflege wirkt wie eine Massage und verbessert den Muskeltonus des Pferdes. Außerdem verschmutzen Reitzeug und Pferdedecken bei guter Fellpflege viel weniger, was damit auch Wundscheuern vorbeugt. Im Vergleich zum Reitpferd, das in der Box gehalten wird und vor und nach der Arbeit gepflegt werden muß, verlangt das Pferd in Weidehaltung etwas weniger Aufmerksamkeit. Obwohl Rücken und Kopf vor dem Aufzäumen immer gesäubert werden müssen, muß aber wenigstens der gröbste Schmutz entfernt werden, damit das Pferd ordentlich aussieht. Pferde und Ponys, die sich überwiegend im Freien aufhalten, benötigen eine natürliche Fett- und Schmutzschicht, damit sie unter ihrem Fell warm und trocken bleiben. Das gilt besonders im Winter.

Die Pflegegarnitur

Eine **Wurzelbürste** mit langen, steifen Borsten wird benutzt, um angetrockneten Schlamm und Mist von den Beinen zu entfernen. Diese Bürste ist zu grob für den übrigen Körper, Mähne oder Schweif.

Die **Kardätsche** besteht aus kürzeren und feineren Borsten und kann am gesamten Pferdekörper (einschließlich der Beine) eingesetzt werden. Sie hat einen Halteriemen aus Leder oder Segeltuch. Es gibt auch Fabrikate mit einem Rücken aus Leder, die bei uns jedoch ungebräuchlich sind.

Die Kardätsche wird nach jedem dritten oder vierten Strich über einen **Metall-** oder **Plastikstriegel** gezogen und gereinigt. Dieser sollte niemals direkt am Pferd eingesetzt werden.

Um Mähne und Schweif zu befeuchten, verwendet man eine **Waschbürste**. Sie hat gewöhnlich einen Rücken aus Holz und weichere Borsten als die Wurzelbürste.

Außerdem werden zwei Schwämme benötigt. Einer, um Augen und Nüstern zu reinigen, der zweite für Genital- und Afterbereich. Diese Schwämme sollten nach jedem Gebrauch gereinigt werden, und, damit sie niemals verwechselt werden, verschiedenfarbig sein.

Äußerst wichtig ist auch der **Hufkratzer**, der zur Reinigung der Hufe dient. Sein Ende sollte stumpf sein, um Schäden am Fuß zu vermeiden. Damit Hufkratzer nicht verlorengehen, befestigt man am besten eine bunte Schnur am Griff, um ihn schneller zu finden.

Tücher sind meistens aus Stoff, erfüllen aber auch aus Wildleder oder Jute ihren Zweck. Der Stoff wird leicht

RECHTS
Zur Pflegegarnitur gehören gute Scheren zum Schneiden und Ausdünnen von Langhaar und Kämme für Mähne, Schweif und Kötenbehang, der auch gekürzt werden kann.

VORHERIGE SEITE GEGENÜBER
Gestriegelte Markierungen auf der Hinterhand verleihen einem Turnierpony den letzten Schliff.

VORHERIGE SEITE
Schimmel, wie dieser Percheron, verlangen eine aufwendigere Pflege als dunkle Pferde.

VON LINKS IM UHRZEIGERSINN
Kardätsche und Metallstriegel; Wurzelbürste; Waschbürste; Gummi- und Plastikstriegel; „Kaktus“-Striegel.

angefeuchtet, um damit dem Fell den letzten Glanz zu verleihen.

Gummi- oder Metallstriegel, die wie der Striegel mit einem Halteriemen versehen sind, können auch dazu verwendet werden, angetrockneten Schmutz aus dem Fell zu entfernen. Vorsicht bei knochigen Stellen wie den Beinen!

Ein **Schweißmesser** hilft, nach dem Abspritzen oder Abwaschen des Pferdes das Wasser aus dem Fell zu drücken. Es besteht aus einer Metallklinge, die zwischen zwei Griffen befestigt ist. Auch bei dieser Arbeit sollte man an knochigen Stellen vorsichtig sein.

Zur Pflegegarnitur gehören außerdem ein **Mähnenkamm** aus Metall, der weniger zur Pflege als zum Schneiden von Mähne und Schweif benötigt wird. Der Mähnenkamm hat dicke Zinken in großen Abständen oder viele dünne Zinken.

Alle Pflegemittel sollten in einer speziell für diesen Zweck ausgewählten Pflegekiste aufbewahrt werden. Die Bürsten sollten zur besseren Haltbarkeit mit den Borsten nach oben gelagert werden. Nach dem Waschen mit heißem Wasser sollte die Bürste jedoch zum Trocknen auf die Borsten gestellt werden (dies gilt besonders für Bürsten mit Holzrücken, da das Holz sonst auf lange Sicht beschädigt wird). Alle anderen Pflegemittel sollten ebenfalls tadellos in Ordnung gehalten werden.

Zum **Abreiben** des Halses, der Schulter und der Hinterhand wird heute meistens ein weiches Tuch oder Leder verwendet. Früher nahm man meistens einen Strang Heu, den man zu einem festen Bündel drehte.

Manchmal müssen auch Mähne und Schweif gewaschen oder das ganze Pferd gebadet werden. Dazu werden Eimer, Schwämme, ein geeignetes Pferdeshampoo, Schweißmesser und Handtücher benötigt.

Ein elektrisches Gerät, ein sogenannter **„Pferdestaubsauger“** eignet sich besonders zur Pflege ungeschorener Pferde. Da das Gerät recht laut ist, muß das Pferd vorsichtig daran gewöhnt werden. Der Schweif sollte immer geflochten und eingeschlagen werden, damit sich die Haare nicht in dem elektrischen Fellpflegegerät verfangen. Auch wenn sich Schmutz und Staub gut mit einem solchen Gerät entfernen lassen, kann es nicht die massierende Wirkung einer guten Pflege mit der Hand erreichen und eignet sich auch nicht zur Pflege des Pferdekopfes.

RECHTS

Ein guter Hufkratzer gehört unbedingt zur Pflegegarnitur. Der linke hat zusätzlich eine Bürste, um nach dem Auskratzen der Hufe, die Schmutzreste zu entfernen.

Fell- und Hufpflege

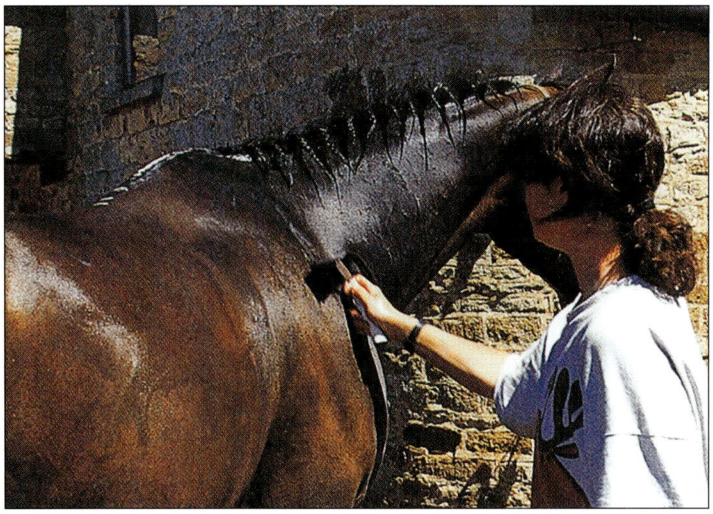

LINKS
Ein sehr schmutziges oder verschwitztes Pferd kann gewaschen werden, muß aber schnell abtrocknen, damit es nicht friert. Das überschüssige Wasser wird mit einem Schweißmesser abgezogen.

Ein Stallpferd muß jeden Tag gründlich gepflegt werden, vor der Arbeit, besser jedoch nach der Arbeit, wenn die Haut gut durchwärmt ist. Dann sind die Poren weiter geöffnet, überflüssiges Fett und Schmutz können dadurch leichter entfernt werden.

Die Pflege sollte etwa 10–20 Minuten dauern, kann aber bei großen und stark verschmutzten Pferden mehr Zeit in Anspruch nehmen.

Das Pferd sollte während der Pflege angebunden sein. Kotflecken und im Fell haftende Einstreu sollten entfernt werden, falls nötig, sollte dies mit einem feuchten Schwamm oder der Wurzelbürste erledigt werden.

Die feuchten Bereiche sollten dann mit einem Tuch getrocknet werden. Anschließend werden Mähne und Schweif gebürstet, um alle Spuren von Einstreu zu tilgen. Die Hufe werden ausgekratzt. Augen, Nüstern und After werden feucht gewischt.

Jeder **Huf** sollte gründlich mit dem Hufkratzer vom Ballen zur Spitze ausgekratzt werden. Damit die Einstreu nicht verschmutzt wird, sollten die Hufe über einem Gefäß möglichst sorgfältig ausgekratzt werden.

Mit der Kardätsche wird der gesamte **Körper** des Pferdes gebürstet. Man beginnt am Hals und arbeitet sich über Schulter und Vorderbeine am Körper entlang bis über die Hinterhand zu den Hinterbeinen. Die Bürste sollte mit festen Strichen geführt und nach jedem zweiten bis vierten Strich am Metallstriegel abgestreift werden, der in der anderen Hand gehalten wird. Auch hierbei sollte darauf geachtet werden, daß der Schmutz nicht auf die Einstreu gelangt, sondern vor der Tür oder vor dem Stall abgestreift wird.

1 Die Pflege beginnt mit dem Auskratzen der Hufe. Der Hufkratzer sollte immer vom Ballen zur Hufspitze eingesetzt werden.

2 Schmutzreste um den Strahl können mit der Bürste entfernt werden.

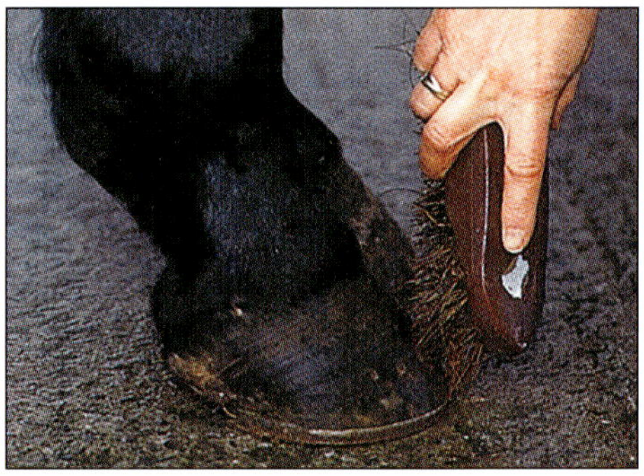

3 Die Hornwand sollte mit einer groben Bürste von Schlamm und anderem Schmutz gesäubert werden.

1 Die Kardätsche wird zur Pflege des gesamten Körpers verwendet. Es sollte immer in Fellrichtung gebürstet werden.

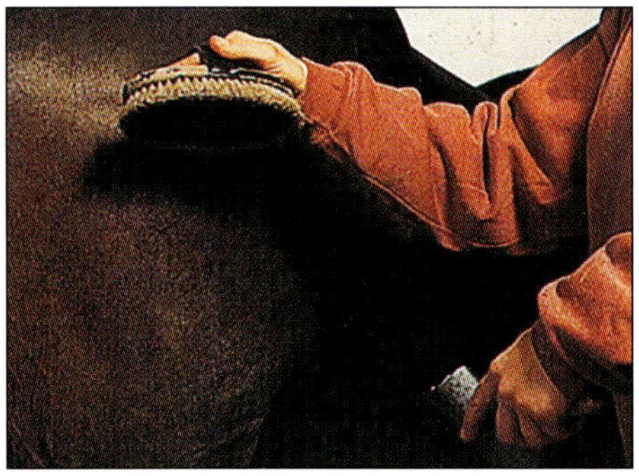

2 Der Metallstriegel wird in der freien Hand gehalten. Er dient ausschließlich der Reinigung der Kardätsche.

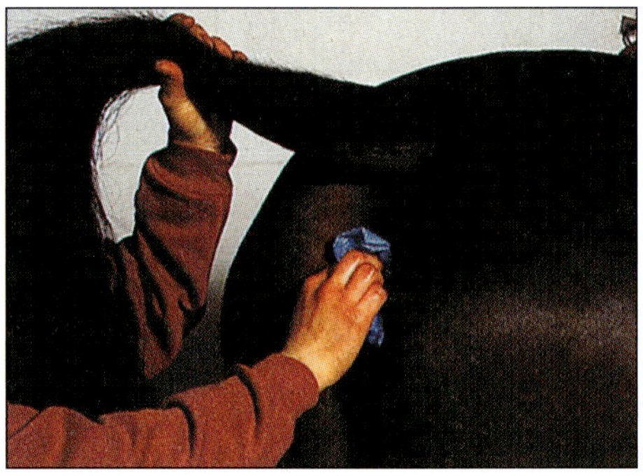

3 Der After kann bei der Pflege mit einem Schwamm gereinigt werden. Für die Pflege von Augen und Nüstern anderen Schwamm verwenden.

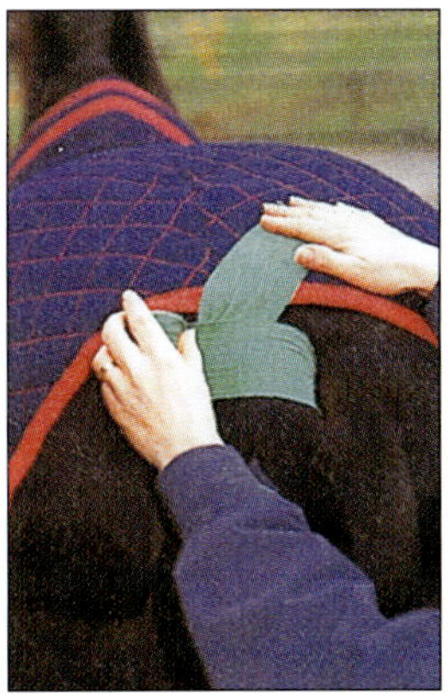

1 Schweifbandagen bestehen aus etwa 8 cm breitem, elastischen Baumwollstoff und sind 3 m lang.

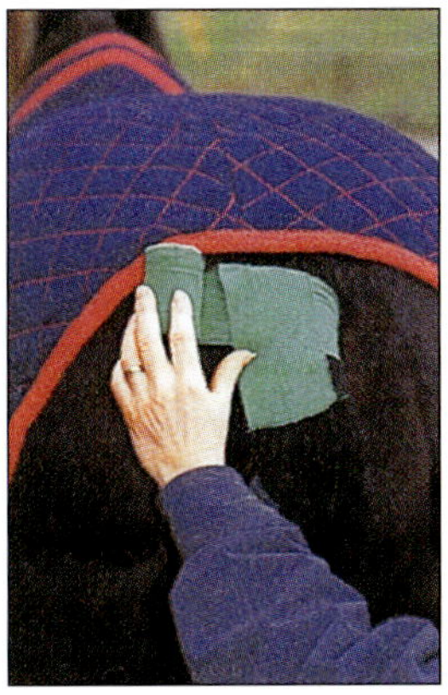

2 Beim Anlegen der Bandage sollte der Anfang möglichst nah am Haaransatz sein.

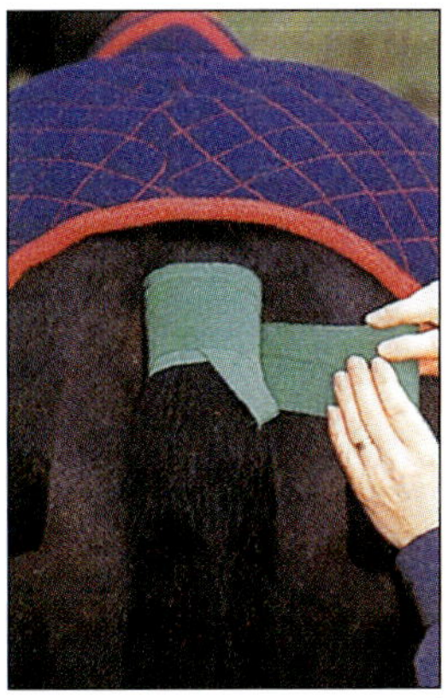

3 Das obere, überstehende Ende wird eingeschlagen und überwickelt. So kann die Bandage weniger leicht abrutschen.

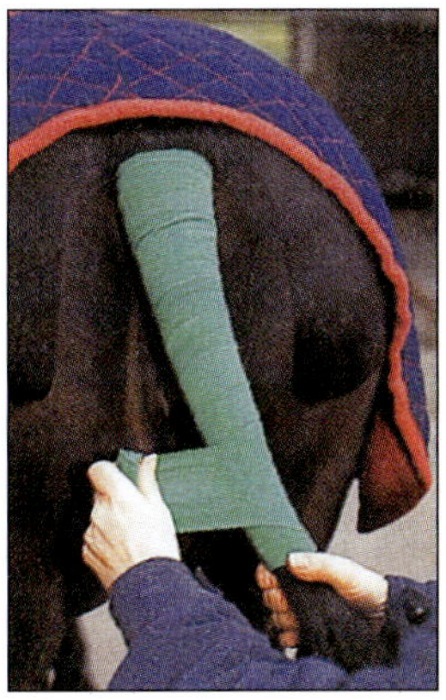

4 Die Bandage wird nicht zu fest von oben nach unten bis ans Ende der Schweifrübe und umgekehrt gewickelt.

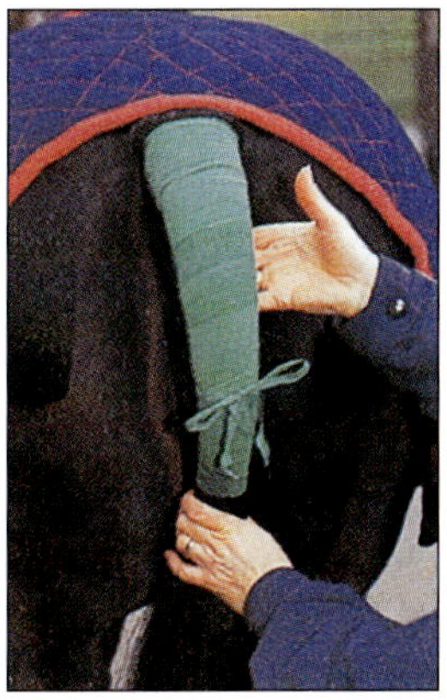

5 Die Enden der Bandage werden verknotet, und der Schweif wird wieder an seine ursprüngliche Stelle gelegt.

Vorsicht an knochigen Stellen wie den Beinen, die möglichst nicht gestoßen werden sollten. Auch über die Flanken sollte mit weniger Druck gestriegelt werden. Wenn die eine Seite fertig ist, stellt man sich auf der anderen Seite neben das Pferd und beginnt von vorn.

Mit der Kardätsche oder einer anderen Bürste wird auch sehr sanft der **Kopf** gebürstet.

Bei dieser Arbeit sollte das Pferd nicht angebunden sein, da es zurückschrecken könnte. Das Halfter sollte um den Hals gelegt werden, damit die Nüstern frei sind.

Die **Mähne** und der **Schweif** sollten vorsichtig und ohne Haare abzubrechen gebürstet werden. Am besten hält man den Schweif mit einer Hand, während man mit der anderen Hand eine Strähne nach der anderen bearbeitet. Knoten sollten am besten mit den Fingern gelöst werden.

Ein stark verschmutzter Schweif muß gewaschen werden. Am Ende werden Schweif und Mähne von den Haarwurzeln aus mit der angefeuchteten Waschbürste kurz übergebürstet, damit sie richtig „liegen". Danach kann der Schweif etwa eine Stunde bandagiert werden, um ordentlich auszusehen.

Mit einem feuchten Schwamm werden **Augen** und **Nüstern** gereinigt, mit einem zweiten **After-** und **Genitalbereich**. Bei Stuten muß die Scheide etwa jede zweite Woche von schleimigem Ausfluß gereinigt werden, der dem Tier sonst Unbehagen bereiten kann. Man kann dazu spezielle Reinigungsmittel verwenden oder eine milde Seife und warmes Wasser. Man sollte dabei vorsichtig und sanft verfahren und sich vor abwehrenden Huftritten hüten.

Zum Abschluß der Fellpflege sollte dem gesamten Fell mit einem feuchten Tuch der letzte Glanz verliehen werden. Nach der Reinigung kann das Pferd noch mit einem weichen Tuch oder Leder **massiert** werden. Das Polster wird wie die Kardätsche, aber mit stärkerem Druck, über das Fell gezogen und besonders im Bereich der großen Muskeln eingesetzt, d. h. an Hals, Schultern und der Hinterhand. Die Massage soll den Kreislauf anregen und den Muskeltonus verbessern. Empfindlichere Bereiche wie Flanken oder knochige Stellen wie die Beine sollten niemals massiert werden.

Je nach Sauberkeit des Pferdes und Ausdauer des Pflegers dauert eine gründliche Pflege eine halbe Stunde. Am besten steht man beim Bürsten so, daß die Bürstenstriche mit dem Druck des eigenen Körpergewichts ausgeführt werden können.

Eine weniger umfassende Kurzpflege erhält das Pferd nach der Arbeit. Das Fell wird nur von groben Verschmutzungen gesäubert, und Schweißränder werden entfernt, um das Pferd wieder „vorzeigefähig" zu machen.

Bei dieser Kurzpflege werden die Decken gelöst, über die Flanken zurückgeschlagen und die vordere Hälfte des Pferdes kurz gebürstet. Dann wird die Decke nach vorn geschlagen und mit der hinteren Pferdehälfte genauso verfahren.

PFLEGETIPS

- Pflegen Sie nie ein verschwitztes Pferd, sondern gehen Sie mit ihm, bis es trocken ist.
- Versuchen Sie niemals, feuchten Schlamm abzubürsten – er sollte abgespritzt werden oder vor dem Ausbürsten trocknen.
- Damit ein nasses Pferd im Stall trocknen kann, sollte man ihm eine leichte, atmungsaktive Decke überlegen.
- Angetrockneten Schmutz entfernt man am besten mit einer Wurzelbürste oder einem Gummistriegel, an empfindlichen Stellen wie der Innenseite der Hinterbeine muß der Schmutz besonders vorsichtig entfernt werden.
- Bei kaltem Wetter sollten Sie Ihr geschorenes Pferd während der Pflege bedeckt halten.
- Schütteln Sie Decken einmal wöchentlich kräftig aus.
- Stehen Sie niemals direkt hinter einem Pferd.
- Sitzen oder knien Sie niemals am Boden, wenn Sie an den Beinen arbeiten, da Sie so plötzlichen Bewegungen des Pferdes nicht ausweichen können.
- Achten Sie sorgfältig auf Anzeichen von Verletzungen oder verräterische Schwellungen, besonders an den Beinen.
- Wenn Ihr Pferd ausschließlich auf der Weide gehalten wird, sollten Sie nur das Fell in der Sattellage reinigen und den gröbsten Schmutz entfernen. Eine regelmäßige, gründliche Pflege ist nicht notwendig.

Das Scheren des Pferdes

Im Winter wächst dem Pferd zum Schutz gegen die Kälte ein dichteres Fell. Wenn ein Pferd mit Winterfell mehr als nur leichte Arbeit verrichten muß, wird es übermäßig schwitzen. Das führt manchmal dazu, daß das Pferd sich schneller erkältet, wenn man es nach dem Training nicht gründlich abtrocknet. Bei Stallpferden kann dieses Problem einfach durch Scheren des Winterfells gelöst werden, was auch die Pflege erleichtert. Damit das Pferd aber nicht friert, muß ihm ein Überwurf oder auf der Weide eine wasserdichte Decke übergelegt werden.

Abhängig von Haarwuchs und den Anforderungen, die an ein Pferd oder Pony gestellt werden, kann das Fell auf verschiedene Weise geschoren werden.

Bei einem **Vollschnitt** wird das Fell am Körper und an den Beinen geschoren. Dieser Schnitt eignet sich für Pferde mit dichtem Fell, die zum ersten Mal geschoren werden. Bei weiteren Schnitten kann das Fell an den Beinen ungeschoren bleiben, da es die Beine etwas vor Stößen schützt. Der Vollschnitt wird gewöhnlich für Rennpferde verwendet, aber auch bei Turnierpferden, die für frühe Springturniere hergerichtet werden.

Der häufigste Schnitt für andere, hart arbeitende Pferde ist der **Jagdschnitt**, bei dem nur noch die Beine und die Sattellage das Winterfell tragen. Dies dient, wie schon erwähnt, dem Schutz dieser Körperstellen. Nach dem Reiten muß besonders die Sattellage gründlich getrocknet werden.

Wie der Name schon sagt, verbleibt beim **Deckenschnitt** das Winterfell an Rücken, Flanken, der Hinterhand und den Beinen. Nur Hals, Schultern, Bauch und ein Teil der Kopfhaare werden geschoren. Der Schnitt eignet sich für Pferde, die mittelschwere bis harte Arbeit leisten.

Ein tiefer **Streifenschnitt** eignet sich für Pferde in Weidehaltung und für Stallpferde, die nur leicht arbeiten. Das Fell wird an der Unterseite des Halses, zwischen den Vorderbeinen, am Bauch und den Oberschenkeln geschoren. Mittlere oder hohe Streifenschnitte, bei denen mehr Haare an Hals und Körper geschoren werden, sind ideal für Stallpferde, die regelmäßig arbeiten.

Beim **Rennschnitt** wird das Fell am Kopf von den Ohren abwärts, an Kehle, Brust, Bauch und dem höheren Teil der Hinterbeine geschoren. Diesen Schnitt findet man oft bei Steeplechasern. Viele Vollblüter haben ein so feines Fell, daß es selbst bei harter Arbeit nicht geschoren werden muß. Für Pferde, die die meiste Zeit auf der Weide verbringen und nur leichte Arbeit wie gelegentliche Spazierritte verrichten, eignen sich verschiedene Teilschnitte. Einmal wird nur das Kinn und die Kehle bis hinunter zur Brust geschoren, das andere Mal reicht der Schnitt etwas weiter und umfaßt zusätzlich den Bereich um die Vorderbeine und nach hinten bis zum Sattelgurt. Diese Bereiche sowie die Flanken und die Innenseiten der Hinterbeine schwitzen meistens am schnellsten. Geschorene Pferde sollten aber bei sehr schlechtem Wetter in eine Deke gehüllt werden. Wenn das Fell auf der Kruppe geschoren wird, läßt man über dem Haaransatz des Schweifs ein umgekehrtes „V" stehen. Das ungeschorene Beinfell wird nach hinten abgeschrägt.

Da das Fell und die Haut im Kopfbereich nur dünn sind, muß man beim Scheren besonders vorsichtig sein. Oft wird der Kopf deshalb gar nicht oder nur die untere Gesichtshälfte geschoren, die ohnehin leichter schwitzt (besonders das Kinn). Das Fell in der oberen Gesichtshälfte kann zum Schutz vor Wettereinflüssen ungeschoren bleiben. Viele Pferde wehren sich aus unterschiedlichen Gründen gegen das Scheren ihres Kopfes – manche fürchten das Geräusch oder die Berührung durch das Schneidegerät.

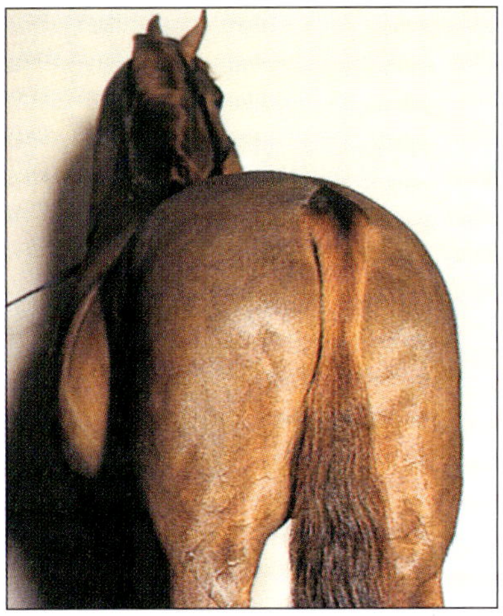

OBEN
Beim Deckenschnitt sollten die Schnittkanten vor dem Scheren sorgfältig mit Kreide oder einem feuchten Stück Sattelseife markiert werden.

OBEN RECHTS
Der Bereich oberhalb des Schweifs wurde beim Scheren umgekehrt v-förmig sauber ausgespart. Vorsicht – Mähne und Schweif dürfen nicht berührt werden.

LINKS
Beim irischen Schnitt wird das Fell von Bauch und Brust sowie teilweise von Hals und Schultern geschoren. Diesem Pferd wurde außerdem der Kopf geschoren.

GEGENÜBERLIEGENDE SEITE
Ein Streifenschnitt ist ideal für ein normal arbeitendes Stallpferd. Der Schnitt kann je nach Belastung des Pferdes an Hals und Körper nach oben ausgedehnt werden.

LINKS
Für hart arbeitende Pferde eignet sich der Jagdschnitt am besten. Eine komplett oder teilweise (im Bild) ungeschorene Sattellage sollte zum Schutz des Rückens erhalten bleiben.

Scheren und Kämmen

RECHTS Wichtiges Schneidwerkzeug: ein elektrisches Schneidegerät, elektrische und batteriebetriebene Schneidegeräte, Ersatzklingen, Öl, kleine Bürste (zur Reinigung der Klingen) und Schraubenzieher (um bei Bedarf das Gerät zu öffnen).

Das Scheren von Pferden macht viel Arbeit und kann gefährlich sein. Man sollte deshalb nie allein ein Pferd scheren. Am besten läßt sich die Technik erlernen, wenn man einem erfahreneren Pferdehalter bei der Arbeit zusieht. Falls man sich dennoch unsicher ist, sollte man sein Pferd wenigstens anfangs von jemand anderem scheren lassen, um herauszufinden, wie es sich dabei verhält.

Sobald man sich auf einen Schnitt festgelegt hat, sollten alle Linien (z. B. die Beinlinien und die Sattellage) mit Kreide oder einem feuchten Stück Sattelseife auf dem Pferdefell markiert werden. Zur Markierung der Sattellage legt man dem Pferd am besten den Sattel auf, der am häufigsten benutzt wird. Vergewissern Sie sich, daß er an derselben Stelle wie beim Reiten liegt, und folgen Sie mit der Kreide seinen Umrissen. Zeichnen Sie den Umriß lieber etwas großzüger, um eventuelle Fehler beim Scheren der Ränder ausgleichen zu können. Eine schlecht markierte Sattellage ruiniert das Aussehen des Pferdes.

Zunächst sollte das Fell vorn, an Hals und Schulter geschnitten werden, dann arbeit man sich langsam abschnittsweise nach hinten. Das Schneidegerät wird dabei mit langen, ausholenden Strichen gegen die Fellrichtung geführt (sozusagen von hinten nach vorn) und sollte zu jedem darüber- oder darunterliegenden Strich parallel verlaufen und diesen leicht überlappen.

An der Oberkante des Halses sollte man sehr vorsichtig sein, um nicht in die Mähne zu schneiden. Schneiden Sie nur für den Zaum kurz hinter den Ohren einen schmalen Streifen aus der Mähne. Er muß nicht sehr lang sein, schon 5 cm sind ausreichend.

Nach Hals und Schulter werden der Körper und schließlich die Kruppe geschoren. Man sollte besonders an schwierigen Stellen wie den empfindlichen Hautpartien unter dem Kniegelenk und den Falten zwischen den Vorderbeinen sehr vorsichtig schneiden. Am besten zieht man die Haut an diesen Stellen mit der freien Hand glatt oder bittet jemanden, das Vorderbein des Pferdes gestreckt nach vorn zu halten, um die Haut zu dehnen. Dadurch wird das Pferd auch daran gehindert, herumzutänzeln und auszuschlagen. Auch beim Scheren zwischen den Hinterbeinen ist Vorsicht geboten, falls das Pferd plötzlich ausschlagen sollte. Dies kann aber verhindert werden, wenn man den Schweif des Pferdes festhält.

Am schwierigsten ist der Kopf zu scheren. Falls das Pferd vor dem Schneidegerät zurückschreckt, ist es ratsamer, auf das Scheren zu verzichten. Wird der Kopf jedoch geschoren, sollte man zuerst den Kehlriemen abnehmen. Falls das Pferd nicht unangebunden still steht, kann man leichter um ein Halfter als um einen Kehlriemen herum arbeiten. Wo man beginnt, hängt sehr stark vom jeweiligen Pferd ab, aber wahrscheinlich eignen sich die Wangen am besten. Das abgeschaltete Schneidegerät wird so lange an die Wange angelegt, bis das Pferd sich daran gewöhnt hat. Wenn es sich nicht weiter wehrt, wird das Gerät angeschaltet, und beide Wangen

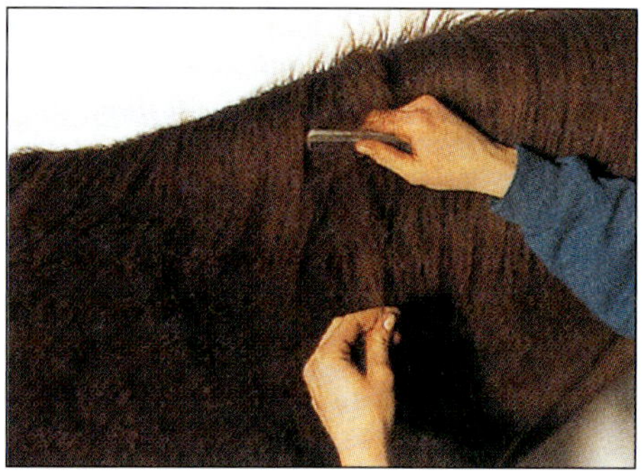

Die Mähne wird durch Zupfen mit einem Mähnenkamm ausgedünnt und gekürzt. Entfernen Sie immer nur wenige Haare gleichzeitig, und bürsten Sie die Mähne danach feucht glatt.

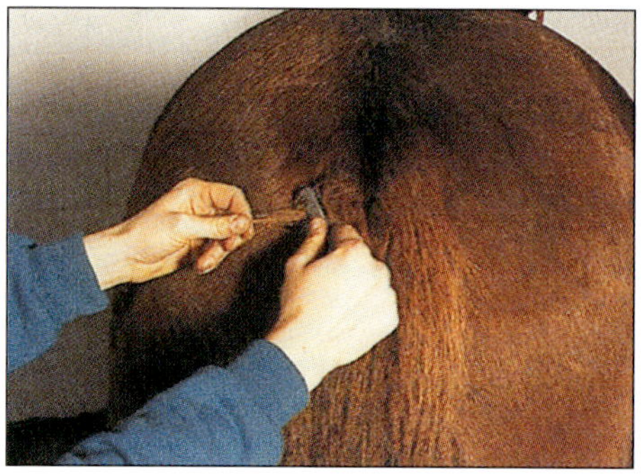

Ein buschiger Schweif kann verschönt werden, wenn die Haare am Schweifansatz von den Seiten und aus der Mitte ausgezupft werden – am besten, wenn das Pferd warm und die Poren geöffnet sind.

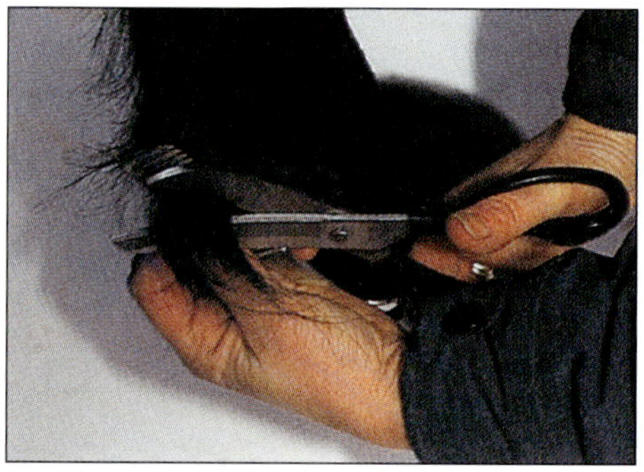

Mit Mähnenkamm und einer scharfen, abgerundeten Schere läßt sich der Kötenbehang an ungeschorenen Beinen entfernen – heute in Deutschland eher unüblich.

RECHTS
Wenn das Vorderbein hochgehalten wird, zieht man dabei die Haut straff, und das Pferd kann nicht herumtänzeln.

MITTE RECHTS
Der Kopf sollte sanft und vorsichtig geschoren werden.

UNTEN RECHTS
Der Schweif ist bandagiert, damit die Haare sich nicht im Schneidegerät verfangen.

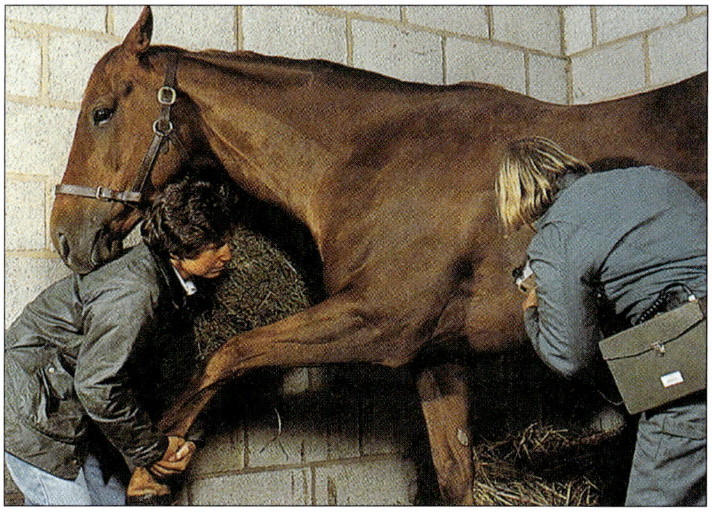

werden vorsichtig geschoren. Dann arbeitet man vom Kinn zur Kehle weiter, über den Nasenrücken und die Stirn. Da der Kopf sehr knochig ist, sollte das Gerät nur leicht aufgesetzt werden, um Erschütterungen zu mindern. Um die Augen sollte ganz besonders vorsichtig geschoren werden.

Die Ohren werden nur an der Außenseite geschoren, wobei man sie mit der freien Hand festhält. Die Haare im Innern der Ohren dürfen nie geschoren werden, da sie das Gehör vor Staub und Insekten schützen. Ebenfalls nie geschnitten werden Wimpern und Stirnlocke.

Wenn die Beine nicht geschoren werden, kann man den Kötenbehang kürzen, um dem Pferd ein gepflegteres Aussehen zu geben. Man benutzt dazu einen Mähnenkamm und eine Schere mit gerundeter Spitze. Schneiden sollte man in gerader Linie und ausgefranste „Stufen" vermeiden. Dichter Haarwuchs um das Saumband sollte ebenfalls gekürzt werden.

Zur Pflege der Mähne werden einzelne Haare oder Haarbüschel ausgezupft („Verziehen"), bis die Mähne die gewünschte Länge und Dichte besitzt. Wenn das Pferd sich wehrt, kann die Mähne auch mit einem Schneidekamm ausgedünnt werden, sollte aber nie mit der Schere geschnitten werden, da das Ergebnis meistens unbefriedigend ist.

Beim Verziehen der Mähne sollte man sich Zeit lassen und an mehereren aufeinanderfolgenden Tagen immer nur einen kleinen Abschnitt bearbeiten.

Ein zu buschiger Schweif kann auf dieselbe Art gerichtet werden, wenn man die Haare am Schweifansatz zupft. Üblicher ist jedoch der Schnitt mit der Schere. Die

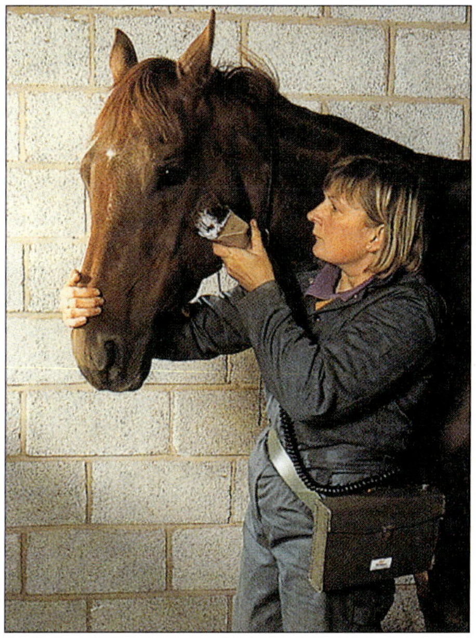

Haare sollten immer an den Seiten und weniger aus der Mitte entfernt werden. Nach dem Zupfen oder Schneiden kann der Schweif mit einer Waschbürste angefeuchtet und bandagiert werden. Ein gezupfter Schweif muß immer wieder nachgezupft werden, damit er seine schöne Form nicht verliert. Bei einem Pferd, das den Winter im Freien verbringt, sollte der Schweif nicht ausgedünnt werden, da die Haare im oberen Bereich vor Regen und Schnee schützen.

Um die Spitzen des Schweifs zu kürzen, wird die Schweifrübe bis zu der Höhe angehoben, in der das Pferd den Schweif beim Gehen trägt. Mit der anderen Hand werden jetzt die Haare an der Schweifspitze gehalten und dann auf die gewünschte Länge gekürzt.

SCHER- UND SCHNEIDETIPS

- Dic Klinge des Schneidegeräts sollte beim Scheren häufig überprüft werden – ist sie heiß, sollte das Gerät abgeschaltet und erst weitergearbeitet werden, wenn die Klinge wieder kalt ist.
- Die Klinge sollte beim Schneiden alle 10–15 Minuten geölt werden.
- Legen Sie dem Pferd eine Decke über die geschorenen Bereiche, da ein frierendes Pferd beim Scheren eher tänzelt.
- Scheren Sie immer bei ausreichendem Licht, und zwar möglichst morgens.
- Scheren Sie niemals ein verschmutztes oder verschwitztes Pferd.
- Am besten schert man ein Pferd, wenn das Winterfell voll gewachsen ist – im Spätherbst.
- Die korrekte Lage der Beinlinien ergibt sich, wenn man eine Handbreit zwischen Vorderbein und Brust mißt (für das V) und zwei Handbreiten unter dem Ellbogen; am Hinterbein werden vier Handbreiten unter dem Kniegelenk und zwei Handbreiten über dem Fesselgelenk gemessen.
- Gewöhnen Sie ein nervöses Pferd mit einem handbetriebenen Schneidegerät an das Scheren.
- Lassen Sie regelmäßig das Schneidegerät überprüfen und die Klingen schärfen.
- Lassen Sie einem sehr nervösen Pferd vor dem Scheren ein Beruhigungsmittel verabreichen.
- Zupfen Sie Mähne und Schweif an einem heißen Tag oder nach der Arbeit, wenn das Pferd warm ist und die Haare sich leichter aus den geöffneten Poren lösen. Das ist für Sie und das Pferd angenehmer.

Der letzte Schliff fürs Turnier

Bei Vorführungen sieht ein Pferd oder Pony mit einer **eingeflochtenen Mähne** schöner aus. Bei manchen Zuchtschauen ist eine geflochtene Mähne Vorschrift, in anderen, wie Berg- und Moorpony- oder Araberschauen wird auf eine geflochtene Mähne verzichtet.

Eine „verzogene" Mähne läßt sich leichter flechten; bei einer sehr dichten und unregelmäßigen Mähne dagegen sehen auch die Zöpfe häßlich und unordentlich aus.

Zum Flechten wird die Mähne in gleichmäßige Haarbüschel unterteilt, die zuerst angefeuchtet, geflochten, untergelegt und dann nahe am Mähnenansatz entweder mit Klebeband oder mit einem Gummiband zusammengehalten werden. Angeklebte Zöpfe halten besser und eignen sich daher auch für länger dauernde Turniere, wie für eine Jagd oder einen Geländeritt. Gummibänder eignen sich vor allem bei Springturnieren, da die Mähne nicht sehr lange geflochten bleiben muß.

Die Zöpfe müssen sehr fest, aber nicht zu stramm geflochten werden, damit sie ordentlich aussehen und sich nicht lösen. Zu feste Zöpfe bereiten dem Pferd Unbehagen, besonders wenn es den Hals wie beim Springen oder Galoppieren weit strecken muß.

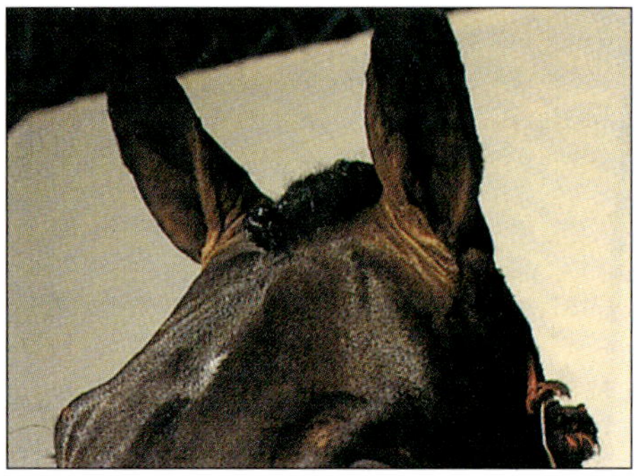

Eine geflochtene Stirnlocke verleiht dem Kopf ein schönes Aussehen. Die Zöpfe sollten so fest geflochten sein, daß sie sich nicht lösen, aber dem Pferd kein Unbehagen bereiten.

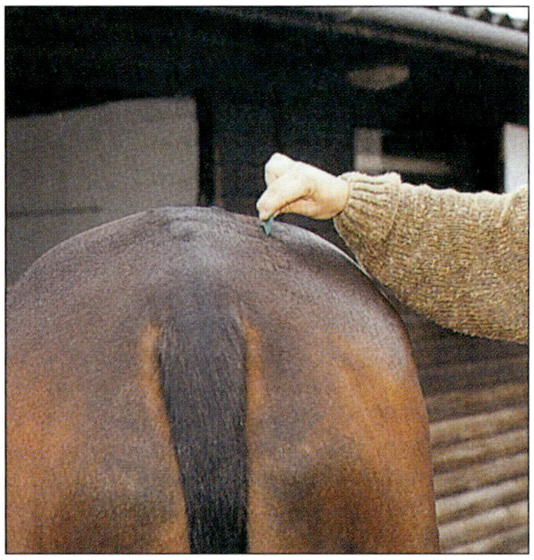

Markierungen auf der Kruppe verleihen einem gepflegten Pferd oder Pony den letzen Schliff. Muster lassen sich mit Kamm und Schablone fertigen.

Mit ein paar Tricks kann eine geflochtene Mähne das Aussehen des Pferdes noch erheblich verbessern: So können die Zöpfe z. B. vor dem Widerrist größer als die anderen geflochten werden, um einen Hirschhals zu verbergen. Außerdem lassen wenige Zöpfe einen langen Hals kürzer erscheinen, während viele kleine Zöpfe einen kurzen Hals optisch verlängern. Das Aussehen eines Pferdes mit sehr unordentlicher Mähne kann deutlich verbessert werden, wenn die Mähne kurzgeschoren wird. Kurze Mähnen sehen am besten an schweren Pferden aus, z. B. Cobs, die in England immer eine gestutzte Mähne tragen. Da die Mähne schnell nachwächst, muß sie nach wenigen Wochen nachgeschnitten werden.

Das **Einflechten des Schweifs** sieht zunächst recht kompliziert aus, ist aber Übungssache. Damit der Schweif geflochten werden kann, müssen auch am Ansatz lange Haare vorhanden sein. Die Haare werden gut gebürstet und vor dem Flechten angefeuchtet. Wenn der Zopf fertig ist, wird er nochmals vorsichtig mit einem Schwamm angefeuchtet und mit einer Bandage geschützt, die später vorsichtig abgewickelt (nicht abgestreift) wird, um den Zopf nicht zu beschädigen.

Auch bei sehr feuchtem Untergrund, z. B. bei einem Geländeritt nach Regen-

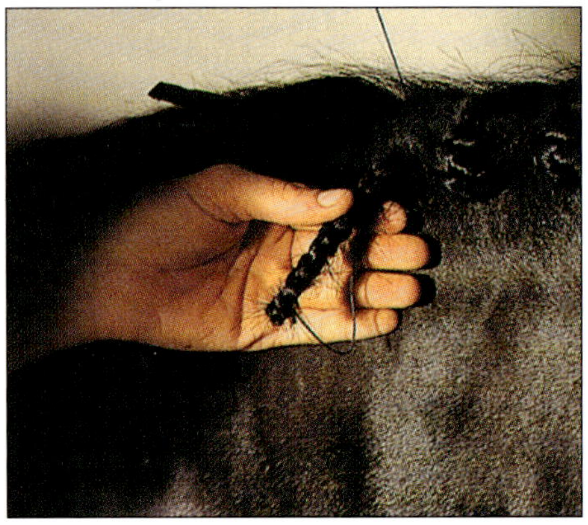

1 **Das Ende der Zöpfchen wird hier zusammengenäht, meist jedoch mit Klebeband befestigt.**

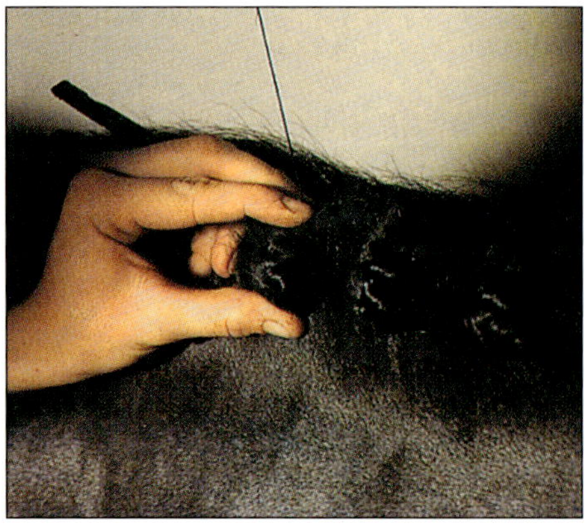

2 **Das Zöpfchen wird bis zum Kamm eingeschlagen oder aufgerollt und dann befestigt.**

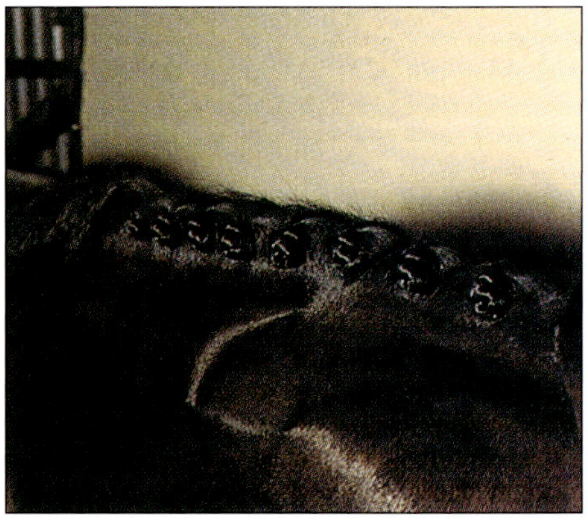

3 **Die fertigen Zöpfchen sollten alle gleich groß sein. Größere oder kleinere Zöpfchen verbergen Mängel des Halses.**

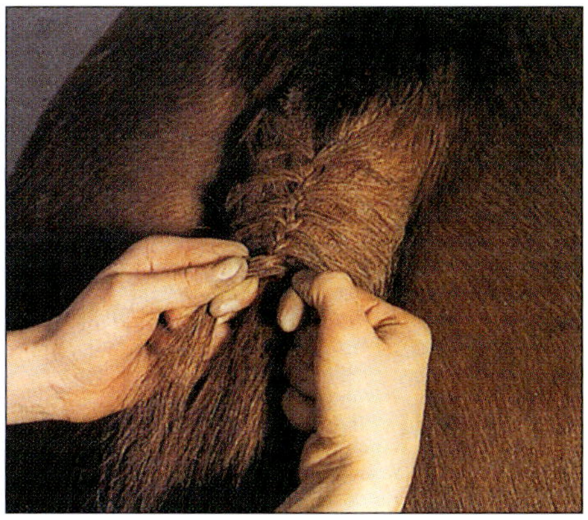

1 Um den Schweif zu flechten, werden am Ansatz je eine Strähne von jeder Seite und eine aus der Mitte genommen.

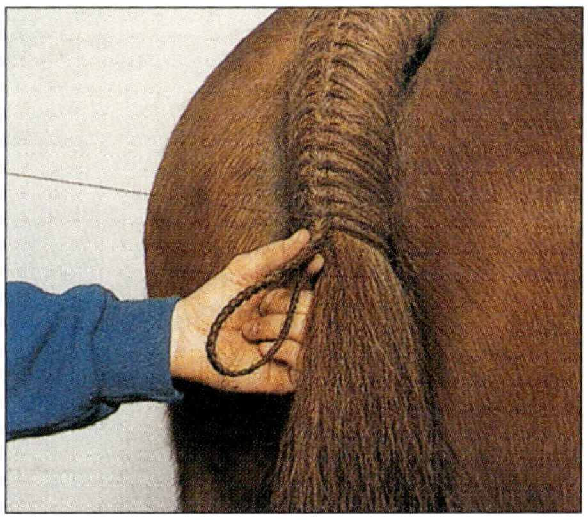

2 Man flicht mit dünnen Strähnen von den Seiten bis ans Ende der Schweifrübe.

3 Am Ende der Schweifrübe flicht man die vorhandenen Strähnen zu Ende, ohne neue Strähnen von den Seiten aufzunehmen.

wetter, sollte der Schweif nach oben eingeschlagen werden, um nicht zuviel Schlamm aufzusammeln. Dafür wird der Zopf wie üblich von oben geflochten. An der Schweifrübe werden die Haare in drei Büschel geteilt und bis in die Schweifspitze geflochten. Dort werden sie mit einem dicken Gummiband zusammengehalten oder mit Garn zusammengenäht. Dann wird das Ende unter den Schweifansatz eingeschlagen und vorsichtig festgenäht, damit es hält.

Für besondere Gelegenheiten, wie eine Zuchtschau oder Prüfungen, kann das Fell mit Schablonenmustern auf der Kruppe geschmückt werden. Sie werden entweder mit Kamm oder Bürste aufgebracht, oder indem man mit einer Bürste über eine Schablone streift. Dabei werden die Haare eines Fellabschnitts in eine andere Richtung gelegt.

Es gibt zahlreiche weitere Tricks, um das Aussehen eines Turnierpferdes aufzubessern. Man kann Kreide in weiße Beinabzeichen einbürsten oder damit Schmutzflecken auf einem Schimmel verbergen, die z. B. beim Transport entstanden, wenn vor dem Auftritt keine Zeit zum Waschen und Trocknen des Pferdes bleibt. Etwas Babyöl oder Vaseline um Augen und Nüstern betonen einen schönen Kopf, Mähnenspray kann widerspenstiges Langhaar zähmen, und das Fell kann mit einem speziellen Fellspray auf Hochglanz gebracht werden.

RECHTS
Das Ende des Zopfes wird z. B. mit Klebeband zusammengehalten und eingeschlagen, um dem Schweif ein besonderes Aussehen zu geben.

Register

Kursiv gedruckte Seitenzahlen verweisen auf Abbildungen.

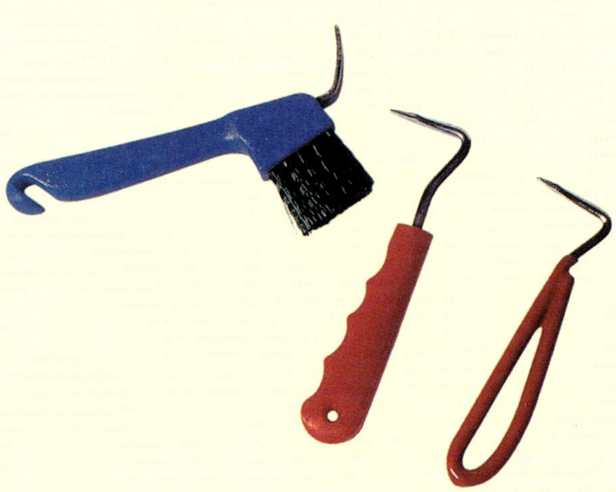

HOOF
OIL

Danksagung

Die Autorin dankt allen Personen und Zuchtverbänden, die zu den einzelnen Pferde- und Ponyrassen Auskunft gaben. Besonderer Dank gilt folgenden: American Morgan Horse Association, Inc.; American Paint Horse Association; American Saddlebred Horse Association, Inc.; British Spotted Pony Society; Vivienne Burdon; Cleveland Bay Horse Society; Clydesdale Horse Society of Great Britain and Ireland; Exmoor Pony Society; Hackney Horse Society; Haflinger Society of Great Britain; Highland Pony Society; Irish Draught Horse Society (GB); Sylvia Loch (Autorin von *The Royal Horse of Europe*, J. A. Allen, 1986); Lusitano Breed Society of Great Britain; Palomino Horse Association of America, Inc.; Pinto Horse Association of America, Inc.; Valerie Russell; Suffolk Horse Society; Walkaloosa Horse Association; Walking Horse Owners' Association of America, Inc.; Welsh Pony and Cob Society.

Dank gilt außerdem folgenden Personen/Verbänden für die freundliche Genehmigung zum Fotografieren ihrer Pferde, Ponys und Ställe:

RASSEN

Rheinländer – Gestüt Schloßäcker, 75334 Straubenhardt
Hessisches Warmblut – Hessisches Landgestüt, 75334 Straubenhardt
Württemberger – Haupt- und Landgestüt Marbach, 72532 Gomadingen
Bayerisches Warmblut – Haupt- und Landgestüt Schwaiganger, 82441 Ohlstadt
Sächsisches Warmblut – Sächsisches Landgestüt, 01468 Moritzburg
Araber – Sariah Arabians, Dorking, Surrey
Berber – Haras Regional de Marrakech, Marokko
Vollblut – Mrs. M. Blackburn, c/o Catherston Stud, Whitchurch, Hampshire
Anglo-Araber – Woodlander Stud, Raglan, Gwent
Dänisches Warmblut – Catherston Stud, Whitchurch, Hampshire
Ariègeois –Bob Langrish, Fotograf
Camarguepferd – Laurent Serre, Camargue, Frankreich
Normannischer Cob – Haras National Le Lion d'Angers, Loire, Frankreich
Selle Français – Haras National Le Lion d'Angers, Loire, Frankreich
Französischer Traber – Haras National Le Lion d'Angers, Loire, Frankreich
Bretone – Haras National Le Lion d'Angers, Loire, Frankreich
Percheron – Haras National Le Lion d'Angers, Loire, Frankreich
Hannoveraner – Mrs. S. Bray, Nuneaton, Warwickshire
Oldenburger – I. Brendel, Trenthide, Dorset
Westfale – Marlow Building Co. Ltd., Marlow, Buckinghamshire
Hackney – Georgina Turner, Ipswich, Essex
Shire – Lingwood Shire, Brentwood, Essex
Suffolk – Randy Hiscock, Shaftsbury, Dorset
Isländer – Edda Hestar, Salisbury, Wiltshire
Friese – Harrods, London
Gelderländer – Mr. Luetzow, Wokingham, Berkshire
Holsteiner – Mr. Luetzow, Wokingham, Berkshire
Holländisches Warmblut – Mrs. C. Hughes, Doncaster
Shagya-Araber – Sonia Lindsay, Okehampton, Devon
Achal-Tekkiner – Viscountess Bury, Plumpton, Sussex
Budjonny – Mrs. Marcus, Beoley, Redditch, Hereford & Worcester (Aktion)
Donpferd – Russian Horse Society, Epsom, Surrey (Stand) Mrs. June Connolly, Droitwich, West Midlands (Aktion)
Kabardiner – Mrs. June Connolly, Droitwich, West Midlands
Orlow-Traber – George Bowman Jr., Penrith, Lancashire
Wladimirer Kaltblut – Russian Horse Society, Epsom, Surrey
Nordschwedisches Pferd – Jan Gyllensten, Fotograf, Schweden

USA

Morgan – Betty Gray, Orange Lake, Florida

Quarter Horse – Quiet Oaks Farm, Ocala, Florida & Derby Daze Farm, Ocala, Florida
Saddlebred – Boca Raton Equestrian Centre, Del Ray Beach
Missouri Foxtrotter – Sandy Hart, Winter Haven, Florida
Tennessee Walker – Mrs. Carol Worsham, Dunnellon, Florida
Pony of the Americas – Cynthia Bunnell, Eustis, Florida
Palomino – Holmes Quarter Horses, Brandon, Florida
Appaloosa – Classic Acres Farm, Ocala, Florida
Paint – Brooke Hamlin, Ocala, Florida
Mustang – Cindy Bowman, Dunnellon, Florida
Peruanischer Paso – Annette Ward, Alachua, Florida

PONYS

Amerikanisches Shetlandpony – Caroline Proctor, Ocala, Florida
Haflinger – Millslade Farm Stud, Bridgwater, Somerset
Exmoorpony – Mrs. J. Freeman, Wareside, Hertfordshire
Shetlandpony – Mr. & Mrs. E. House, Bincombe Shetlands, Bridgwater, Somerset
Dales-Pony – Mrs. B. Powell, Farnham, Surrey
New-Forest-Pony – Shirley Young, Salisbury, Wiltshire
Connemara & Welsh-Pony Sektion B – Miss S. Clark, Dorking, Surrey
Fjordpferd – Mrs. Murray, Ottery St. Mary, Devon
Kaspisches Pony – Henden Caspian Stud, Chippenham, Wiltshire
Knabstruper – Mrs. Ann Peruzzi-Smith, Diss, Norfolk

STALLPFLEGE

Catherston Stud, Whitchurch, Hampshire
Stretcholt Farm Stud, Bridgwater, Somerset

BILDNACHWEIS

Die Fotos in diesem Buch stammen von Kit Houghton, mit Ausnahme von S. 48 u., 49 u., 51, 53 (Werner Ernst); S. 49 o. (L. Poth/Juniors); S. 52 (J. Neukampf/Juniors); S. 49 o., 50 (Christof Schmid-Flemmig).